物理实验

主　编　王　乐
副主编　顿中万　李　玲
　　　　张贝贝

武汉理工大学出版社
·武汉·

内容简介

本书是根据教育部高等学校非物理类专业物理基础课程教学指导分委员会制定的《非物理类理工学科大学物理实验课程教学基本要求》，并结合长江大学文理学院学生的实际状况和实验室现有仪器设备情况编写的。全书共分 6 章。第 0 章为绪论。第 1 章阐述了物理实验的误差理论和数据处理的基本知识。第 2、3、4、5 章分别讲述了力学和热学的 12 个实验，电磁学的 6 个实验，光学的 6 个实验，近代物理及综合性设计性的 4 个实验。每个实验都列出了详细的数据表格，以便实验者借鉴。第 2、3、4 章的第 1 节还分别介绍了力学和热学实验的基本测量器具、电磁学实验和光学实验的基本知识。书末附有实验报告范例、法定计量单位及物理数据可供学生写实验报告和查阅数据时参考。

本书适合作为独立学院大学物理实验教材，也可以作为职业技术学院、高职高专物理实验的教学参考书。

图书在版编目(CIP)数据

物理实验 / 王乐主编. -- 武汉 ：武汉理工大学出版社，2025. 1. -- ISBN 978-7-5629-7335-5

Ⅰ. O4-33

中国国家版本馆 CIP 数据核字第 20251053LE 号

项目负责人：陈军东　陈　硕　彭佳佳　黄　鑫

责任编辑：陈　硕　黄　鑫

责任校对：彭佳佳

排　　版：芳华时代

出版发行：武汉理工大学出版社

社　　址：武汉市洪山区珞狮路 122 号

邮　　编：430070

网　　址：http://www.wutp.com.cn

经　　销：各地新华书店

印　　刷：武汉市洪林印务有限公司

开　　本：710×1000　1/16

印　　张：17.75

字　　数：342 千字

版　　次：2025 年 1 月第 1 版

印　　次：2025 年 1 月第 1 次印刷

定　　价：49.00 元

前　　言

物理实验是加深对物理规律理解的重要环节，是理工科学生的一门基础必修课程，为理工科学生观察自然界提供了必要的手段，有助于提高学生的实际动手能力、数据采集能力、数据分析和处理能力，为进一步学习后续课程打下坚实的实验技能基础，初步培养了学生的科研技能。

本书根据《理工科类大学物理实验课教程基本要求》，结合长江大学文理学院实验设备的具体情况编写而成，目的是让学生依靠教材，顺利完成实验任务，本书对每个实验的物理思想、实验原理、实验步骤及实验方法均作了详细的描述；并在附录部分提供了实验报告样本，方便初次接触实验的学生能写出较为规范的实验报告。

在本书编写过程中，得到了物理教学组教师们的鼎力相助。参加编写工作的有：顿中万（金属的线热膨胀系数的测量、电阻热特性研究、用数字电位器研究元件伏安特性、利用压力传感器测物体质量、用惠斯通电桥测电阻、电热法测量焦耳热功当量），李玲（用拉伸法测金属丝的杨氏模量、恒力矩转动法测刚体转动惯量、刚体平行轴定理及角动量守恒定律的验证、弦上驻波测弦线密度、气垫导轨上弹簧振子的研究），张贝贝（用霍耳效应测磁场、用双臂电桥测电阻，落球法测液体的粘滞系数、衍射光栅），其余实验由王乐负责。全书由王乐统稿。

本书是笔者在长江大学文理学院物理实验室建设过程中教学的结晶，在此，特别感谢长江大学文理学院领导对笔者编写本书的支持。

由于笔者水平有限，书中错误在所难免，恳请同行和读者指正。

编　者

2024.12

目　　录

0 绪　论

0.1 物理实验的地位、作用与任务

物理学从本质上讲是一门实验科学。物理实验不仅在物理学发展史上起过重要作用，而且在物理学高度发展的今天仍举足轻重，推动着整个工业技术的发展。如今的物理实验大都向大型化、精密化发展，而且这些实验技术本身对工程技术的发展起着巨大的推动作用。例如，为研究基本粒子而发展起来的加速器技术，在生物、医学、材料工艺等广泛领域内获得了应用；又如核磁共振技术，不仅在医学、生物、物质结构分析等方面有着重要应用，而且在石油工业中也常用于进行产品优化控制、现场岩性分析，甚至在测井方面也有广阔的发展前景。像这样的例子还有很多。因此，对工科院校的学生来说，掌握一定的物理实验技术是非常必要的。

《理工科类大学物理实验课程教学基本要求》明确指出了物理实验课的作用与地位："物理实验课是高等学校理工科类专业对学生进行科学实验基本训练的必修基础课程，是本科生接受系统实验方法和实验技能训练的开端。"

物理实验的具体任务是：

(1)通过对实验现象的观察、分析和对物理量的测量，学习物理实验知识，加深对物理原理的理解。

(2)培养和提高学生的科学实验能力，具体包括：

①能够自行阅读实验教材和资料，做好实验前的准备；

②能够借助教材或仪器说明书正确使用仪器；

③能够运用物理学理论对实验现象进行初步分析判断；

④能够正确记录和处理实验数据，绘制曲线，说明实验结果，撰写合格的实验报告；

⑤能够完成简单的设计性实验。

(3)培养和提高学生的科学素质，要求学生具有理论联系实际、实事求是的科学作风，严肃认真的工作态度，主动研究的探索精神和遵守纪律、爱护公共财产的优良品质。

0.2 对学生的基本要求

(1)了解本门课程的主要目的,严格要求自己,做好每一个实验。

(2)预习。预习是做好每一次实验的先决条件,应认真进行。通过预习,应该明确实验目的(即做什么)、原理以及所使用的仪器、方法和步骤(即如何做),并做好实验前的准备(如设计、绘制数据记录表格),带好数据记录本等。

(3)实验。包括仪器的调节和操作,观察现象,记录数据等。

首先,要集中精力,细心操作。仪器的安放要科学合理且便于操作,同时也要注意安全。例如,易碎物品(精密光学元件、玻璃器皿等)不应放在桌边,以免失手碰落于地。测量仪器的安放要便于读数。例如,光学仪器的目镜应放在与眼睛等高的位置,不常用的开关放在左手便于接触到的地方(因为右手大多用来写字);要求精细调节的部件应放在右手边,以便随时可调。尽量不要在光线不良的情况下工作,这样容易疲劳,影响操作和读数。

其次,最好有一个方便的座位,以便做好原始记录。记录就是如实记下各观察数据、简单过程及实验现象。记录应简洁、清楚,使别人和自己都能看懂所记内容。数据一定要记在表格内,并注明单位。数据记录要及时,不可凭印象事后追记,更不可为了凑结果而涂改原始数据。对于所测得的数据应该有个初步的判断,达不到要求可立即补测,以免事后重做,那样将花费更多的时间。数据的进一步处理依据需要可在课内进行,也可在课外进行。

(4)实验报告。实验报告是对实验工作的全面总结,是培养学生科技写作能力的重要途径,应当高度重视,尽量写好每一份实验报告。考虑到学生可能是初次写实验报告,本书在附录中专门介绍了实验报告的格式,还提供了3个实验报告的样本,供学生参考和借鉴。

1　不确定度及数据处理的基本知识

本章主要介绍不确定度的概念及计算、实验数据的处理和实验结果的表示等内容，这些知识都是初步知识，不仅在每一个物理实验中都要用到，而且是今后从事科学实验所必须了解和掌握的。由于这部分内容涉及面较广，而学时的限制使得教师只能提纲挈领，加上同学们数理统计知识的暂时欠缺，本书只能引用部分结论和计算公式。所以，要求同学们先对本章的内容有一个初步的了解，然后通过教师的简单讲述，特别是以后结合到具体实验再阅读有关段落，最后在运用中加以掌握。

1.1　测量与误差

物理实验离不开测量。测量就是为确定被测物理量的参数而进行的一组操作。测量分为直接测量和间接测量。直接测量是指直接从仪器的读数机构中取得数据的测量。例如，用米尺测物体的长度，用天平测物体的质量，用电流表测电路中的电流等都是直接测量。间接测量是指利用直接测量值及其与被测量之间的函数关系从而算得被测量值的测量。例如，测物体密度时，需先测出该物体的体积与质量，再用公式算出物体的密度，这种测量就是间接测量。间接测量和直接测量是相对的。例如，用伏安法测电阻，可以说是间接测量，但若用万用电表测量电阻就为直接测量了。物理实验中进行的测量多数为间接测量。

测量总是有误差的，因为任何测量仪器、测量方法、测量环境、测量者的观察力都不可能做到绝对严密，加上物理规律的统计性，就使得误差自始至终存在于一切科学实验与测量过程中。因此，分析测量中可能产生的各种误差，尽可能消除其影响，并对测量结果中未能消除的误差作出估计，是科学实验不可缺少的工作。为此必须了解误差的概念、特性、产生的原因及其如何估算等有关知识。

1.1.1　真值与误差

真值是指被测物理量在所处的确定条件下，客观上所严格具有的量值。误差是指测量值与真值之差。真值与误差之间的关系可表述为

$$\Delta N = N - A \tag{1-1}$$

式中，N 为测量值；A 为被测量的真值；ΔN 为测量误差，又称绝对误差。

真值是客观存在的，但它是一个理想的概念，在一般情况下不可能被准确获知。在实际测量中可用实际值（即用高一等级的计量标准所复现的量值）或经过修正的算术平均值来代替真值，称之为约定真值。

误差是测量结果与客观真值之差，它既有大小，又有方向（正负）。由于真值无法知道，因此误差也是未知的，只能进行估计。误差与真值之比称为相对误差。考虑到在一般情况下，测量值与真值相差不会太大，故可以把误差与测量值之比作为相对误差。

$$E = \frac{\Delta N}{A} \approx \frac{\Delta N}{N} \tag{1-2}$$

1.1.2 误差的分类

测量中的误差主要分为两种类型，即系统误差和随机误差。

1. 系统误差

系统误差是同一被测量在多次测量过程中保持恒定或以可以预知方式变化的那一部分误差。例如，实验装置和实验方法没有或不可能完全满足理论上的要求，有的仪器没有达到应有的准确程度，环境因素如温度、湿度等没有控制到预计的标准等。只要这些因素与正确的要求有所偏离，在测量结果中就会出现绝对值和符号恒定或以可预知的方式变化的误差分量。因素不变，系统误差也就不变。比如，一根米尺的刻度，其间隔偏大（或偏小），那么用其测量物体的长度就会偏短（或偏长）；一架天平，砝码的标准质量不准，称量物体质量时也会不准；用伏安法测电阻，如果没有考虑电流表、电压表内阻的影响，则测量结果就会因电路的不同而偏大或偏小；用落球法测重力加速度，由于空气的影响，测得的结果总是偏小等。这些误差都属于系统误差。

实验中的系统误差，可以通过采用标准仪器、改进实验装置和实验方法、对测量结果进行理论上的修正等方法加以消除或尽量减小。发现和减小实验中的系统误差是一个困难的任务，需要对整个实验所依据的原理、采用的方法、测量的步骤、所用的仪器等可能引起的误差因素逐一进行分析，并设法减小或排除。一个实验结果是否正确，往往在于系统误差是否已被发现和尽可能消除，因此对系统误差不能轻易放过。

系统误差产生的规律及原因，操作者可能知道也可能不知道。已被确切掌握了其大小和符号的系统误差称为可定系统误差；不能被确切掌握大小和符号的系统误差称为未定系统误差。前者一般可在测量过程中采取措施予以消除或在测量结果中加以修正，而后者一般难以修正，只能估计它的极限范围。

2. 随机误差

随机误差是在对同一被测量的多次测量过程中，其绝对值与符号以不可预知的方式变化着的测量误差分量。这种误差是由实验中各种因素的微小变动引起的。例如，实验装置和测量机构在各次调整操作上的变动性，测量仪器指示数值的变动性以及观察者本人在判断上和估计读数上的变动性等。这些因素的共同作用使得测量值围绕着测量平均值发生有涨有落的变化，这些变化量就是各次测量的随机误差。随机误差的出现，就某一测量值而言是没有规律的，其大小和方向都是不能预知的，但当测量次数足够多时，就会发现随机误差是按一定的统计规律分布的。通常的一种情况是，正方向的误差与负方向的误差出现的次数大致相等，数值较小的误差出现的次数较多，数值很大的误差在没有操作错误的情况下通常不会出现。这一规律在测量次数越多时表现得越明显。

3. 粗大误差

除系统误差和随机误差外，还有一种误差是由于测量系统偏离所规定的测量条件和方法或者在记录、计算数据时出现失误产生的，称为粗大误差，这实际上是一种错误，应予以剔除。需要指出的是，不应当把某些异常观察值都作为粗大误差来处理，因为它可能是某种物理规律在实验条件的随机变动中的瞬时展现。判断一观察值是否为异常时，通常应根据技术上或物理上的理由分析作出决定(该部分内容不作过多要求，因此本书不再介绍)。

1.2 测量结果的标准偏差

1.2.1 呈正态分布的随机误差

研究表明，虽然实验中测量值的误差分布是比较复杂的，但是大多数的测量误差分布都接近于正态分布，特别是当测量次数 $n\to\infty$ 时，几乎所有随机误差的分布都趋于正态分布。为了便于后面标准偏差、置信概率与不确定度的讨论，这里对正态分布作简单介绍。

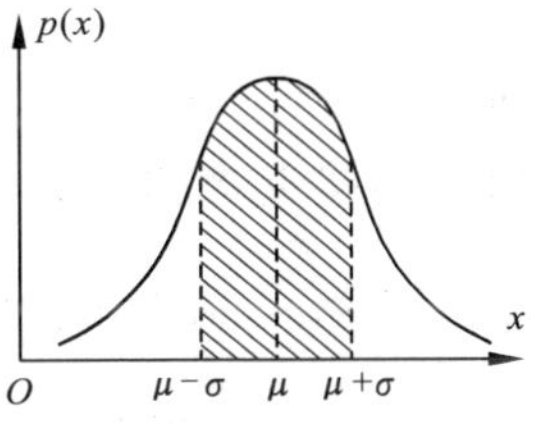

图 1-1 正态分布

正态分布曲线如图 1-1 所示。x 表示某一物理量的实际测得值，$p(x)$ 为测量值的概率密度，其表达式为

$$p(x)=\frac{1}{\sigma\sqrt{2\pi}}e^{-\frac{(x-\mu)^2}{2\sigma^2}} \tag{1-3}$$

其中

$$\mu=\lim_{n\to\infty}\frac{1}{n}\sum_{i=1}^{n}x_i \tag{1-4}$$

$$\sigma = \lim_{n\to\infty}\sqrt{\frac{1}{n}\sum_{i=1}^{n}(x_i-\mu)^2} \tag{1-5}$$

μ 即曲线尖峰处的横坐标，它对应于测量次数 $n\to\infty$ 时的测量平均值 $\overline{x}$；横坐标上任一点 x 到 μ 的距离 $(x-\mu)$ 为测量值相应的随机误差分量；σ 为曲线上拐点处横坐标与 μ 值之差，它表征了测量值的分散性，称为正态分布的标准偏差，它具有统计的性质。图 1-1 中阴影部分的面积就是随机误差在 $\pm\sigma$ 范围内的概率，即测量值落在 $(\mu-\sigma,\mu+\sigma)$ 区间的概率 P，由定积分计算其值为 $P=68.3\%$；计算还表明：落在 $(\mu-2\sigma,\mu+2\sigma)$ 区间中的概率为 95.4%，落在 $(\mu-3\sigma,\mu+3\sigma)$ 区间的概率为 99.7%。

1.2.2 测量平均值是被测量真值的最佳估计

根据最小二乘法原理，在无系统误差存在的情况下，实验中有限次等精度测量的最佳估计值是能使各次测量值与该值之差的平方和最小的那个值。设真值的最佳估计值为 x_0，该测量值与最佳估计值 x_0 的平方和为

$$f(x)_{\min} = \sum_{i=1}^{n}(x_i - x_0)^2 \tag{1-6}$$

min 表示极小值，所以此式应满足

$$\frac{\mathrm{d}f(x)}{\mathrm{d}x_0} = -2\sum_{i=1}^{n}(x_i - x_0) = 0$$

则有

$$x_0 = \frac{1}{n}\sum_{i=1}^{n}x_i = \overline{x} \tag{1-7}$$

所以，测量平均值 $\overline{x}$ 是被测量真值 A 的最佳估计值 x_0，测量次数越多，测量平均值 $\overline{x}$ 越接近被测量真值 A。

1.2.3 测量值的标准偏差

测量值的分散程度直接体现随机误差的大小，测量值越分散，测量的随机误差就越大。因此，必须对测量的随机误差作出估计才能表示测量的精密度。由于标准偏差具有统计的性质，科学实验中一般用标准偏差来估计测量的随机误差。实际上，由于真值未知，且测量次数 n 有限，测量中的标准偏差不能用式(1-5)计算。

测量中每次测量值 x_i 与平均值 $\overline{x}$ 之差称为残差，即

$$\Delta x_i = x_i - \overline{x} \qquad (i = 1,2,\cdots,n) \tag{1-8}$$

显然，残差有正有负，有大有小。用“均方根”法对它们进行统计，得到的结果就

是测量列的标准偏差 S_x。它表征了在相同条件下对同一量做 n 次测量时测量值的分散性。S_x用下面的不同于式(1-5)的贝塞尔公式计算

$$S_x=\sqrt{\sum_{i=1}^{n}\frac{(x_i-\overline{x})^2}{n-1}} \tag{1-9}$$

我们用它来表示测量值的随机误差,它反映了这一测量的精密程度。标准偏差小表明测量值很密集,即测量精密度高;标准偏差大表明测量值很分散,即测量精密度低。现在大多数计算器都有这种统计计算功能,实验者可以直接用计算器求得 S_x以及其他统计数值。

由于算术平均值是被测量真值的最佳估计,即它最接近被测量真值,所以它对真值的偏离程度要小。表征算术平均值偏离真值程度的算术平均值的标准偏差为

$$S_{\overline{x}}=\frac{S_x}{\sqrt{n}}$$

即

$$S_{\overline{x}}=\sqrt{\sum_{i=1}^{n}\frac{(x_i-\overline{x})^2}{n(n-1)}} \tag{1-10}$$

$S_{\overline{x}}$比 S_x小得多,这显然是可以理解的。该公式实际上提出了减小实验结果随机误差的一个途径,即增大实验次数。由于平均值的标准偏差是按$\frac{1}{\sqrt{n}}$规律减小的,当 $n>10$ 以后,减小得并不明显,反而增大了工作量。因此,单靠增加测量次数来减少误差的方法不一定合算。

1.3 直接测量结果的不确定度

测量误差是普遍存在的。随着实验技术和设备的改善以及操作人员水平的提高,误差可以被削弱;但不可能,往往也没有必要将其完全消除。通常人们关心的是误差在什么范围内以及测量结果的置信概率。

我们知道,误差是测量值与真值之差,而真值通常是无法知道的。为了对它所在范围进行定量估计,我们引入一个新的概念:不确定度 Δx。不确定度 Δx 是表征被测量真值所处量值范围的评定,它表示由于测量误差的存在而对被测量值不能肯定的程度。不确定度 Δx 应该这样来估计:在修正了可以修正的系统误差以后,把全部余下的误差划分为可以用统计方法计算的不确定度 A 类分量 $\Delta_A x$ 和用其他方法估算的不确定度 B 类分量 $\Delta_B x$。分别对它们进行计算,并按方和根方法合成为总不确定度 Δx。

$$\Delta x = \sqrt{(\Delta_A x)^2 + (\Delta_B x)^2} \tag{1-11}$$

1.3.1 不确定度A类分量

在相同条件下对同一被测量做 n 次测量，若只存在用统计方法计算的不确定度 $\Delta_A x$，它应等于平均值的标准偏差 $S_{\bar{x}}$乘以一因子 k，即

$$\Delta_A x = kS_{\bar{x}} \tag{1-12}$$

设这时被测量真值落在 $\bar{x} \pm \Delta_A x$ 范围内的概率，即置信概率为 P。如果 n 值足够大，并且误差分布满足正态分布的情况下，A类不确定度表达式(1-12)中的 k 分别取 1、2、3 时，测量结果表示式的置信概率 P 分别为 68.3%、95.4%和 99.73%。然而，实验中的测量次数不可能很多。当测量次数较少时，由贝塞尔公式(1-9)计算出的标准偏差 S_x 与由式(1-5)计算出的正态分布的标准差 σ 有很大的差异。此时应按"学生氏"分布(简称"t"分布)来计算。A类不确定度分量 $\Delta_A x$ 与平均值的标准偏差 $S_{\bar{x}}$的关系为

$$\Delta_A x = tS_{\bar{x}} \tag{1-13}$$

对同一置信概率，t 值比 k 值大，而且 t 值与测量次数 n 及置信概率有很大的关系。表1-1列出了在不同置信概率 P 的前提下，部分 t 值与测量次数 n(表中列的是 $n-1$，称为测量自由度 ν)之间的关系。

表1-1 部分 t 值表

P \ t \ $n-1$	1	2	3	4	5	6	7	8	9	10	20	30	∞
0.683	1.84	1.32	1.20	1.14	1.11	1.09	1.08	1.07	1.06	1.05	1.03	1.02	1.00
0.95	12.71	4.30	3.18	2.78	2.57	2.45	2.36	2.31	2.26	2.23	2.09	2.04	1.96
0.99	63.66	9.93	5.84	4.60	4.03	3.71	3.50	3.36	3.25	3.17	2.84	2.75	2.58

需要说明的是，表1-1中所列的置信概率是我国计量技术规范推荐的在物理实验和科学研究中使用的值。一般情况下都取置信概率为 $P=0.95$。如果要取其他置信概率值，必须在结果的最后表示式中注明。

1.3.2 不确定度B类分量

对于不确定度的B类分量，因情况比较复杂，而且无法用统计方法作出评定，所以只能基于经验或其他信息来加以估算。在物理实验中，不确定度的B类分量通常包含以下几种：

(1)根据实际情况估计误差限。例如杨氏模量实验中，光杠杆镜面到标尺的

距离的不确定度要由钢卷尺的精度以及实验中位置对准、卷尺弯曲、水平保持的程度等实际条件来估计误差限。一般来说，它将远大于钢卷尺本身的仪器误差。

(2)根据理论公式或实验测定来推算误差限。例如人眼分辨率的误差，长度测量中温度变化造成的误差等，这些都是可以用理论公式和实验测定来推算误差限的。

(3)根据计量部门，生产厂家或有关资料提供仪表鉴定结论中的误差限。如仪表说明书给出的容许误差和示值误差。

但是在物理实验中，当同学们知道了不确定度B类分量的基本概念以及影响因素以后，为了计算的方便，可以作出如下的简化：假设实验原理正确，环境条件满足要求，观察者能正确测量，那么不确定度中B类分量就可以用仪器的误差限 $\Delta_{仪}x$ 来代替，即

$$\Delta_{B}x = \Delta_{仪}x \tag{1-14}$$

这种简化是可行的，因为 $\Delta_{仪}x$ 是在正确使用仪器的条件下，测量结果和被测量真值之间可能产生的最大误差。实际上由仪器提供的测量结果与真值之差比仪器的误差限值小得多。综合考虑其他各种非统计的误差来源，在置信概率 P 为 0.95 的情况下，用仪器误差限值 $\Delta_{仪}x$ 代替不确定度中B分量 $\Delta_{B}x$ 就显得比较合理了。

1.3.3 实验中单次测量量的不确定度

由前面的讨论，多次测量最后结果的总不确定度为

$$\Delta x = \sqrt{(\Delta_{A}x)^2 + (\Delta_{B}x)^2} = \sqrt{(tS_{\bar{x}})^2 + (\Delta_{仪}x)^2} \tag{1-15}$$

然而有些测量往往只能进行一次，这时虽然用统计方法计算的A类分量存在，但无法用式(1-10)和式(1-13)算出。此时总不确定度 Δx 就用 $\Delta_{仪}x$ 代替。不过，需要说明的是只做一次测量时的不确定度并不说明它比多次测量时的不确定度小，只是说明作为一种粗略的估计可以放宽，也必须放宽到用 $\Delta_{仪}x$ 代替 Δx 的地步。

1.3.4 测量结果的表达式

在相同的实验条件下进行一系列测量得出一系列测量值以后，用式(1-7)先算出它的平均值，考虑已知的系统误差而对结果进行修正，得出测量结果的最佳估计值 $\bar{x}$，然后用统计方法，即用式(1-10)、式(1-13)和表1-1算出不确定度的A分量 $\Delta_{A}x$；再用非统计方法，这里用式(1-14)计算出不确定度B分量 $\Delta_{B}x$。最后用方和根方法，即用式(1-11)合成得出直接测量结果的总不确定度 Δx。于是直接测量结果就表示为

$$x = \overline{x} \pm \Delta x \tag{1-16}$$

这种表示说明了测量值的置信概率为 0.95。如果不用 0.95 的置信概率，比方用 0.683，设以此为标准算出了 Δx，则测量结果的表达式的后面应说明其置信概率 P，表达式应为

$$x = \overline{x} \pm \Delta x \quad (P = 0.683)$$

其相应的相对不确定度也应如此。相对不确定度是不确定度与修正过系统误差的算术平均值之比，即

$$E_r = \Delta x / \overline{x} \tag{1-17}$$

当置信概率为 0.95 时，相对不确定度表示式后不必注明置信概率；当置信概率为其他值时，相对不确定度表示式后同样要注明置信概率 P。

本书所有关于计算不确定度的实验所取置信概率均为 0.95，所以都不必注明置信概率。

1.4 仪器误差

如前所述，在实验原理正确、环境条件满足要求、观察者能正确测量的情况下，综合考虑各种非统计方法产生的误差后，不确定度 B 类分量就可以用仪器的误差限 $\Delta_{仪} x$ 来代替。仪器误差来源众多，以最常用的指针式电表为例，仪器误差可能来源于轴承摩擦，转轴倾斜，游丝弹性不均、老化与残余变形，磁场分布不均匀，标尺分度不准，检测标准本身的误差等。逐项进行分析处理并非易事，且在绝大多数情况下也无必要。实际上，我们关心的是仪器提供的测量结果与真值一致的程度。仪器误差（或称仪器的允许误差限）就是指在正确使用仪器的条件下，测量结果和被测量真值之间产生的最大误差。对照通用的国际标准，我国制定了相应计量器具的检定标准和规程。结合物理实验的特点，以下作简要介绍。

1.4.1 长度测量类

物理实验中最基本的长度测量工具是钢卷尺和钢直尺、游标卡尺和千分尺（螺旋测微器）。钢直尺和钢卷尺、游标卡尺及千分尺的允许误差限分别如表 1-2、表 1-3 和表 1-4 所示。

在物理实验中，考虑到上述规定的严格性又兼顾教学训练的简化需要，除具体实验中另有说明（如用三线摆测转动惯量和用拉伸法测金属丝的杨氏模量）外，约定：**游标卡尺的仪器误差限按其分度值估计；钢直尺、千分尺（螺旋测微器）的仪器误差限按其分度值估计的一半计算；分度值为 1 mm 的木尺，其仪器误差限为** 1.0 mm。具体情况见表 1-5。

表 1-2　钢直尺和钢卷尺的允许误差

钢直尺		钢卷尺	
尺寸范围(mm)	允许误差(mm)	准确度等级 Ⅰ级	示值最大允许误差(mm) $\pm 0.1+10^{-4}L$
1～300	±0.10	Ⅱ级	$\pm 0.3+2\times10^{-4}L$
300～500	±0.15	注:式中 L 是四舍五入后的整数米(被测长度小于 1 m 时为 1)	
500～1000	±0.20		
1000～1500	±0.27		
1500～2000	±0.35		

表 1-3　游标卡尺的允许误差

测量长度(mm)	示值最大允许误差(mm)		
	分度值 0.02 mm	分度值 0.05 mm	分度值 0.10 mm
0～150	±0.02	±0.05	±0.10
150～200	±0.03	±0.05	
200～300	±0.04	±0.08	
300～500	±0.05	±0.08	
500～1000	±0.07	±0.10	±0.15

表 1-4　千分尺的允许误差

测量范围(mm)	0～25，25～50	50～75，75～100	100～125，125～150	150～175，175～200
示值最大允许误差(μm)	±4	±5	±6	±7

表 1-5　物理实验中长度量具仪器误差限值的简化约定

量具名称	木尺	钢直尺	游标卡尺			千分尺
	1 mm 分度		0.1 mm 分度	0.05 mm 分度	0.02 mm 分度	
仪器误差限	1.0 mm	0.5 mm	0.1 mm	0.05 mm	0.02 mm	0.005 mm

1.4.2　质量测量类

物理实验中称衡质量的主要工具是天平。天平的测量误差应当包括示值变动性误差、分度值误差和砝码误差等。单杠杆天平按精度分为十级，砝码的精度分为五等，一定精度级别的天平要配用等级相当的砝码。

在本书的实验中，约定**取天平分度值的一半作为仪器误差**。

1.4.3 温度测量类

物理实验中常用的测温仪器包括水银温度计、热电偶温度计和电阻温度计。表 1-6 给出了实验常用的工作用温度计的允许误差。

表 1-6 实验常用的工作用温度计的允许误差

<table>
<tr><th colspan="2" rowspan="3">温度计类别</th><th rowspan="3">测量范围
(℃)</th><th colspan="4">示值最大允许误差(℃)</th></tr>
<tr><th colspan="4">分度值(℃)</th></tr>
<tr><th>0.1</th><th>0.2</th><th>0.5</th><th>1.0</th></tr>
<tr><td rowspan="4">工作用玻璃
水银温度计</td><td rowspan="2">全浸式</td><td>−30～+100</td><td>±0.2</td><td>±0.3</td><td>±0.5</td><td>±1.0</td></tr>
<tr><td>100～200</td><td>±0.4</td><td>±0.4</td><td>±1.0</td><td>±1.5</td></tr>
<tr><td rowspan="2">局浸式</td><td>−30～+100</td><td>—</td><td>—</td><td>±1.0</td><td>±1.5</td></tr>
<tr><td>100～200</td><td>—</td><td>—</td><td>±1.5</td><td>±2.0</td></tr>
<tr><td rowspan="4">工作用铂铑-铂热电偶
(热电偶参考端为 0 ℃)</td><td rowspan="2">(Ⅰ级)</td><td>0～1100</td><td colspan="4">±1</td></tr>
<tr><td>1100～1600</td><td colspan="4">±[1+(t−1100)×0.003]</td></tr>
<tr><td rowspan="2">(Ⅱ级)</td><td>0～600</td><td colspan="4">±1.5</td></tr>
<tr><td>600～1600</td><td colspan="4">±0.25%t</td></tr>
<tr><td rowspan="2">工业铂热阻
分度号 Pt10,Pt100</td><td>(A 级)</td><td rowspan="2">−200～+850</td><td colspan="4">±(0.15+0.002|t|)</td></tr>
<tr><td>(B 级)</td><td colspan="4">±(0.30+0.005|t|)</td></tr>
</table>

注:t 为热电偶测量端温度,$|t|$ 为以摄氏度表示的温度的绝对值。

在本书的实验中,约定**水银温度计的仪器误差按最小分度值计算**。

1.4.4 时间测量类

秒表是物理实验中最常用的计时仪表。在本书的实验中,对较短时间测量的机械秒表可按 0.05 s 作为秒表的仪器误差。对石英电子秒表,其最大偏差≤$(5.8\times10^{-6}t+0.1)$ s,其中 t 是时间的测量值。在本书的实验中,取 0.01 s 作为石英电子秒表的仪器误差。

1.4.5 电学测量类

电学仪器按国家标准大多是根据准确度大小划分等级,其基本误差可通过准确度等级的有关公式给出。

1. 电磁仪表(指针式电流表、电压表)

$$\Delta_{仪}x = a\% \cdot N_m \tag{1-18}$$

式中,N_m 为电表的量程;a 为以百分数表示的准确度等级,分为 5.0、2.5、1.5、

1.0、0.5、0.2、0.1七个级别。

2. 电阻箱

$$\Delta_{仪}x = a\% \cdot R + R_0 \tag{1-19}$$

式中，R_0为残余电阻，即电阻箱各十进盘均置于零位时的电阻；R 为电阻箱的读数值；a 为电阻箱的准确度级别。

对于 ZX21 型 0.1 级电阻箱，可约定 $R_0=0.005(N+1)$，其单位为 Ω，N 是实际所用的十进电阻盘个数，如用"0Ω"和"9.9 Ω"两接线柱时 N 值取 3。

3. 直流式电位差计

$$\Delta_{仪}x = a\% \cdot (U_x + U_0/10) \tag{1-20}$$

式中，a 为准确度等级；U_x为电位差计的读数；U_0为基准值，定义为量程内最大示值的 10 的整数幂。

对于 UJ31 型电位差计，准确度等级为 0.05。当倍率取 10 时其 $U_0=0.1$ V，当倍率取 1 时，取 $U_0=0.01$ V。

4. 直流电桥

$$\Delta_{仪}x = a\% \cdot (CR_x + CR_0/10) \tag{1-21}$$

式中，a 为准确度等级；R_x为电桥度盘示值；R_0为基准值，定义为标度盘最大示值的 10 的整数幂；C 为比率值。

对于 QJ23 型电桥中的 R_0值，取 5000 Ω 作为一种简化处理。

1.4.6 数字仪表

随着时代的发展，数字仪表已广泛应用到科学实验中，特别是电学数字仪表。数字仪表的仪器误差也与它的精度等级有关。这里假定数字仪表足够准确，故数字仪表的仪器误差限与数字仪表的分度值相同，即与读数的最后一位的一个单位相同。

还有一些测量仪器，其仪器误差限值将在具体实验中提及。

1.5 间接测量结果的不确定度

在绝大多数实验中所进行的测量都是间接测量，间接测量的结果是由直接测量结果根据一定的数学式计算出来的。这样一来，直接测量结果的不确定度就必然影响到间接测量结果，这种影响的大小可由相应的数学式计算出来。

设间接测量所用的数学式（或称测量用公式，或称实验公式）可以表示为如下的函数式：

$$\varphi = \varphi(x, y, z, \cdots)$$

式中，φ 为间接测量结果；x，y，z，…为直接测量结果（它们是相互独立的）。设 $x,y,z,\cdots$ 的不确定度分别为 $\Delta x,\Delta y,\Delta z,\cdots$，它们必然影响间接测量结果，使得 φ 值也有相应的不确定度 $\Delta\varphi$。由于不确定度都是微小的量，相当于数学中的"增量"，因此间接测量的不确定度计算公式与数学中全微分公式基本相同。所不同的是：①要用不确定度 $\Delta x,\Delta y,\Delta z,\cdots$ 代替微分 $\mathrm{d}x,\mathrm{d}y,\mathrm{d}z,\cdots$；②要考虑不确定度合成的统计性质。

对式 $\varphi=\varphi(x,y,z,\cdots)$ 全微分，有

$$\mathrm{d}\varphi=\frac{\partial\varphi}{\partial x}\mathrm{d}x+\frac{\partial\varphi}{\partial y}\mathrm{d}y+\frac{\partial\varphi}{\partial z}\mathrm{d}z+\cdots$$

考虑到不确定度与全微分的不同点，于是有

$$\Delta\varphi=\sqrt{\left(\frac{\partial\varphi}{\partial x}\Delta x\right)^2+\left(\frac{\partial\varphi}{\partial y}\Delta y\right)^2+\left(\frac{\partial\varphi}{\partial z}\Delta z\right)^2+\cdots}\tag{1-22}$$

对式 $\varphi=f(x,y,z,\cdots)$ 取对数

$$\ln\varphi=\ln[\varphi(x,y,z,\cdots)]$$

再全微分，有

$$\frac{\mathrm{d}\varphi}{\varphi}=\frac{\partial(\ln\varphi)}{\partial x}\mathrm{d}x+\frac{\partial(\ln\varphi)}{\partial y}\mathrm{d}y+\frac{\partial(\ln\varphi)}{\partial z}\mathrm{d}z+\cdots$$

也考虑到不确定度与全微分不同，于是有

$$E_{\mathrm{r}}=\frac{\Delta\varphi}{\varphi}=\sqrt{\left[\frac{\partial(\ln\varphi)}{\partial x}\Delta x\right]^2+\left[\frac{\partial(\ln\varphi)}{\partial y}\Delta y\right]^2+\left[\frac{\partial(\ln\varphi)}{\partial z}\Delta z\right]^2+\cdots}\tag{1-23}$$

式(1-22)和式(1-23)两式就是物理实验中用来计算间接测量量 φ 的不确定度 $\Delta\varphi$ 的公式。式(1-22)适用于和差形式，式(1-23)适用于积商形式。$E_{\mathrm{r}}=\dfrac{\Delta\varphi}{\varphi}$ 也称相对不确定度。

例 1.1　用流体静力称衡法测物体密度 ρ，先测得物体在空气和水中的视重分别为 $W_1=m_1g$、$W_2=m_2g$，m_1、m_2 分别为各视重砝码的质量。然后由下式算出其密度：

$$\rho=m_1\rho_0/(m_1-m_2)$$

式中，ρ_0 为水的密度，为常量。求不确定度的表达式。

解　用式(1-22)计算不确定度：

$$\mathrm{d}\rho=(\partial\rho/\partial m_1)\mathrm{d}m_1+(\partial\rho/\partial m_2)\mathrm{d}m_2$$

$$\frac{\partial\rho}{\partial m_1}=\frac{\rho_0}{m_1-m_2}-\frac{m_1\rho_0}{(m_1-m_2)^2}=-\frac{m_2\rho_0}{(m_1-m_2)^2}$$

$$\frac{\partial\rho}{\partial m_2}=\frac{m_1\rho_0}{(m_1-m_2)^2}$$

$$\Delta\rho = \sqrt{[(\partial\rho/\partial m_1)(\Delta m_1)]^2 + [(\partial\rho/\partial m_2)(\Delta m_2)]^2}$$
$$= \sqrt{\left[\frac{-m_2\rho_0\Delta m_1}{(m_1-m_2)^2}\right]^2 + \left[\frac{m_1\rho_0\Delta m_2}{(m_1-m_2)^2}\right]^2}$$
$$= \frac{\rho_0}{(m_1-m_2)^2}\sqrt{(m_2\Delta m_1)^2 + (m_1\Delta m_2)^2}$$

用式(1-23)计算不确定度：对式 $\rho = m_1\rho_0/(m_1-m_2)$取对数，有

$$\ln\rho = \ln m_1 + \ln\rho_0 - \ln(m_1-m_2)$$

再两边微分，得

$$\mathrm{d}\rho/\rho = \mathrm{d}m_1/m_1 - (\mathrm{d}m_1 - \mathrm{d}m_2)/(m_1-m_2)$$
$$= -m_2\mathrm{d}m_1/[m_1(m_1-m_2)] + \mathrm{d}m_2/(m_1-m_2)$$

$$E_r = \frac{\Delta\rho}{\rho} = \sqrt{\left[\frac{-m_2\Delta m_1}{m_1(m_1-m_2)}\right]^2 + \left(\frac{\Delta m_2}{m_1-m_2}\right)^2}$$
$$= \frac{1}{m_1(m_1-m_2)}\sqrt{(m_2\Delta m_1)^2 + (m_1\Delta m_2)^2}$$

于是

$$\Delta\rho = E_r\rho = \frac{1}{m_1(m_1-m_2)}\sqrt{(m_2\Delta m_1)^2 + (m_1\Delta m_2)^2}\cdot[m_1\rho_0/(m_1-m_2)]$$
$$= \frac{\rho_0}{(m_1-m_2)^2}\sqrt{(m_2\Delta m_1)^2 + (m_1\Delta m_2)^2}$$

两种方法算出的结果完全相同。

这里要指出的是，由不确定度的方和根式(1-22)和式(1-23)以及 1.6 节中有效数字的运算法则可知，当某一测量值引起的不确定度(或相对不确定度)小于若干测量值中引起的最大不确定度(或最大相对不确定度)的 1/10 时，此项测量值引起的不确定度在运算式中可以忽略不计，即能舍去。

另外，根据间接测量量不确定度传递公式(1-22)和式(1-23)，在对间接测量的精确度提出了一定要求后，测量仪器的精度选择应按不确定度大致均分的原则进行，以便我们合理地使用仪器。

1.6 有效数字及其运算法则

1.6.1 有效数字的位数

在实验中所测的数据都是有误差的数据，对这些数据不能任意取舍，应反映测量值的准确程度。所以在记录数据、计算及书写测量结果时，究竟应写出几位数字，有严格的要求，要根据测量结果的不确定度来定。例如，用 300 mm 长的

毫米分度钢板尺(本书约定 $\Delta_{仪}d=0.5$ mm)测量某物体长度时,读数的正确方法是除了确切地读出钢尺上有刻线的位数之外,还应估读一位,即读到 0.1 毫米位。比如,测出某物体的长度是 15.2 mm,这表明“15”是准确数字,而最后的“2”是估读数字,它存在疑问。值得注意的是,当读数正好是整数刻度时,人们往往只读取了整数值,而忽视了读估计的那位“0”。比如,用钢尺测得的物体长度正好是 15 mm 整,则应记录为 15.0 mm,不应写成 15 mm。又如根据长度和直径的测量值用计算器算出的柱体体积为 $V=6158.3201$ mm^3,体积的不确定度 $\Delta V=4$ mm^3。由不确定度为 4 mm^3 可以看出,第四位数字“8”已经不够精确,它后面的四位数字“3210”也就没有意义了。因而圆柱体体积的间接测量值应写作 $V=(6158\pm4)$ mm^3。“6158”这四位数字前面的三位是准确数字,后面的一位是存疑数字。准确数字与存疑数字合称有效数字。前两例中的 15.2 mm 为三位有效数字,6158 mm^3 为四位有效数字。

有效数字位数的多少,直接反映实验装置的准确度。一般说来,有效数字位数越多,测量准确度越高。但是不能不顾测量仪器的准确程度与计算结果的不确定度而无限地增多有效数字的位数。例如,用不同精度的量具测量同一物体的厚度 d 时,用钢尺(本书约定 $\Delta_{仪}d=0.5$ mm)测得 $d=6.2$ mm,d 只能是两位有效数字,其相对误差限值只能是 $E_r=0.5/6.2=8.1\%$;用 50 分度游标尺($\Delta_{仪}d=0.02$ mm)测得 $d=6.36$ mm,就有三位有效数字,相对误差限值变为 $E_r=0.02/6.36=0.31\%$;用千分尺(本书约定 $\Delta_{仪}d=0.005$ mm)测得 $d=6.347$ mm,有效数字的位数就增加到四位,相对误差限值又变为 $E_r=0.005/6.347=0.079\%$。由此可见,有效数字位数多一位,相对误差限值 E_r 差不多要小一个数量级。所以,测量结果取几位有效数字是件严肃的事,不能任意取舍。

不确定度是误差可能数字的估计,因而它本身也存在不确定度的问题,它的有效数字的位数也就不能太多。因此在一般情况下,不确定度取 1~2 位有效数字。根据尾数截断与数字取舍不过分改变不确定度值的原则,规定当不确定度首位数字 $n\geqslant\sqrt{10}$ 时,不确定度有效数字的位数取一位,其余情况取两位。即不确定度有效数字的位数当首位数字 $n\geqslant4$ 时,取一位,首位数字 $n\leqslant3$ 时取两位。相对不确定度有效数字的位数一般情况下取两位。

应当指出,测量结果的第一位(即最高位)非零数字前的“0”不属于有效数字,而非零数字后的“0”都是有效数字。因为前者只反映了测量单位的换算关系,与有效数字位数无关。例如,物体长度 15.2 mm 是三位有效数字,写成 0.0152 m也是三位有效数字;但如写成15.20 mm就变成四位有效数字了,这就改变了原 15.2 mm 三位有效数字的精度,这是不允许的。这就说明有效数字后面的“0”不能任意增减。

测量结果有效数字的位数与不确定度有效数字的位数必须对齐，这是确定测量结果有效数字位数的主要原则。当不确定度为一位有效数字时，测量结果的最后一位是可疑数位；当不确定度为两位有效数字时，测量结果的最后两位是可疑数位。而且测量结果的可疑数字的位置与不确定度数字的位置到小数点的距离相等。

1.6.2 有效数字的修约

不论对测量结果还是不确定度，数据采用“四舍六入五凑偶”的规则修约，即小于 5 者舍，大于 5 者入，等于 5 者把截断以后数的尾数凑成偶数。这种舍入原则的出发点是使尾数入与舍的概率相等。

例如，某质量测量结果为 $m=3.075$ kg，$\Delta m=0.045$ kg，则应表示成 $m=(3.08\pm0.04)$ kg；又如，2.435 取三位有效数字时为 2.44；17.405 取四位有效数字时为 17.40。

数据截取时应一次截取，不能采用逐级截取的方法。例如，数 7.1456 取两位有效数字时不能采用 7.1456→7.146→7.15→7.2 截取方法，而应一次性截取为 7.1。

1.6.3 测量结果的科学计数法

为了便于处理过大或过小的数据，且采用的单位又都是国际单位，所以常把测量结果写成小数乘以 10 的方幂形式，小数点前有一位，必须有且只有一位非零整数的数字，这称为有效数字的科学计数法。例如，前面物体长度测量值为 15.2 mm，用国际单位制应写成1.52×10^{-2} m；又如，中国人口为 13 亿 4 千万，不应写成 1340000000，而应写成 1.34×10^{9}。

1.6.4 有效数字的运算法则

有些测量，特别是准确度要求不高的测量，并不具体处理不确定度，只要求粗略反映测量值的有效数字，这就需要有一些简单的规则来处理函数运算，以便使计算在(基本)不影响结果精度的基础上变得简捷。这里假设有效数字中只有最后一位是存疑数字，就此通过实例讨论出有效数字的运算规则。根据有效数字的定义，可以得出：**计算结果中一般只保留数量级最大的一位可疑数字**。

1. 加减运算

以三数相加(下面有一黑点的数字为可疑数字，以下相同)为例：

$$
\begin{array}{r}
20.\underset{\cdot}{1}\\
4.1\underset{\cdot}{7}\\
+)\ 6.78\underset{\cdot}{4}\\
\hline
31.\underset{\cdot}{0}\underset{\cdot}{5}\underset{\cdot}{4}
\end{array}
$$

可疑数字加(减)可疑数字或可疑数字加(减)可靠数字均为可疑数字，进位数不算可疑数字。根据只保留数量级最大的可疑数字的原则，以上的和数应为31.0。结果的可疑数字的位置在小数点后第一位，与20.1的可疑数字的位置相同；而数20.1中可疑数字的数量级是参与加法运算的三数中可疑数字数量级最大的，即和数中可疑数字的位置与参与加法运算诸数中可疑数字数量级最大的位置相同。相减与相加有同样的规律。由此可得加减运算中有效数字的运算规则是：

诸数相加减，计算结果的可疑数字的位置与参与加减运算的诸数中数量级最大的可疑数字的位置相同。

2. 乘法运算

两数相乘时，如可疑数字与可疑数字或可疑数字与可靠数字相乘，除进位数字外均为可疑数字。于是有下面的运算：

$$
\begin{array}{r}
2.31\underset{\cdot}{4}\\
\times)\ \ 3.\underset{\cdot}{6}\\
\hline
1.\underset{\cdot}{3}\underset{\cdot}{8}\underset{\cdot}{8}\underset{\cdot}{4}\\
+)\ \ 6.94\underset{\cdot}{2}\\
\hline
8.\underset{\cdot}{3}\underset{\cdot}{3}\underset{\cdot}{0}\underset{\cdot}{4}
\end{array}
\qquad\qquad
\begin{array}{r}
5.42\underset{\cdot}{1}\\
\times)\ \ 3.\underset{\cdot}{2}\\
\hline
1.\underset{\cdot}{0}\underset{\cdot}{8}\underset{\cdot}{4}\underset{\cdot}{2}\\
+)\ 16.26\underset{\cdot}{3}\\
\hline
17.\underset{\cdot}{3}\underset{\cdot}{4}\underset{\cdot}{7}\underset{\cdot}{2}
\end{array}
$$

得 $2.314\times3.6=8.3$ $5.421\times3.2=17.3$

由以上两例可见，积数的有效数字的位数与参与相乘运算诸数中有效数字位数最少的位数相同或多一位。为了不丢失有效数字与计算的简便，本书约定：**诸数相乘，积数有效数字的位数比参与相乘诸数中有效数字位数最少的多取一位。**

3. 除法运算

根据除法是乘法的逆运算的原理，可以预见，两数相除，商数的有效数字的位数与参与除法运算的两数中有效数字位数最少的位数相同或少一位。为了不丢失有效数字，本书约定：**两数相除，商数的有效数字位数与参与除法运算的两数中有效数字位数最少的相同。**

4. 其他函数运算

这里给出一般的处理原则：**以自变量即参与运算的量的最后一位有效数字（可疑数字位）取一个单位作为测量值的不确定度，用微分方式求出因变量即结果量的最大不确定度，并且取一位，由此定出有效数字的位数。**这样做比较“保险”。

例 1.2 求$\sqrt[20]{3.25}$的值。

解 以 x 代表 3.25，将$\sqrt[20]{3.25}$写成函数的形式 $y=x^{1/20}$，由计算可得

$$y = x^{1/20} = 3.25^{1/20} = 1.0607039$$

而

$$\Delta y = (1/20)x^{1/20-1}\Delta x = (1/20)(y/x)\Delta x = (1/20)\times(3.25^{1/20}/3.25)\times 0.01$$
$$= 0.00016 \approx 0.0002$$

因 Δy 的位数定在小数点后第四位，故有

$$\sqrt[20]{3.25} = 1.0607$$

结果有五位有效数字。

例 1.3 求 $\sin 20°6'$的值。

解 令 $y=\sin x$，$x=20°6'$，计算器上显示

$$y = \sin x = \sin 20°6' = 0.343659694$$

而

$$\Delta y = \cos x\Delta x = 0.939094252\times 1'$$
$$= 0.939094252\times \pi/(180\times 60) = 0.00027 \approx 0.0003$$

即 Δy 的位数在小数点后第四位，故有

$$\sin 20°6' = 0.3436$$

5. 混合运算

根据以上讨论的法则，混合运算的原则是：

(1)按以上 1～4 运算原则按部就班地进行；

(2)为了防止数字截断后运算引入新的误差，参与运算的物理量比上述原则多取 1～2 位有效数字；

(3)常数(如 π，$\sqrt{2}$等)根据情况要取多少位就取多少位。

1.7 不确定度应用举例

例 1.4 用分度值为 1.0 mm 的钢板尺测某物体的长度，得出数据如下：3.41 cm，3.43 cm，3.45 cm，3.44 cm，3.42 cm。求算术平均值、不确定度及相对不确定度，并正确表示测量结果。

解

(1)算术平均值

$$\overline{x}=\frac{1}{n}\sum_{i=1}^{n}x_i=\frac{1}{5}\times(3.41+3.43+3.45+3.44+3.42)=3.43\ (\text{cm})$$

(2)不确定度

测量列的标准偏差

$$S_x=\sqrt{\sum_{i=1}^{n}\frac{(x_i-\overline{x})^2}{n-1}}$$

$$=\sqrt{\frac{1}{4}[(3.41-3.43)^2+(3.43-3.43)^2+(3.45-3.43)^2+(3.44-3.43)^2+(3.42-3.43)^2]}$$

$$=0.016\ (\text{cm})$$

平均值的标准偏差

$$S_{\overline{x}}=S_x/\sqrt{n}=0.016/\sqrt{5}=0.0071\ (\text{cm})$$

由此得

$$\Delta_{\text{A}}x=tS_{\overline{x}}=2.78\times0.0071=0.020\ (\text{cm})$$

$$\Delta_{\text{B}}x=\Delta_{\text{仪}}x=0.05\ (\text{cm})$$

$$\Delta x=\sqrt{(\Delta_{\text{A}}x)^2+(\Delta_{\text{B}}x)^2}=\sqrt{0.020^2+0.05^2}=0.054\approx0.05\ (\text{cm})$$

$$E_{\text{r}}=\Delta x/x=0.054/3.43=0.01545\approx1.5\%$$

(3)测量结果为

$$x=3.43\pm0.05\ (\text{cm})=(3.43\pm0.05)\times10^{-2}(\text{m})$$

例 1.5 已知某金属环外径 $D_2=3.600\pm0.004$ cm,内径 $D_1=2.880\pm0.004$ cm,高度 $h=2.575\pm0.004$ cm。求金属环的体积 V 及体积的不确定度 ΔV。

解 金属环体积为

$$V=\frac{1}{4}\pi h(D_2^2-D_1^2)=\frac{\pi}{4}\times2.575\times(3.600^2-2.880^2)=9.4357\ (\text{cm}^3)$$

对金属环体积公式取对数

$$\ln V=\ln(\pi/4)+\ln h+\ln(D_2^2-D_1^2)$$

再两边微分

$$\mathrm{d}V/V=\mathrm{d}h/h+(2D_2\mathrm{d}D_2-2D_1\mathrm{d}D_1)/(D_2^2-D_1^2)$$

有

$$\Delta V/V=\{(\Delta h/h)^2+[(2D_2\Delta D_2)^2+(2D_1\Delta D_1)^2]/(D_2^2-D_1^2)^2\}^{1/2}$$

$$=\sqrt{\left(\frac{0.004}{2.575}\right)^2+\left(\frac{2\times3.600\times0.004}{3.600^2-2.880^2}\right)^2+\left(\frac{2\times2.880\times0.004}{3.600^2-2.880^2}\right)^2}$$

$= 8.1 \times 10^{-3} = 0.81\%$

$$\Delta V = (\Delta V/V)V = 9.4357 \times 0.81\% = 7.6 \times 10^{-2}(\text{cm}^3) \approx 0.08\ (\text{cm}^3)$$
$$= 8 \times 10^{-4}(\text{m}^3)$$

因此金属环的体积为

$$V = (9.44 \pm 0.08) \times 10^{-2}(\text{m}^3)$$

例 1.6 用伏安法测电阻，电路如图 1-2 所示。所用仪器及参数如下：1 级伏特表，量程 3 V，内阻 $r_0 + \Delta r_0 = (1.001 \pm 0.004)$ kΩ；1 级毫安表，量程 150 mA。测量数据 $V = 3.00$ V，$I = 147.4$ mA，要求给出电阻 R 的测量结果和正确表述。

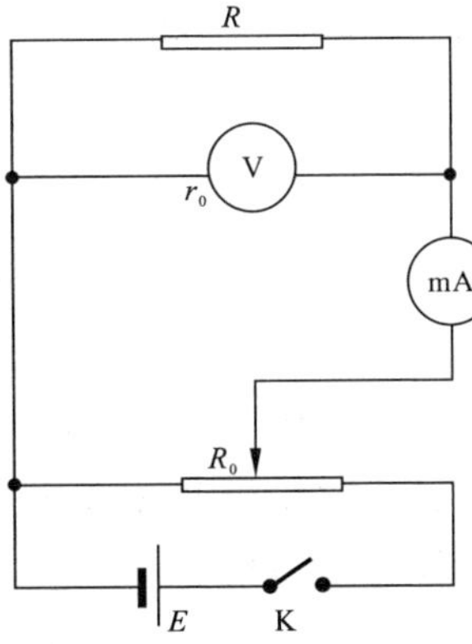

图 1-2 伏安法测电阻电路

解 本实验主要误差来源有三处：(1)方法误差，由于电流表外接而产生的系统误差，使 $R_{测} < R_{真}$；(2)电压测量误差；(3)电流测量误差。

为了消除(1)中测量方法产生的系统误差，不用式 $R = V/I$，而代之以修正 R 的计算公式，即

$$R = V/(I - V/r_0) = r_0 V/(r_0 I - V)$$

$$R = \frac{1.001 \times 10^3 \times 3.00}{1.001 \times 10^3 \times 1.47 \times 10^{-3} - 3.00} = 20.78\ (\Omega)$$

(2)和(3)的误差来源较多，包括器具误差、读数误差和接线误差等。在本实验条件下，由相应仪器误差限来综合评定

$$\Delta V = \Delta_{仪} V = 3.00 \times 1.0\% = 0.03\ (\text{V})$$
$$\Delta I = \Delta_{仪} I = 150 \times 1.0\% = 1.5\ (\text{mA})$$

对修正 R 的计算公式取对数

$$\ln R = \ln r_0 + \ln V + \ln(r_0 I - V)$$

再微分

$$\frac{\mathrm{d}R}{R} = \frac{\mathrm{d}r_0}{r_0} + \frac{\mathrm{d}V}{V} - \frac{I\mathrm{d}r_0 + r_0\mathrm{d}I - \mathrm{d}V}{r_0 I - V}$$
$$= \left(\frac{1}{V} + \frac{1}{r_0 I - V}\right)\mathrm{d}V + \left(\frac{1}{r_0} + \frac{I}{r_0 I - V}\right)\mathrm{d}r_0 - \frac{r_0}{r_0 I - V}\mathrm{d}I$$

把微分符号改成不确定度，并对独立项取方和根值

$$\frac{\Delta R}{R} = \sqrt{\left(\frac{1}{V} + \frac{1}{r_0 I - V}\right)^2 (\Delta V)^2 + \left(\frac{1}{r_0} + \frac{I}{r_0 I - V}\right)^2 (\Delta r_0)^2 + \left(\frac{r_0}{r_0 I - V}\right)^2 (\Delta I)^2}$$
$$= \Big[\left(\frac{1}{3.00} + \frac{1}{147.4 \times 10^{-3} \times 1.001 \times 10^3 - 3.00}\right)^2 \times 0.03^2$$

$$+\left(\frac{1}{1.001\times10^{3}}+\frac{147.4\times10^{-3}}{147.4\times10^{-3}\times1.001\times10^{3}-3.00}\right)^{2}\times(0.004\times10^{3})^{2}$$

$$+\left(\frac{1.001\times10^{3}}{147.4\times10^{-3}\times1.001\times10^{3}-3.00}\right)^{2}\times(1.5\times10^{-3})^{2}\Bigg]^{\frac{1}{2}}$$

$$=0.015=1.5\%$$

$$\Delta R=R(\Delta R/R)=20.78\times0.015=0.31\ (\Omega)$$

最后结果为

$$R=20.78\pm0.31\ (\Omega)$$

1.8 物理实验数据处理的基本方法

测量数据的处理包含十分丰富的内容，例如，数据的记录，图像的描绘，从带有误差的数据中提取参数，验证和寻找经验规律，外推实验数值等。本节将结合物理实验的基本要求，介绍一些最基本的实验数据处理方法。

1.8.1 列表法

顾名思义，列表法就是把数据按一定的规律列成表格。这是在记录和处理数据时最常用的方法，又是其他数据处理方法的基础。列表法的优点是对应关系清楚、简捷，有助于发现实验中的规律。列表时应注意以下事项：

(1)表格设计要合理、简单明了，重点考虑如何能完整地记录原始数据及揭示相关量之间的函数关系。

(2)表格的标题栏中注明物理量的名称、符号和单位(单位不必在数据栏内重复书写)。

(3)数据要正确反映测量结果的有效数字的位数。

(4)提供与表格有关的说明和参数，包括表格名称、主要仪器规格(型号、量程及仪器精度等)、有关的环境参数(如温度、湿度等)和其他需要引用的物理常数和物理量等。

(5)为便于揭示或说明物理量之间的联系，可以根据需要增加原始数据以外的处理结果。

本书中的各种数据表格都是根据这些要求设计的，同学们要逐步学会设计实验数据表格。

例 1.7 用伏安法测晶体二极管的伏安特性数据表格，如表 1-7、表 1-8 所示。

晶体管型号：________________；

电压表：型号__________，分度值__________，量程__________，精度等级__________。

(1)正向特性数据

电流表1：型号__________，分度值__________，量程__________，精度等级__________。

表1-7　正向特性数据

电压测量值 V(V)										
电流测量值 I_0(mA)										
电流修正值 I(mA)										

因电流表外接，通过晶体管的电流修正值为 $I=I_0-V/r_V$，电压表内阻 r_V =__________。

(2)反向特性数据

电流表2：型号__________，分度值__________，量程__________，精度等级__________。

表1-8　反向特性数据

电压测量值 V_0(V)										
电压修正值 V(V)										
电流测量值 I(μA)										

因电流表内，晶体管两端的电压修正值为 $V=V_0-Ir_I$，电流表内阻 r_I =__________。

1.8.2　作图法

所谓作图法就是把实验数据用自变量和因变量的关系作成曲线，以便反映它们之间的变化规律或函数关系。

1. 作图的作用和优点

(1)可把一系列数据之间的关系或其变化情况用图线直观地表现出来。作图法是研究物理量之间的变化规律，找出对应的函数关系，求经验公式最常用的方法之一。

(2)如果图线是依据许多数据点描出的平滑曲线，则作图法有多次测量取平均效果的作用。

(3)能简单地从图线中求出实验需要的某些结果。例如，$y=ax+b$ 就可从图线斜率求出 a 值，从截距求出 b 值，从图上求函数值等。

(4)可以作出仪器的校准曲线。

(5)图线上，可以直接读出没有进行观测的对应于某 x 的 y 值(内插法)，在一定条件下，也可以从图线的延伸部分读到测量数据范围以外的点(外推法)的值。

(6)图线可帮助发现实验中个别的测量错误，并可通过图线对系统误差进行分析。

(7)在数据计算过程中，也常利用一些计算图表，可以大大提高计算效率。

(8)可把某些较复杂的函数关系用直线表示出来(变数置换法)，因为当函数为非线性关系时，不仅求值困难，而且也很难从图中判断结果是否正确，所以常用变数置换法处理。例如，$pV=C$，若将 p-V 图线改为以 p 和 $1/V$ 为轴的 p-$1/V$ 图线，就变为直线了，如图 1-3 所示。

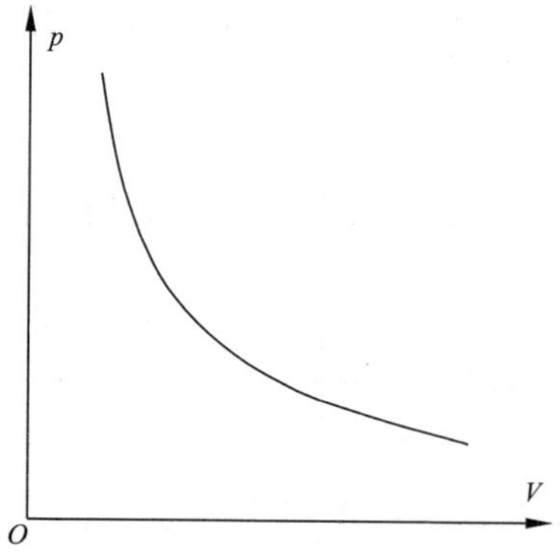

(a) p-V图

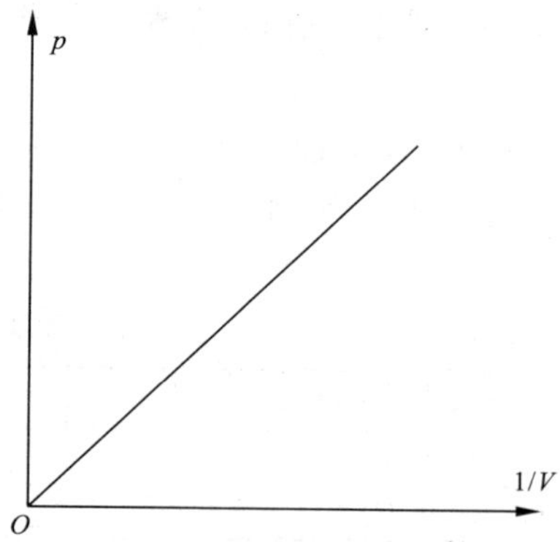

(b) p-$1/V$图

图 1-3　变数置换法将曲线变为直线

2. 作图规则

(1)作图一定要用坐标纸。当决定了作图的参数以后，根据情况选用直角坐标纸、双对数坐标纸、单对数坐标纸、极坐标纸或其他坐标纸等。

(2)坐标纸的大小及坐标轴的比例，应根据所测数据的有效数字的位数和结果的需要来定。原则上数据中可靠数字在图中应为可靠的，数据中不可靠的一位在图中应是估计的。即图纸中一小格对应数值中可靠数字的最后一位，但常常适当放大些，使图上实际可能读出的有效数字的位数与测量的读数相当。当然，图纸也不要过大，以免在本来的测量误差范围内可以连成光滑曲线(如直线)的看起来偏离太大。要适当选取横轴与纵轴的比例和坐标的起点，使图线比较匀称地充满整个图纸，不要缩在一边或一角。坐标轴的起点可以取为零点，也可以不取为零点。

(3)标明坐标轴和图名，画出坐标轴的方向，标明其所代表的物理量(或符号)，在轴上每隔一定间距标明该物理量的数值，在图纸的明显位置写清图的名称(包括必须说明的条件等)。

(4)标点。根据测量数据。用“+”标明各点的坐标。“+”用直尺、尖笔清楚地画出,使与实验数据对应的坐标准确地落在“+”的交点上。一张图上要画几条曲线时,每条曲线可用不同标记如“×”“○”“●”“△”“□”等。

(5)连线。用直尺、曲线板(尺)等仪器,根据不同情况,把点连成直线、光滑曲线或折线,校准曲线要通过校准点连成折线。当连成直线或光滑曲线时,曲线不一定通过所有的点,而是要求偏差点能较均匀地分布在线的两旁。在画线时,个别偏离过大的点应当舍去或重新测量校正。

(6)求直线斜率和截距。设图线的直线方程为

$$y = kx + b$$

则其斜率

$$k = \frac{y_2 - y_1}{x_2 - x_1}$$

可选取在直角坐标纸上所作的图线上(不一定要原来测量的点)的两点 $P_1(x_1, y_1)$和 $P_2(x_2, y_2)$代入第二式求得。P_1 与 P_2 不要选得相距太近,以减小误差。其截距 b 为 $x=0$ 时的 y 值,或选图上任一点 $P_3(x_3, y_3)$代入第一式,并利用第二式求得

$$b = y_3 - \frac{y_2 - y_1}{x_2 - x_1}x_3$$

例 1.8 用伏安法测晶体二极管的伏安特性。经过修正的数据见表 1-9 和表 1-10。

(1)正向特性数据

表 1-9 经过修正的正向特性数据

V(V)	0.000	0.100	0.200	0.300	0.350	0.400	0.450	0.500	0.550	0.600	0.650	0.700
I(mA)	0.00	0.69	1.34	2.02	2.43	2.82	3.30	3.82	4.52	5.61	7.45	9.10

(2)反向特性数据

表 1-10 经过修正的反向特性数据

V(V)	0.000	1.00	2.00	2.50	3.00	3.50	3.75	4.00
I(μA)	0.0	0.0	0.0	0.9	3.3	14.0	26.4	41.8

试描绘晶体二极管的伏安特性曲线。

解 如图 1-4 所示,以电压 V 为横轴、以电流 I 为纵轴,画出伏安特性曲线。

例 1.9 用拉伸法测金属丝的杨氏模量 E(其实验原理可参阅 2.4 节用拉伸法测金属丝的杨氏模量),所得实验数据如表 1-11 所示。

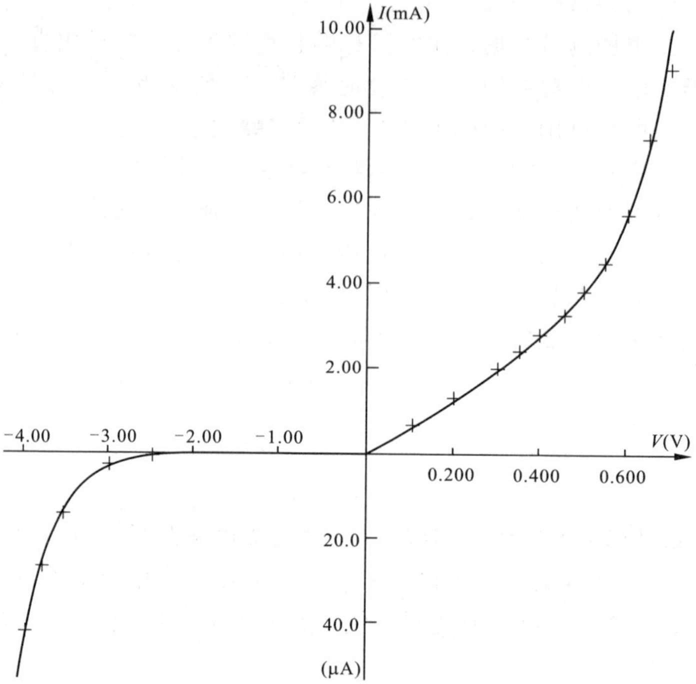

图 1-4　2CW13 晶体二极管的伏安特性

表 1-11　拉伸法测金属丝的杨氏模量实验数据

外力 F(N)	0	3.13	6.26	9.39	12.52	15.65	18.78	21.91
像坐标 n_i(cm)	−0.02	0.92	1.82	2.72	3.62	4.50	5.42	6.37
n_i-n_0(cm)		0.94	1.84	2.74	3.64	4.52	5.44	6.39

金属丝的长度 L、直径 d 和镜尺间的距离 R 分别为：$L=0.455$ m，$d=0.197$ mm，$R=1.298$ m。用图解法求金属丝的杨氏模量。

解　以 F 为纵坐标，像移 $n-n_0$ 为横坐标，作图如图 1-5 所示。

在直线上取两点：O(0 N，0 cm)；P(23.38 N，6.75 cm)，得斜率

$$k=\frac{F_2-F_1}{n_2-n_1}=\frac{23.38-0}{(6.75-0)\times10^{-2}}=3.464\times10^2(\text{N/m})$$

而由胡克定律，有

$$F/S=E\Delta L/L$$

得

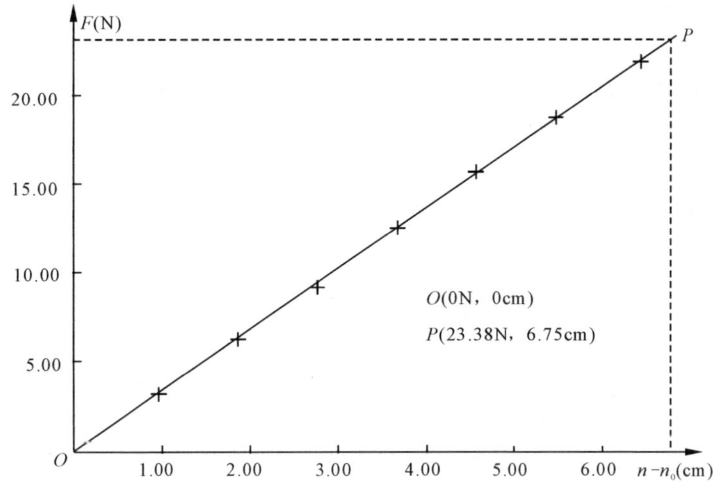

图 1-5　用拉伸法测金属丝的杨氏模量 E 中 F-$(n-n_0)$ 曲线

$$F = ES\Delta L/L = E \cdot \frac{1}{4}\pi d^2 \cdot \frac{\left[\frac{b(n-n_0)}{2R}\right]}{L} = E\,\frac{\pi b d^2}{8RL}(n-n_0)$$

令 $F=k(n-n_0)$，$k_0=\frac{\pi bd^2}{8RL}$，有

$$k = k_0 E$$

而

$$k_0 = \frac{\pi b d^2}{8RL} = \frac{\pi \times (0.197\times 10^{-3})^2 \times 8.03 \times 10^{-2}}{8\times 1.298 \times 0.455} = 2.051 \times 10^{-9}(\mathrm{m})$$

所以得金属丝的杨氏模量为

$$E = k/k_0 = \frac{3.464\times 10^2}{2.051\times 10^{-9}} = 1.689\times 10^{11}(\mathrm{N/m^2})$$

1.8.3　最小二乘法和一元线性回归

把实验的结果画成图表固然可以表示出物理规律，但是，图表的表示往往不如函数的表示来得明确和方便。所以就希望从实验数据求经验方程，也称为方程的回归。

方程的回归首先要确定函数的形式。函数形式的确定一般是根据理论的推断或者从实验数据变化的趋势而推测出来。例如，推断物理量 y 和 x 之间的关系是线性关系，则把函数的形式写成

$$y = a + bx$$

如果推断是指数关系则写成

$$y = c_1 e^{c_2 x}$$

所以，回归问题可以认为是用实验数据来确定上述方程中待定常数的问题。下面以一元线性回归为例讲解怎样确定这些待定常数。

1. 一元线性回归

设已知函数形式是

$$y = a + bx \tag{1-24}$$

自变量只有 x 一个，故称一元线性回归。实际上，如果用作图法，相当于求直线的截距和斜率。设实验得到的数据是：当 $x = x_1, x_2, x_3, \cdots, x_m$ 时，对应的 $y = y_1, y_2, y_3, \cdots, y_m$。方程式(1-24)既然是物理量 y 和 x 之间所服从的规律，所以在 a、b 确定以后，如果实验没有误差，把 $(x_1, y_1), (x_2, y_2), (x_3, y_3), \cdots, (x_m, y_m)$ 代入式(1-24)时，方程的左右两边应该相等。但实际上，测量总伴随着测量误差，我们把这些测量误差归结为 y 的测量偏差，并记作 $\varepsilon_1, \varepsilon_2, \varepsilon_3, \cdots, \varepsilon_m$。这样，把实验数据 $(x_1, y_1), (x_2, y_2), (x_3, y_3), \cdots, (x_m, y_m)$ 代入式 (1-24)后得到

$$\left.\begin{aligned} y_1 - (a - bx_1) &= \varepsilon_1 \\ y_2 - (a - bx_2) &= \varepsilon_2 \\ &\vdots \\ y_m - (a - bx_m) &= \varepsilon_m \end{aligned}\right\} \tag{1-25}$$

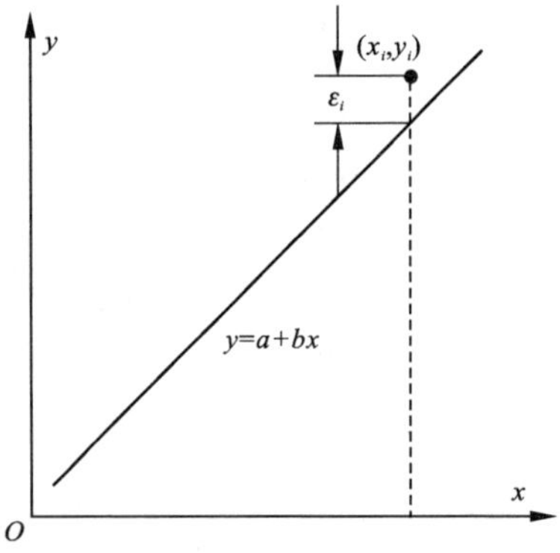

图 1-6　$y = a + bx$ 与 ε 的几何意义

目的在于利用方程组(1-25)来确定 a 和 b。那么，a 和 b 应该满足些什么要求呢？显然，比较合理的 a 和 b 是使 $\varepsilon_1, \varepsilon_2, \varepsilon_3, \cdots, \varepsilon_m$ 数值上都比较小。从几何意义上来看(图 1-6)，直线 $y = a + bx$ 由 a 和 b 所决定；$(x_1, y_1), (x_2, y_2), (x_3, y_3), \cdots, (x_m, y_m)$ 是实验所得的点；$\varepsilon_1, \varepsilon_2, \varepsilon_3, \cdots, \varepsilon_m$ 是这些实验点与直线纵坐标的偏差，要求这些实验点靠近直线当然是合理的。但是，每次测量的误差不会一样，反映出 $\varepsilon_1, \varepsilon_2, \varepsilon_3, \cdots, \varepsilon_m$ 大小不一样，而且符号也不尽相同，所以只能要求偏差的平方和最小，即 $\sum_{i=1}^{m} \varepsilon_i^2$ 最小。由于处理数据的方法要满足偏差的平方和为最小，故称最小二乘法。把方程组(1-25)各式平方相加得

$$\sum_{i=1}^{m} \varepsilon_i^2 = \sum_{i=1}^{m} (y_i - a - bx_i)^2 \tag{1-26}$$

为求 $\sum_{i=1}^{m}\varepsilon_i^2$ 的最小值，把式(1-26)对 a 和 b 求偏微商得

$$\left.\begin{aligned}\frac{\partial\sum_{i=1}^{m}\varepsilon_i^2}{\partial a}&=-2\sum_{i=1}^{m}(y_i-a-bx_i)\\\frac{\partial\sum_{i=1}^{m}\varepsilon_i^2}{\partial b}&=-2\sum_{i=1}^{m}[x_i(y_i-a-bx_i)]\end{aligned}\right\}\tag{1-27}$$

令式(1-27)都等于零，得

$$\left.\begin{aligned}\sum_{i=1}^{m}y_i-ma-b\sum_{i=1}^{m}x_i&=0\\\sum_{i=1}^{m}x_iy_i-a\sum_{i=1}^{m}x_i-b\sum_{i=1}^{m}x_i^2&=0\end{aligned}\right\}\tag{1-28}$$

令 $\overline{x}$ 表示 x 的平均值，即 $\sum_{i=1}^{m}x_i=m\overline{x}$；$\overline{y}$ 表示 y 的平均值，即 $\sum_{i=1}^{m}y_i=m\overline{y}$；$\overline{x^2}$表示 x^2 的平均值，即 $\sum_{i=1}^{m}x_i^2=m\overline{x^2}$；$\overline{xy}$表示 xy 的平均值，即 $\sum_{i=1}^{m}x_iy_i=m\overline{xy}$。将它们代入式(1-28)，得

$$\left.\begin{aligned}\overline{y}-a-b\overline{x}&=0\\\overline{xy}-a\overline{x}-b\overline{x^2}&=0\end{aligned}\right\}\tag{1-29}$$

解方程得

$$a=\overline{y}-b\overline{x}\tag{1-30}$$

$$b=\frac{\overline{x}\cdot\overline{y}-\overline{xy}}{(\overline{x})^2-\overline{x^2}}\tag{1-31}$$

在进一步的研究中还有一些要深入讨论的问题。我们将给出一些结论，但不作证明。

(1)相关系数

观察 x 和 y 之间存在线性函数关系是预先设定好的，因此这种关系是否可靠需要验证。事实上，任何两组量 x_i 和 y_i 都可以通过式(1-30)和式(1-31)得到“回归”系数 a、b。一般可通过计算相关系数 r 来检验 x、y 之间的线性关系。r 是绝对值小于等于 1 的常数。

$$r=\frac{\overline{xy}-\overline{x}\cdot\overline{y}}{\sqrt{[\overline{x^2}-(\overline{x})^2]\cdot[\overline{y^2}-(\overline{y})^2]}}\tag{1-32}$$

若关系式 $y=a+bx$ 严格成立，$|r|\approx1$。若 $|r|$ 远小于 1 而接近于 0，说明实验数据对求得的直线很分散，即不满足线性回归，必须用其他函数重新试探。

(2)y 的不确定度估计

测量值 y 的标准偏差可由下式给出

$$S_y = \sqrt{\frac{\sum_{i=1}^{m}[y_i - (a + bx_i)]^2}{m-2}} \tag{1-33}$$

(3)回归系数的不确定度估计

a、b 的标准偏差可由下列两式给出

$$S_a = \sqrt{\frac{\overline{x^2}}{m[\overline{x^2} - (\overline{x})^2]}} \tag{1-34}$$

$$S_b = S_y\sqrt{\frac{1}{m[\overline{x^2} - (\overline{x})^2]}} \tag{1-35}$$

2. 能化为线性回归的非线性回归

非线性回归是一个复杂的问题,并无特定的解法。不过通常遇到的问题多数能化为线性回归。下面举例说明。

(1)函数的形式为

$$y = c_1 e^{c_2 x}$$

两边取对数得

$$\ln y = \ln c_1 + c_2 x$$

令

$$\ln y = Y, \ln c_1 = a, c_2 = b$$

得

$$Y = a + bx$$

这样就可转化为一元线性回归。

(2)函数形式为

$$y = Ax^n$$

两边取对数

$$\ln y = \ln A + n\ln x$$

令

$$\ln y = Y, \ln A = a, n = b, \ln x = X$$

得

$$Y = a + bX$$

这样又可转化为一元线性回归。

回归法处理数据的优点在于理论上比较严格,函数形式确定后,结果是唯一的,不会因人而异;如果用作图法处理同样的数据,即使肯定是线性关系,不同的

工作者给出的直线也会有所不同,这是作图法不如回归法的地方。

1.8.4 逐差法

在一些特定条件下,可以用简单的代数运算来处理一元线性回归问题。逐差法就是其中之一,它比作图法精确,与最小二乘法的结果接近,在物理实验中经常使用。

设自变量 x 和因变量 y 之间存在线性关系,即

$$y = a + bx$$

并以自变量为等间隔地测得两组相关实验数据

$$\left.\begin{matrix} x_1, x_2, \cdots, x_k \\ y_1, y_2, \cdots, y_k \end{matrix}\right\}$$

$$\left.\begin{matrix} x_{m+1}, x_{m+2}, \cdots, x_{m+k} \\ y_{m+1}, y_{m+2}, \cdots, y_{m+k} \end{matrix}\right\}$$

其中,m、k 为自然数。用后一组实验数据对应相减去前一组实验数据(即隔 m 项逐差),

$$\begin{gathered} x_{m+1} - x_1, y_{m+1} - y_1 \\ x_{m+2} - x_2, y_{m+2} - y_2 \\ \vdots \\ x_{m+k} - x_k, y_{m+k} - y_k \end{gathered}$$

并利用对式 $y=a+bx$ 求斜率 b 的两点式,即用第 i 点与第 $m+i$ 点的数据求斜率,得到

$$\begin{aligned} b_1 &= (y_{m+1} - y_1)/(x_{m+1} - x_1) \\ b_2 &= (y_{m+2} - y_2)/(x_{m+2} - x_2) \\ &\vdots \\ b_k &= (y_{m+k} - y_k)/(x_{m+k} - x_k) \end{aligned}$$

取平均值

$$\bar{b} = \sum_{i=1}^{k} b_i/k = \frac{1}{k}\sum_{i=1}^{k} \frac{y_{m+i} - y_i}{x_{m+i} - x_i}$$

因自变量等间隔分布,则可令 $x_{m+i} - x_i = d$,有

$$\bar{b} = \sum_{i=1}^{k} b_i/k = \frac{1}{kd}\sum_{i=1}^{k} (y_{m+i} - y_i) \tag{1-36}$$

$\bar{b}$ 的不确定度通常可由相应的标准偏差来估计

$$S_{\bar{b}} = \sqrt{\frac{\sum_{i=1}^{k} (b_i - \bar{b})}{k(k-1)}} \tag{1-37}$$

思考与练习

1. 什么是误差？误差包括哪几种？随机误差和系统误差各有什么特点？

2. 下列情况属于系统误差还是偶然误差？

(1)读数误差；(2)天平零点漂移；(3)游标尺零点不准；(4)电表接入误差。

3. 用米尺测一物体的长度，物体放在米尺不同位置处时测出的数值相互稍有差异，试分析这种误差是由随机误差引起的还是由系统误差引起的？

4. 什么是不确定度和相对不确定度？什么是真值？

5. 比较下列 3 个量的不确定度，哪个大？

(1)$L_1=54.68\pm0.02$ cm；

(2)$L_2=0.498\pm0.002$ cm；

(3)$L_3=0.0098\pm0.0002$ cm。

6. 用精密天平(分度值为 1.0×10^{-3} g)称一物体的质量 m，共 5 次，结果分别为 3.6127 g，3.6122 g，3.6121 g，3.6120 g 和 3.6125 g，试求这些数据的算术平均值、不确定度和相对不确定度。

7. 什么是直接测量？什么是间接测量？请各举三个例子加以说明。

8. 用米尺测得正方形某一边的边长为 $a_1=2.01$ cm，$a_2=2.00$ cm，$a_3=2.04$ cm，$a_4=1.98$ cm，$a_5=1.97$ cm。求正方形的面积、不确定度和相对不确定度。

9. 求下列函数不确定度的表达式

(1)$y=A+B-2C$；

(2)$y=2A^2+B^2$；

(3)$y=(A-B)/(C+D)$；

(4)$n=\sin i/\sin r$。

10. 正态分布具有哪些特点？

11. 有一学生测量单摆的周期时，用停表测连续 50 个周期的时间(单位：s)，其数据如下：78.6 s、78.7 s、78.7 s、79.5 s、78.8 s、77.2 s。

他的第 4、6 两个数据是否正确？理由何在？

12. 改正下列错误

(1)$L=0.00036$ km 的有效数字是小数点后面第 4 位；

(2)$d=10.435\pm0.01$ cm；

(3)$t=8.50\pm0.5$ s；

(4)$L=12\text{km}\pm100$ m。

13. 用最小分度值为 0.02 mm 的测微尺测一约为 2 mm 的长度，能读出几位有效数字？如用米尺去测，又有几位有效数字？

14. 求出 0.87^3 和 $\sqrt{8.6}$ 的值。

15. 在一弹簧下端挂上 2.000 kg 的砝码时伸长 1.0 cm，试求其倔强系数 k（单位：N/m）。又当用一力 F 拉此弹簧使之伸长了 7.4 cm，试求此力 F 的大小。g 取 9.80 m/s^2（作为常数）。

16. 利用拉伸法测金属丝杨氏模量的实验数据作图，求出直线的斜率，由此求杨氏模量。

17. 利用表 1-12 中的数据，用作图法求电阻。

表 1-12　用伏安法测电阻

V(V)	0.00	1.00	2.00	3.00	4.00	5.00	6.00	7.00	8.00	9.00	10.00
I(mA)	0.00	2.00	4.01	6.05	7.85	9.70	11.83	13.75	16.02	17.86	19.64

18. 对表 1-12 的实验数据用最小二乘法进行线性回归，求直线的斜率，并由此求出电阻及电阻的不确定度。

2 力学热学实验

2.1 力学热学实验中的基本测量器具

物理实验离不开测量，必然少不了使用测试仪器。按照教学规律，知识的取得应是由浅入深的，物理实验也应先简单后复杂。虽然对特定测试仪器的学习与使用应配有特定的实验进行训练，而其他只是部分使用这些特定测试仪器的实验应在开出这些特定实验以后开出。但是，由于仪器设备及实验用房的限制，一个学期内的实验必须同步开出，这就打乱了“循序渐进”的顺序，颠倒了“专门训练”与“只是使用”的先后。实验者最先于某一实验中遇到了某种测试仪器，那他就应认为这一实验就是对这一测试仪器的“专门训练”。不可能把每一种测试仪器的知识在每一个相关实验里编写出来，使实验者开始遇到时就能先行学习。我们只能把常用的部分测试仪器的知识从所谓的“专门训练”的实验中抽出来归类单独编在各大类实验的前面，而在具体实验中用到时用文字着重指出在何处查阅，以适应实验者随时学习的需要。还有些测试仪器虽然通用，但在本书只是个别实验遇到，那么这些仪器就在相关实验里介绍。本节就力学和热学实验中通用的部分测量器具、仪器的原理，使用方法及注意事项作简单介绍。

2.1.1 米尺

常用的米尺量程大多是 0～100 cm、0～30 cm 和 0～15 cm，分度值为 1 mm。测量长度时常可估计至 1 分度的 1/10(即 0.1 mm)。测量过程中，一般不用米尺的端边作为测量的起点，以免由于边缘磨损而引入误差，而可选择某一刻度线(例如 10 cm 刻线等)作为起点。由于米尺具有一定厚度，测量时就必须使米尺刻度面紧挨待测物体 AB(图 2-1)，否则会由于测量者视线方向的不同(即视差)而引入测量误差(图 2-2)。

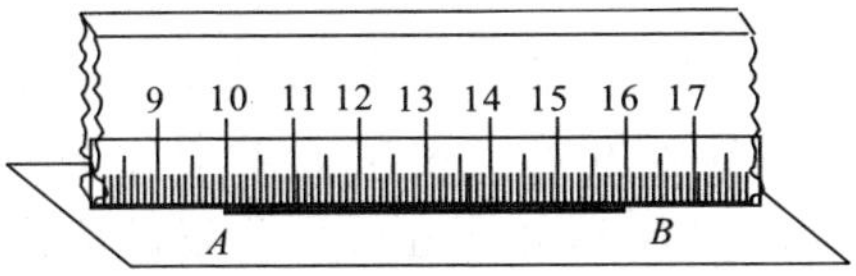

图 2-1　用米尺测长的正确方法

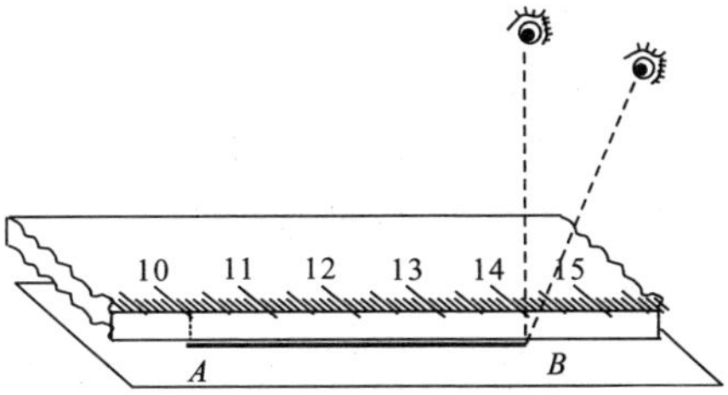

图 2-2　用米尺测长时的视差

2.1.2　游标尺

1. 简介

由于米尺的分度值(1 mm)不够小,通常不能满足测量的需要。如要提高测量的精度,可在主尺(即米尺)旁再加一把副尺(游标),而构成游标卡尺(图 2-3)。游标尺有好几种规格,一般以分度值的大小来区分,大致有 0.1 mm、0.05 mm 和 0.02 mm等数种。

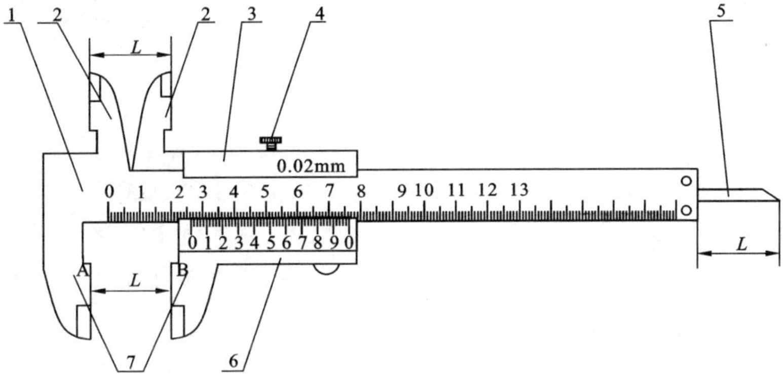

图 2-3　游标卡尺

1—尺身;2—内量爪;3—尺框;4—紧固螺钉;5—深度尺;6—游标;7—外量爪

2. 读数方法

现以分度值为 0.1 mm 的游标尺为例,简述其读数原理。

当外量爪 7 的两个测量平面(或测量刀口)A、B 紧密贴合时,副尺上的"0"线与主尺上的"0"线对齐,如图 2-4 所示。副尺上共有 10 个分格,其总长为 9 mm,即每一分格长 0.9 mm,比主尺分度值小 0.1 mm。测量时,将待测物卡在测量平面间,则两测量平面的距离 L 即为待测物的长度。随着量爪 B 向右移动,与该量爪连成一体的副尺也相应右移,所以副尺"0"线与主尺"0"线的间距也为 L。若被测长度 L=0.1 mm,则副尺"0"线也相应右移 0.1 mm,恰使副尺上的“1”线与主尺的 1 mm 处刻度线对齐，即 $L+0.9$ mm＝1 mm。若被测长度 L＝0.2 mm，则 $L+2\times0.9$ mm＝2 mm，恰使副尺上的“2”线与主尺的 2 mm 处刻度线对齐，其余可依此类推。

与米尺不同，这种测量方法不需估读，而是由两个准确的数值之差来求得长度，例如，$L=2-2\times0.9=0.2$ mm。游标尺的分度值等于主尺上 1 个分格与游标上 1 个分格的长度之差，上述游标尺的分度值就是 0.1 mm。设测量面之间卡入某待测物后，副尺右移至图 2-5 所示位置；副尺的“0”刻度线在主尺的 39 mm与 40 mm 之间，副尺的“5”刻度线与主尺的“44”刻度线对齐。于是有 44 mm＝$L+5\times0.9$ mm，得待测长度

$$
\begin{aligned}
L &= 44-5\times0.9 \\
&= 44-5\times(1-0.1) \\
&= 39+5\times0.1=39.5\ (\text{mm})
\end{aligned}
$$

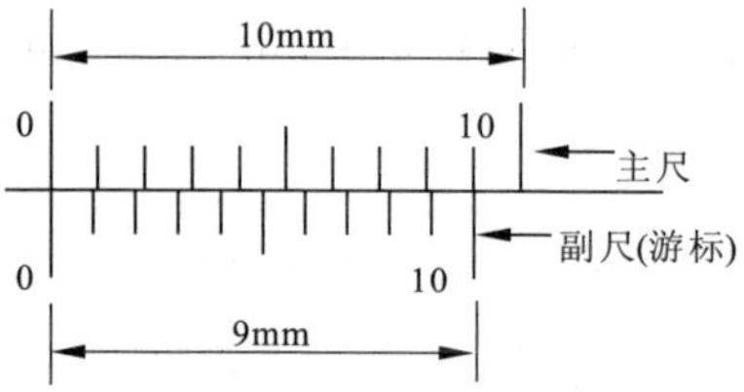

图 2-4　游标卡尺的分度

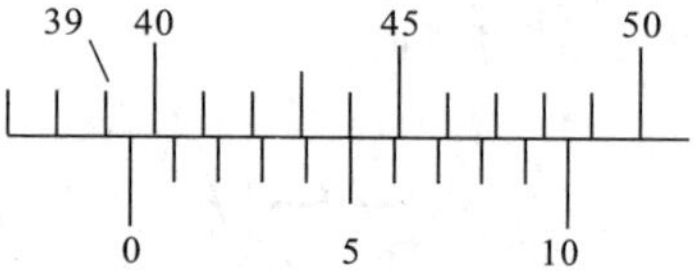

图 2-5　游标卡尺整数读法

所以，在测长度时，应先读出游标“0”线左侧主尺上的刻线读数（如例子中的 39 mm）；再看副尺上哪一刻线与主尺上刻线对齐（如本例中“5”线与主尺某刻线对齐），则可决定小数值（为 $0.1\times5=0.5$ mm）；两者相加就可获得待测长度（如本例中的 $L=39.5$ mm）。

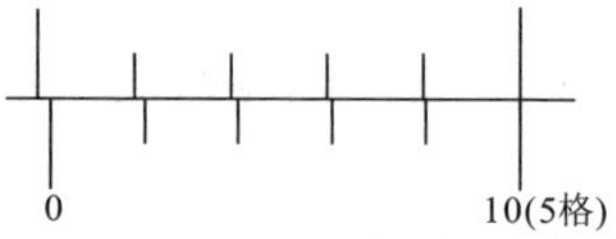

图 2-6　0.02 mm 分度
游标卡尺的小数读法

分度值为 0.02 mm 游标尺，其游标共分 50 格，总长 49 mm，即游标上 50 格长度比主尺上 50 格长度小 1 mm，游标上每一分格与主尺每一分格之差为 0.02 mm。若游标位置如图 2-6 所示，则按前述读数方法，可得待测长度为 $L=10+5\times0.02=10.10$ mm。由此可知，附设游标装置可提高测量精度，而游标尺的分度值越小，其测量误差也越小。

需要说明的是，游标上的数字一般不是分格的序号，而是游标的零刻线与左边主尺上最靠近游标的毫米刻度线的“距离值”。如果游标上第 k 格的刻线与主尺上的某刻线对齐，那么这一“距离值”就等于 k 与分度值的乘积；游标上第 k 格

的刻线处标的就是这一值。因此，在读毫米以下的小数时，就不必用 k 值去乘分度值，而直接从游标上读出就行了。

3. 使用方法

测量前应先将两量爪合拢，检查游标尺有无零值误差（即检查主尺“0”线和游标“0”线是否对准）。如有，则应记下此值，用以修正测量所得读数。测量时，量爪要卡正物体，松紧适当。利用内量爪和深度尺，游标尺还可用于测内径和深度。

2.1.3 千分尺（螺旋测微器）

1. 简介

千分尺是比游标尺更精密的长度测量仪器。常用的千分尺的量程为25 mm，分度值为0.01 mm。千分尺的外形如图 2-7 所示，它将测微螺杆的角位移转变为直线位移，以此测量长度。螺杆上螺距是 0.5 mm，与螺杆连成一体的微分套筒圆周上均匀地刻着 50 条线，共 50 个分格。套筒旋转一周，螺杆即前进或后退 0.5 mm，而旋过 1 个分格时，螺杆移动 0.01 mm。在另一固定套管上还刻了一条与螺杆转轴平行的细刻线 S，在其下方（有的千分尺在上方）刻有 25 个分格，每分格为 1 mm；在其上方（有的千分尺在下方），从与下方“0”线错开0.5 mm处开始，刻有 24 个分格，可标出半毫米读数，故 S 就成了一把主尺，其分度值为 0.5 mm。在 E 和 F 两测量面之间可放置待测物。微分套筒的周缘边线 H 可作为主尺上毫米和半毫米读数的指示线。而 S 线也是一条指示线，用来指示套筒圆周上 0.5 mm 以内的读数值。

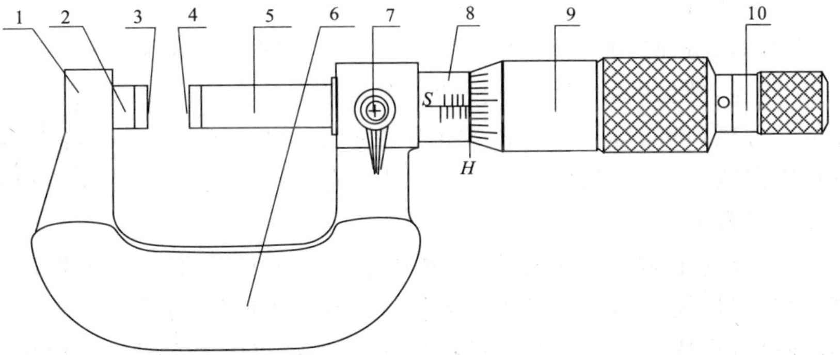

图 2-7　外径千分尺

1—尺架；2—测砧；3—测量面 E；4—测量面 F；5—测量螺杆；6—护板；7—锁紧装置；8—固定套筒；9—微分套筒；10—棘轮装置

2. 读数方法

(1)转动棘轮装置带动微分套筒前进使两测量面 E 和 F 密合(听到"咔""咔"声时,即证明两测量面 E 和 F 已密合)。此时,边线 H 应与主尺的"0"mm 刻线重合,而圆周上的"0"刻线也应与 S 线重合,这就是校对零点。

(2)后退螺杆,然后在 E、F 间放置待测物体,再转动棘轮装置带动微分套筒前进使待测物与 E、F 密合(听得"咔""咔"声时,即证明待测物与 E、F 密合)。此时,设各指示线的位置如图 2-8(a)所示。读数方法顺序如下:① 先以 H 线为准,它位于 6 mm 与 6.5 mm 之间,因此主尺读数为 6 mm;② 再以 S 线为准,S 指在套筒圆周刻线的 48 与 49 中间,通过估读,可得48.2,此值应等于 0.482 mm。所以,待测物长度为 6.482 mm。

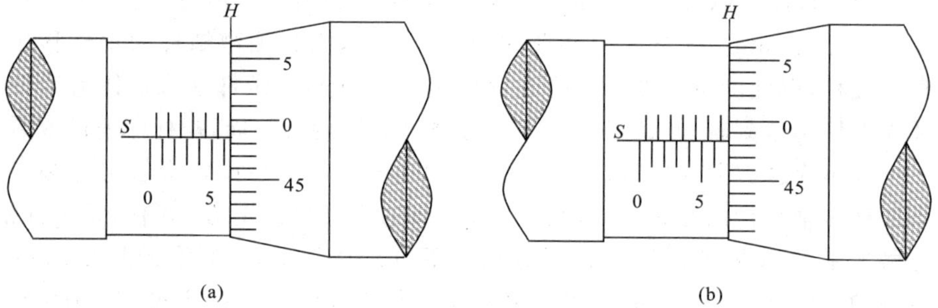

图 2-8 千分尺的读数

3. 读数时的注意事项

(1)千分尺主尺分度值为 0.5 mm。所以,特别要留心指示线 H 是否过了半毫米线,这一点易被初学者忽视。例如,图 2-8(b)中,不应读作 6.483 mm,因 H 线过了半毫米线,而应该是 6.983 mm。

(2)在校对零点时,常会发现 S 线并不正指着圆周上的"0"刻线。例如,它指在"2"刻线上,则在以后测长度时,须以测得值减去 0.020 mm;又如,距"0"刻线尚差 2 个分度,则实际长度应以读出长度减去－0.020 mm。这种误差(俗称为千分尺零点读数)属于系统误差中的零值误差,故测量值应按上法予以修正。

4. 使用规则

(1)千分尺的尾端有一棘轮装置,其作用是防止测量面 E 和 F 把待测物夹得太紧,以免损坏物体和千分尺内部的精密螺纹。因此,在使用时,当 E、F 将与物体接触时(或在读取零点读数的过程中 E、F 即将直接密合时),不要再旋转套筒,而应慢慢旋动棘轮,直至听到"咔""咔"声为止。这表示棘轮打滑,已无法带动螺杆前进,此时就可以读数。建议在使微分套筒前进的过程中,始终是转动棘轮装置带动微分套筒前进,不要直接旋转微分套筒,这样更保险。

(2)测量完毕移去待测物体后，在两测量面 E、F 之间要留有看得见的间隙(最好超过 1 mm)，以免在千分尺受热膨胀时，E、F 吻合过度而使千分尺受损。

2.2 用流体静力称衡法测物体的密度

密度是物质的基本属性。在一定温度下，各种物质具有确定的密度。通过测定物体的密度，可以确定物体的质地结构及组成部分。在工业上，物体密度的测定常用在原料的分析及地质矿产的判别上。

实验目的

(1)学习用流体静力称衡法测定不规则物体的密度；

(2)学习天平的正确使用方法；

(3)测铜块、石蜡和酒精的密度。

实验原理

物体密度的定义式是 $\rho=\frac{\mathrm{d}m}{\mathrm{d}V}$。对于质量分布均匀的物体，密度的表达式为

$$\rho = \frac{m}{V} \tag{2-1}$$

测定了物体的质量 m 和体积 V，就可以算出它的密度 ρ。对于固体，物体的质量 m 可用天平称得，体积 V 的测量要视情况而定。对于规则固体，其体积 V 可用游标尺、千分尺等量具测量后算得；对于不规则固体的体积 V，一般采用流体静力称衡法测得。对于液体，可用天平称得质量 m、用量筒量出体积 V，也可以借用参考物体采用流体静力称衡法测得质量 m 和体积 V。本实验就是用流体静力称衡法测物体的密度。

1. 用流体静力称衡法测定密度比水密度大的不规则固体(简称物体 1)的密度 ρ_1

忽略空气的浮力，物体 1 在空气中的重量为 $m_1 g$，浸入密度为 ρ_0 的水中，如图 2-9 所示，其视重为 $m_{11} g$。则物体 1 在水中所受到的浮力为

$$F_1 = m_1 g - m_{11} g = (m_1 - m_{11}) g$$

依阿基米德定律，浮力应等于物体 1 排开水的重量，即

$$F_1 = \rho_0 V_1 g$$

所以

$$(m_1 - m_{11}) g = \rho_0 V_1 g$$

得物体 1 的体积 V_1 为

$$V_1 = \frac{m_1 - m_{11}}{\rho_0} \tag{2-2}$$

于是可求得物体 1 的密度 ρ_1 为

$$\rho_1 = \frac{m_1}{V_1} = \frac{m_1}{(m_1 - m_{11})/\rho_0} = \frac{\rho_0 m_1}{m_1 - m_{11}} \tag{2-3}$$

式中，ρ_0 为水的密度，$\rho_0 = 1.000 \times 10^3\ \mathrm{kg/m^3}$（可视为常数）。

2. 用流体静力称衡法测定密度比水密度小的不规则固体（简称物体 2）的密度 ρ_2

在使用流体静力称衡法时，若待测物体 2（其质量 m_2 由天平称其在空气中的重量 $W_2 = m_2 g$ 测得，并设它的体积为 V_2）的密度比水的密度小，可用一个密度比水大的重物（本实验用物体 1，$W_1 = m_1 g$）将其压入水中，两物均应被水淹没，再用天平测得两物在水中的视重 $m_{21} g$（图 2-10）。则两物体在水中所受到的浮力为

$$F_2 = (m_1 + m_2)g - m_{21} g$$

又依阿基米德定律，此浮力应等于两物体排开水的重量，即

$$F_2 = \rho_0 (V_1 + V_2) g$$

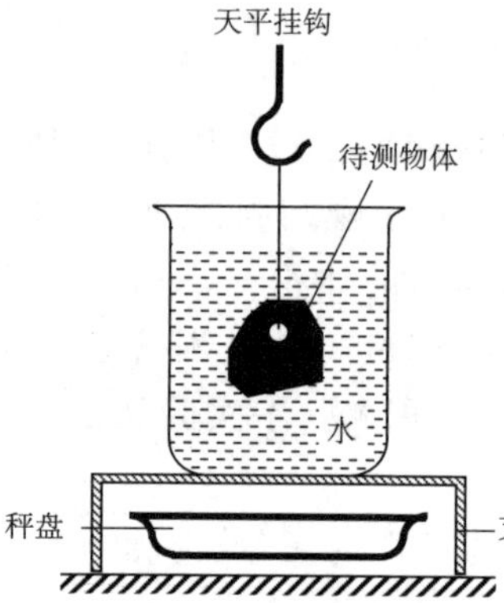

图 2-9 用流体静力称衡法测定不规则物体（密度比水大）的体积

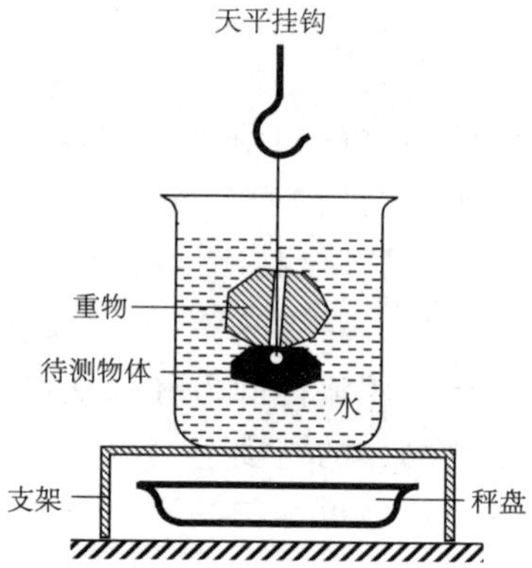

图 2-10 用流体静力称衡法测定不规则物体（密度比水小）的体积

得两物体的体积 $V_1 + V_2$

$$V_1 + V_2 = \frac{m_1 + m_2 - m_{21}}{\rho_0}$$

于是物体 2 的体积 V_2 为

$$V_2=\frac{m_1+m_2-m_{21}}{\rho_0}-V_1=\frac{m_1+m_2-m_{21}}{\rho_0}-\frac{m_1-m_{11}}{\rho_0}$$

$$=\frac{m_2+m_{11}-m_{21}}{\rho_0} \tag{2-4}$$

这样就可求得物体 2 的密度 ρ_2

$$\rho_2=\frac{m_2}{V_2}=\frac{m_2}{\dfrac{m_2+m_{11}-m_{21}}{\rho_0}}=\frac{\rho_0 m_2}{m_2+m_{11}-m_{21}} \tag{2-5}$$

3.用流体静力称衡法测定液体(简称物体 3)的密度 ρ_3

取一参考重物,本实验用物体 1,其质量 m_1 与体积 V_1[式(2-2)]已经测得。将其浸入液体 3 中,用天平测得其视重 $m_{31}g$。则重物 1 在液体 3 中所受到的浮力为

$$F_3=m_1g-m_{31}g=(m_1-m_{31})g$$

再依阿基米德定律,此浮力应等于重物 1 排开液体 3 的重量,即

$$F_3=\rho_3V_1g=\rho_3\left(\frac{m_1-m_{11}}{\rho_0}\right)g$$

就可得待测液体 3 的密度 ρ_3:

$$\rho_3=\frac{F_3}{V_1\cdot g}=\rho_0\frac{m_1-m_{31}}{m_1-m_{11}} \tag{2-6}$$

4.用交换称衡法消除因天平两臂不绝对相等所带来的系统误差

用天平称量物体时,一般是左物右码,即左边秤盘放待测物,右边秤盘放砝码。这主要是为了操作的方便。但是,横梁上中间刀口到两边刀口的距离不可能绝对相等,即两个力臂 $l_L=l_R$ 不是绝对满足,因此用天平称量物体时,必然带来系统误差。为了消除此项系统误差,本实验采用交换称衡法,即用左物右码和右物左码各称量一次物体,然后取测量值的几何平均值为待测物的测量结果。证明如下:

设待测物的质量为 m,左物右码称量时砝码质量为 m_R,其力平衡方程为

$$mgl_L=m_Rgl_R$$

然后右物左码称量时砝码质量为 m_L,其力平衡方程为

$$mgl_R=m_Lgl_L$$

以上两式相乘,并化简得

$$m=\sqrt{m_Lm_R} \tag{2-7}$$

5.称量物体的顺序

本实验测量的是不规则铜块、不规则蜡块和酒精的密度,水的密度 ρ_0 已知。实验室的酒精是要反复使用的,为了不使酒精的浓度降低,所以在用天平称量物

体时，其顺序是：先称量物体在空气中的表观质量，再称量物体在酒精中的表观质量，最后称量物体在水中的表观质量。

实验仪器

分析天平及砝码一套，小烧杯一个，支架一个，镊子一把，铜块一件，待测石蜡一块，待测酒精一瓶（本实验的主要任务是测铜块的密度与石蜡的密度）。

物体的质量可用天平来称量，称量时把物体放入天平的左盘，在天平右盘中放砝码。由于天平的两臂是等长的，故当天平平衡时，物体的质量就等于砝码的质量，而后者的数值已标出，于是可求得物体的质量。物理实验中常用的天平是物理天平与分析天平。物体密度的测定用的是分析天平。下面讲述分析天平的结构、使用方法及使用中的注意事项。

1.结构

分析天平的结构如图 2-11 所示，天平的横梁 7 上有三个刀口 2、5、10，两侧的刀口向上，用以承挂左右秤盘 13 和左右秤盘吊篮 20；而中间刀口则可搁在立柱上部的刀承 4 平面上，在称衡时全部重量（包括横梁、秤盘、砝码、待测物体）都由此刀口承担。横梁中部装有一根与之垂直的指针 8，而立柱下部有一标尺 16（从右到左刻有 20 个分度），通过指针在标尺上所指示的读数，可以确定天平是否达到平衡。在立柱内部装有制动器，而在底部有一制动旋钮 17，旋转制动旋钮可使刀承 4 上下升降。平时，刀承降下，使横梁搁在三托承上（左边一个托承 3，右边一个托承 9，中间一个刀承 4，三托承的尖顶组成的平面应与刀承平面平行），中间刀口不受力，以此保护刀口，同时横梁也不会摆动。

整个天平安装在玻璃罩 22 内，玻璃罩的作用有两点：其一是在称量物体的过程中减少空气的流动，使测量准确；其二是保持天平的清洁。玻璃罩的正面有玻璃门，打开玻璃门可在天平上进行称量操作。

2.天平的调整与使用

（1）调水平

转动天平的左右水平螺母 21、12，观察天平底座上的水准器（图中未画出），将底座 19 调成水平。这一步的目的是将立柱调整到铅直（天平制造厂家已将立柱与底座调成垂直）。如果调整后水准仪的气泡移至中间，则立柱已处于铅直方向；同时立柱上部的刀承平面也就处于水平面。如此，在称衡时，刀口就不会滑移。

（2）调零点

慢慢转动制动旋钮 17，使刀承 4 缓缓上升以托起刀口 5，观察平衡指针 8 尖在平衡指示标尺 16 上的位置。看是否与标尺中心线（标号 10 的刻线，称之为零点）相合来判定横梁是否平衡。一般横梁会有微小摆动，可以由指针左、右摆幅

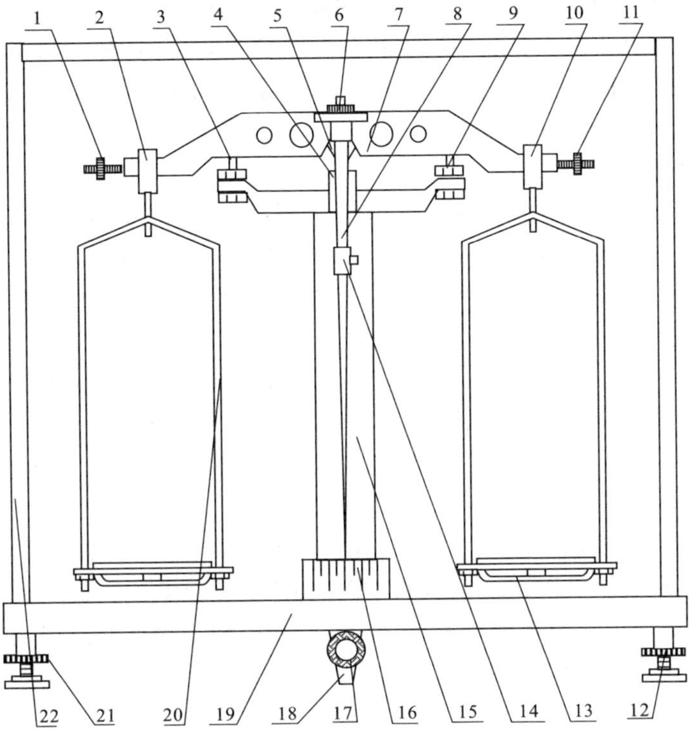

图 2-11　分析天平

1—左平衡螺母；2—左刀口；3—左边托承；4—刀承；5—中间刀口；6—平衡指针紧固螺母；7—横梁；8—平衡指针；9—右边托承；10—右刀口；11—右平衡螺母；12—右调水平螺母；13—左右秤盘；14—平衡指针重心调节螺母；15—立柱；16—平衡指示标尺；17—制动旋钮；18—底脚；19—底座；20—左右秤盘吊篮；21—左调水平螺母；22—玻璃罩

的中点是否与标尺中心线相合来判定横梁平衡。如果平衡指针不指零点，则应先制动，使刀承下降，然后调节横梁上两边平衡螺母 1、11 的位置。再升起横梁，观察指针位置……如此反复调节，直至平衡指针指向零点为止，此时天平调整完毕。最后，仍须制动，使刀承及横梁下降。

(3)天平的最大称量和分度值

使用天平时，被称物体的质量绝不能大于天平的最大称量，否则会使天平横梁产生形变，并使天平的刀口、刀承受损而降低天平原有的准确度。最好先将被称物体在低一级的天平(如药物天平)上进行预称，以减少天平在称衡过程中的横梁起、止动的次数，从而减少刀口的磨损。天平的分度值是指使指针 8 偏转 1 分度时在某一秤盘上所添加的小砝码质量，即 $s=\dfrac{\Delta m}{\Delta\theta}$(g/分度)，其中 Δm 为添加的砝码质量，$\Delta\theta$ 为指针沿标尺移动分度数。它的倒数 $c=1/s$(分度/g)称为天平的分度灵敏度。调节套在指针上的重心调节螺母 14 的位置，可改变天平的灵敏度，重心越高，灵敏度也越高。天平的分度值与天平的负载状态有关。实验室常用的分析天平的规格：最大称量为 200 g，分度值为 0.01 g。

(4)砝码组

用分析天平称量物体时的调平全部使用砝码。克以上的砝码是圆柱状砝码，克以下的砝码是片状砝码(物理天平称量克以下的质量用游码)，砝码上都标明了质量。一般天平所用砝码的总值等于(或稍大于)天平的最大称量，同数量级的砝码一般按 5，2，2，1 的质量比组成。一般分析天平的砝码配置是：100 g 一个，50 g 一个，20 g 两个，10 g 一个，5 g 一个，2 g 两个，1 g 一个；500 mg 一个，200 mg 两个，100 mg 一个，50 mg 一个，20 mg 两个，10 mg 一个。故分析天平的量程是 200 g，分度值是 10 mg(即感量为 10 mg)。10 mg 以下要估读一位，即分析天平的称量值可达 0.001 g。10 mg 以下的估读是通过平衡指针的偏转来确定的：平衡指针指向中心刻度 10 时，物体的质量就是砝码的质量；左右偏转一小格为 10 mg，根据平衡指针偏转的方向，物体的质量就应在砝码的质量上加上或减去相应估读出来的数值(10 mg 以下)。为了保证测量的准确，只准在 10 到 11 或 10 到 9 之内估读。

(5)称衡须知

称衡时，将物体放置左盘，砝码放置右盘。启动后，观察指针位置，如砝码过重(或过轻)，均须制动，即刀承下降使横梁搁在三承托上后再减(或增)砝码。在旋转制动旋钮使横梁升降时，手法要轻稳，眼睛注视中间刀口与刀承之间、横梁与托承之间情况，尽量避免彼此冲撞，增减砝码的动作要轻，不要将砝码丢进秤盘；从盒中取出砝码时，须使用镊子；砝码取出后，除放进天平秤盘中外，不能随处乱放；不可随意换用其他天平的砝码来进行称衡。由盒中取用砝码时，须数读一次总值，由秤盘取下放回盒中时再数读一次，核对两次读数是否相符，以免出错。称衡完毕，降下刀承，使横梁固定不动。砝码要完全归入盒中并清点盒中砝码数量，以防砝码丢失。

旋转制动旋钮必须缓慢小心。放置砝码后，启动横梁时不能将制动旋钮拧放到最大，而只能放开到恰能确定指针向哪一边偏转即可，然后立即关闭制动器使横梁下降(在尚未平衡时，如果制动器完全打开，分析天平的横梁往往会产生严重滑移现象，从而很可能会导致部件跌落以及刀口受损等后果)。

在称衡时，秤盘不应振动，若有振动，则将制动器轻轻关闭，然后再打开，这样做几次，就可以消除振动。

如果要更精确地称量物体，在(调节天平横梁平衡螺母，放置物体，加减砝码使)天平快达到平衡时，应在玻璃门框关好的情况下观察天平是否平衡，以防空气对流，影响称衡。开、关玻璃门也应仔细，以免扰动调整好的天平。

(6)其他注意事项

①使用分析天平时如遇故障(例如横梁或秤盘的滑落等)，应找老师解决。

②天平左右挂钩、左右吊篮和左右砝码盘绝对不容许放错，即左边的部件不能放在右边，右边的部件不能放在左边。

③天平使用完毕后，应将挂钩连同吊篮、砝码盘从左右刀口上移开，直接放到横梁上，不使刀口受力。

实验步骤

(1)调天平水平螺母，观察天平座上的水准仪，使天平座水平；

(2)调节天平横梁两端的调节螺母，观察指针是否指向中心刻度，使天平横梁平衡；

(3)按交换称衡法称量铜块、蜡块在空气中的表观质量 m_1、m_2；

(4)按交换称衡法称量铜块在待测酒精中的表观质量 m_{31}；

(5)按交换称衡法称量铜块在水中，铜块连同蜡块全浸入水中的表观质量 m_{11}、m_{21}。

注意事项

称量物体在液体中的表观质量时应注意以下几点：

(1)物体不能露出液面；

(2)物体不能接触烧杯；

(3)支架不能接触砝码盘；

(4)附着在物体上的气泡要清除。

原始数据表格

天平量程________，天平分度值________；水的密度__________ kg/m^3。

表 2-1 称得的质量

测量项目	待测物在左盘 m_R	待测物在右盘 m_L	$\sqrt{m_L m_R}$
铜块在空气中称得的质量 m_1(g)			
蜡块在空气中称得的质量 m_2(g)			
铜块在酒精中称得的质量 m_{31}(g)			
铜块在水中称得的质量 m_{11}(g)			
铜、蜡共同在水中称得的质量 m_{21}(g)			

数据处理

(1)计算铜块的密度 ρ_1,并与铜的标准密度($\rho_{10}=8.92\times10^3\ \text{kg/m}^3$)比较,计算其相对误差

$$E_r(\rho_1)=\frac{|\rho_1-\rho_{10}|}{\rho_{10}}$$

(2)计算蜡块的密度 ρ_2 及蜡块的密度的不确定度 $\Delta\rho_2$。

由于交换称衡法消除了因两力臂不绝对相等所带来的系统误差,故作为不确定度计算的简化处理,将质量几何平均值的不确定度按单次测量进行计算。即

$$\Delta m_1=\Delta m_2=\Delta m_{11}=\Delta m_{21}=\Delta_B m=\Delta_{仪} m=0.005\ \text{g}$$

为计算蜡块密度的不确定度,对式(2-5)两边取对数,有

$$\ln\rho_2=\ln\rho_0+\ln m_2-\ln(m_2+m_{11}-m_{21})$$

再两边微分

$$\begin{aligned}\frac{d\rho_2}{\rho_2}&=\frac{dm_2}{m_2}-\frac{dm_2+dm_{11}-dm_{21}}{m_2+m_{11}-m_{21}}\\&=\frac{dm_2(m_{11}-m_{21})}{m_2(m_2+m_{11}-m_{21})}-\frac{dm_{11}}{m_2+m_{11}-m_{21}}+\frac{dm_{21}}{m_2+m_{11}-m_{21}}\end{aligned}$$

$$\frac{\Delta\rho_2}{\rho_2}=\sqrt{\left[\frac{\Delta m_2(m_{11}-m_{21})}{m_2(m_2+m_{11}-m_{21})}\right]^2+\left(\frac{\Delta m_{11}}{m_2+m_{11}-m_{21}}\right)^2+\left(\frac{\Delta m_{21}}{m_2+m_{11}-m_{21}}\right)^2}$$

$$\Delta\rho_2=\rho_2\sqrt{\left[\frac{\Delta m_2(m_{11}-m_{21})}{m_2(m_2+m_{11}-m_{21})}\right]^2+\left(\frac{\Delta m_{11}}{m_2+m_{11}-m_{21}}\right)^2+\left(\frac{\Delta m_{21}}{m_2+m_{11}-m_{21}}\right)^2}$$

写出蜡块密度的结果表达式

$$\rho_2=\rho_{2测}\pm\Delta\rho_2$$

(3)计算酒精的密度 ρ_3,按有效数字的运算法则,得出正确的有效数字位数。

预习思考题

(1)天平的主要技术参数有哪些?称衡时,对所称量荷载的最大值有何要求?

(2)如何调整天平水平?为什么要调整天平水平?如何调整天平零点?

(3)在哪些情况下必须止动天平?其目的是什么?只有在什么情况下才能启动天平?

(4)流体静力称衡法测不规则固体密度时,以前有少数同学的实验步骤是:

①用小烧杯装满水放入天平左边砝码盘中称量。

②将物体挂于秤盘钩上连同水称衡。

③将物体沉于水中但不与杯子接触再称衡。

……

你认为他们能测出物体的密度吗？为什么？如果不能，应如何改进？

(5)流体静力称衡法测物体密度中，当称量物体在水中的视重时，支架与秤盘能否接触？物块与杯子能否接触？物块能否露出水面？为什么？

实验后思考题

(1)有人把天平的使用总结为四点："称量、分度值先看清，柱直、梁平、游码零，物左码右止动勤，仪器用毕收拾净。"请对此解释说明一下。

(2)称量用的细线是尼龙线好，还是棉线好？

2.3 研究单摆的运动特性

单摆实验有着悠久历史，1583年，伽利略在观察比萨教堂中的吊灯摆动时发现，摆长一定的摆，其摆动周期不因摆角而变化，因此可用它来计时，后来惠更斯利用了伽利略的这个观察结果，发明了摆钟。

本实验是用经典的单摆公式测量重力加速度 g，对影响测量精度的因素进行分析，学习如何改进测量方法，以进一步提高测量精度。

实验目的

(1)用单摆测定动力加速度；

(2)学习使用计时仪器(光电计时器)；

(3)学习在直角坐标纸上正确作图及处理数据；

(4)学习用最小二乘法作直线拟合。

实验原理

把一个金属小球拴在一根细长的线上，如图2-12所示。如果细线的质量比小球的质量小很多，而球的直径又比细线的长度小很多，则此装置可看做是一根不计质量的细线系住一个质点，这就是单摆。略去空气的阻力和浮力以及线的伸长不计，在摆角很小时，可以认为单摆作简谐振动，其振动周期 T 为

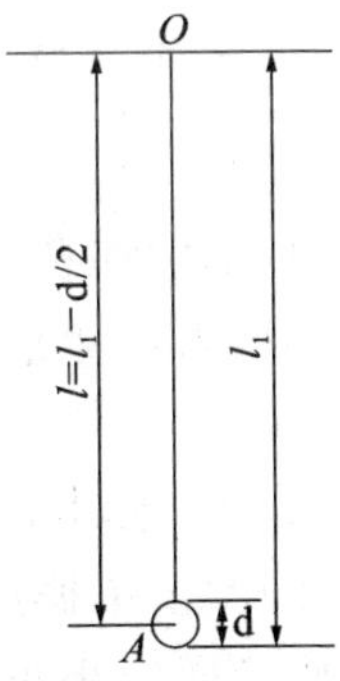

图2-12 单摆

$$T = 2\pi\sqrt{\frac{l}{g}} \tag{2-8}$$

式中，l为单摆的摆长，就是从悬点O到小球球心的距离；g为重力加速度。因而，单摆周期T只与摆长l和重力加速度g有关。如果我们测量出单摆的l和T，就可以计算出重力加速度g。

然而，理想的单摆并不存在。因为：① 悬线总是有质量的，设其为m'，它绕悬挂点的转动惯量为$I' = \frac{1}{3}m'l'^2$（l'为摆绳的长度，它不等于绳子上悬点到摆球质心的距离），它产生的重力矩为$M' = -\frac{1}{2}m'gl'\sin\theta$；② 摆球总是有大小（设半径为$r$）的，摆角$\theta$与$\sin\theta$也不是严格相等。由此系统所满足的方程应是

$$-mg(l'+r)\sin\theta - \frac{1}{2}m'gl'\sin\theta = \left[m(l'+r)^2 + \frac{2}{5}mr^2 + \frac{1}{3}m'l'^2\right]\frac{\mathrm{d}^2\theta}{\mathrm{d}t^2}$$

而且空气还有阻力与浮力，这就使得用式(2-8)算出的重力加速度是十分粗糙的。为了能用式(2-8)算出g，而相对不确定度又在10^{-3}以下数量级，那么以上各因素产生的系统误差的相对值应在10^{-4}数量级以下。通过适当计算，应有

$$m' < 10^{-4}m,\quad r < 10^{-2}l',\quad \theta < 5°$$

由式(2-8)可得

$$T^2 = 4\pi^2 l/g = (4\pi^2/g)l \tag{2-9}$$

即单摆摆动周期的平方（T^2）与摆长（l）成正比，比例系数为$k = 4\pi^2/g$。求出了比例系数k，就可以求出重力加速度g

$$g = 4\pi^2/k \tag{2-10}$$

实验仪器

单摆装置，米尺，游标卡尺，光电计时器。

实验步骤

1. 固定摆长，测定g

(1)测定摆长（摆长l取100cm左右）

①用米尺测量悬点O到小球最低点A的距离l_1（图2-12），计算出标准不确定度Δl_1。

② 用游标卡尺多次测量小球沿摆长方向的直径d，再求出$\bar{d}$和$\Delta\bar{d}$。

(2)测量单摆周期

使单摆作小角度摆动。通过计算可知，当小球的振幅小于摆长的1/12时，摆角$\theta<5°$。小球的振幅通过档杆在水平方向的位置而确定。从档杆方向平稳

放开小球，开始自由摆动，待摆动稳定后，用光电计时器测量。

光电计时器的使用方法：连接好光电门传感器与计时器的插线；开机通电后，设定计时次数 n 为 60 次(30 个周期)，按【执行】键即准备计时，等小球经过光电门挡光时，即进行计时，在第 61 次挡光时停止计时，显示 30 个周期总时间 $30T$。如果要改变计时次数，可以在计时结束后按【返回】键或【复位】键，再按【上调】和【下调】键可改变计时次数。再按【执行】键即可计时。

测量摆动 $30T$ 所需的时间(积累法)，并重复测量多次，求平均值。

2. 改变摆长，测定 g

使 l 分别为 30 cm、40 cm、50 cm、60 cm、70 cm、80 cm、90 cm 左右(l 不需要严格为某一个整数)，测出不同摆长下的 $30T$，然后求出周期 T。

注意事项

(1)要注意小摆角的实验条件，例如控制摆角 $\theta<5^\circ$。

(2)要注意使小球始终在同一个竖立平面内摆动，防止形成“锥摆”。

(3)铁质小球的直径：20 mm。

(4)挡光针为长 15 mm，直径为 2.7 mm 的中空塑料圆柱，实验时将其插在小球的底部孔中。

原始数据表格

(1)悬点 O 到小球最低点 A 的距离 l_1。

表 2-2　悬点 O 到小球最低点 A 的距离 l_1

悬点 O 的位置 x_1 (cm)	小球最低点 A 的位置 x_2 (cm)	$l_1=\lvert x_1-x_2\rvert$ (cm)

(2)小球沿摆长方向的直径 d。

表 2-3　小球沿摆长方向的直径 d

次数	1	2	3	平均	卡尺零点	修正零点后的平均值
d(cm)						

(3)小球摆动 $30T$ 所需的时间。

表 2-4　小球摆动 $30T$ 所需的时间

次数	1	2	3	4	5	平均
$30T$(s)						

表 2-5　摆长与周期的关系

测量序号	1	2	3	4	5	6	7	8
l_0(cm)								
l(cm)								
$t(30T)$(s)								
T(s)								
$T_2(s^2)$								

数据处理

(1)计算摆长及其标准不确定度 Δl，这里取米尺的仪器误差为 $\Delta_{仪}x=1.0$ mm。光电计时器的仪器误差 $\Delta_{仪}t$ 为仪器的精度。

将各直接测量量的平均值及不确定度填入表 2-6(置信概率 $P=0.95$)。

表 2-6　各直接测量量的平均值及不确定度

直接测量量	平均值 $\bar{x}$	$S_{\bar{x}}$	t 值(无单位)	$\Delta_A x$	$\Delta_{仪}\ x$	$\Delta_B x$	Δx
l_1(cm)							
d(mm)							
$30T$(s)							

其中

$$\bar{x}=\frac{1}{n}\sum_{1}^{n}x_i$$

$$S_{\bar{x}}=\sqrt{\frac{\sum_{1}^{n}(x_i-\bar{x})^2}{[n(n-1)]}}$$

$$\Delta_A x=tS_{\bar{x}}$$

$$\Delta x=\sqrt{(\Delta_A x)^2+(\Delta_B x)^2}$$

分别求出 l_1 和 Δl_1、$\bar{d}$ 和 $\Delta\bar{d}$、$\overline{30T}$ 和 $\Delta\,\overline{30T}$，最后求出 $\Delta l=\sqrt{\Delta^2 l_1+\left(\frac{\Delta d}{2}\right)^2}$。

(2)摆长为 $l=l_1-\frac{\bar{d}}{2}$，求出摆长 l 为：$l=$________±________ cm。

(3)求出 $\overline{30T}$ 和 $\Delta\,\overline{30T}$，则 $30T=$________±________ s。

(4)代入公式，$g=\frac{4\pi^2 l}{T^2}=\frac{4\pi^2 l}{(\frac{30T}{30})^2}=\frac{\pi^2 l\times 3600}{(30T)^2}$

$$\frac{\Delta g}{g}=\sqrt{\left(\frac{\Delta l}{l}\right)^2+\left(\frac{2\Delta\ \overline{30T}}{30T}\right)^2}$$

计算 g 的标准不确定度 Δg(计算时可把 $30T$ 作为一个数，而不必求出 T)。

$g=$________$\pm$________[　　　](写出单位符号)。

(5)测摆长与周期的关系 $T^2=\frac{4\pi^2 l}{g}$。

(6)依实验步骤 2 得出的数据，在直角坐标纸上绘制 T^2-l 曲线。

(7)用最小二乘法计算 $T^2=bl+a$ 直线方程中的斜率 b，截距 a 及相关系数 r。

$$b=\frac{\bar{l}\cdot\overline{T^2}-\overline{lT^2}}{(\bar{l})^2-\overline{l^2}}$$

$$a=\overline{T^2}-b\bar{l}$$

$$r=\frac{\overline{lT^2}-\bar{l}\cdot\overline{T^2}}{\sqrt{[\overline{l^2}-(\bar{l})^2]\cdot[\overline{(T^2)^2}-(\overline{T^2})^2]}}$$

以此计算出重力加速度 g

$$g=4\pi^2/k$$

并与荆州地区重力加速度公认值 $g=9.781\ \mathrm{m/s^2}$ 比较其误差的绝对值与相对误差的绝对值。

预习思考题

(1)用单摆测重力加速度的公式 $g=4(^2 l/T^2$ 为什么是近似的？它存在哪些系统误差？实际应用此公式时应满足什么条件？

(2)如何测单摆上悬点与摆球下端的间距？

实验后思考题

(1)请想出一种用摆锤为不规则形状的重物(如一把挂锁)制成“单摆”，并测定重力加速度 g 的方法。

(2)假设单摆的摆动不在竖立平面内，而是作圆锥形运用(即“锥摆”)。若不加修正，在同样的摆角条件下，所测的 g 值将会偏大还是偏小？为什么？

2.4　用拉伸法测金属丝的杨氏模量

材料受外力作用时必然发生形变，其内部的胁强(或称应力，是单位面积上受的垂直作用力）和胁变（或称应变，即相对形变）的比值称为弹性模量，这是描述固体材料抵抗形变能力的重要物理量，是选定机械构件材料的重要依据，是工程技术中常用的参数。本实验是测量金属丝的纵向弹性模量，即杨氏模量。实验将具体学习一种测量微小长度的方法——光杠杆法和一种常用的数据处理方法——逐差法，它们在物理实验中经常用到。

实验目的

（1）用拉伸法测量钢丝的杨氏模量；

（2）掌握测微小长度的一种方法——光杠杆法；

（3）学习用逐差法处理实验数据。

实验原理

固体在外力作用下会发生形变。外力撤除后形变能完全恢复的称为弹性形变；外力撤除后形变完全不能恢复的称为范性形变。如果作用在弹性形变物体上的外力过大，以致外力撤除后物体不能完全恢复原状，这种形变就包含有弹性形变与范性形变。本实验只研究弹性形变，也就是说，适当控制外力的大小，以保证去掉外力后物体能恢复原状。

最简单的形变是棒状物体受外力后的伸长或缩短。

一条各向同性的金属丝（棒），原长为 L，截面积为 A，在外力 F 的作用下伸长 δL。当呈平衡状态时，如果忽略金属棒本身的重力，则棒中任一截面上，内部的恢复力必须与外力相等。在弹性限度内，按胡克定律应有应力（$\sigma=F/A$）与应变（$\varepsilon=\delta L/L$）成正比关系，即

$$E = \text{应力} / \text{应变} = \sigma/\varepsilon$$

E 称为该金属的杨氏（弹性）模量。杨氏模量 E 是表征固体弹性性质的物理量，只决定于材料的弹性性质，与外力 F、物体长度 L 以及截面积 A 的大小均无关。

设金属丝为圆柱形，直径为 d，如果在金属丝的下端悬挂一质量为 m 的重物，忽略金属丝的质量，在金属丝内产生的拉力 F 应等于 mg，则

$$E = \frac{\sigma}{\varepsilon} = \frac{F/A}{\delta L/L} = \frac{mg/[\pi(d/2)^2]}{\delta L/L} = \frac{4mgL}{\pi d^2 \delta L} \tag{2-11}$$

根据式（2-11），测出等式右边各项，就可算出该金属的杨氏模量。其中 F、L、d 可用一般方法测得。但当悬挂重物的质量 m 不太大时，相应的 δL 很小，用一般的工具不易测准，为此采用光杠杆放大测量法。

光杠杆装在如图 2-13(a)所示的拉伸仪上。它由反射镜 M 和有 3 个足尖的底座组成，如图2-14(a)所示。底盘上 3 个足尖构成等腰三角形，如图 2-14(b)

所示。弯成为有后足尖 D 的金属杆与这一等腰三角形的高 DG 对应，金属杆插在底座孔内，可以调节后足尖 D 与两前足尖 E、F 连线的距离 b，b 称为光杠杆常数。光杠杆的侧面如图 2-14(c)所示。

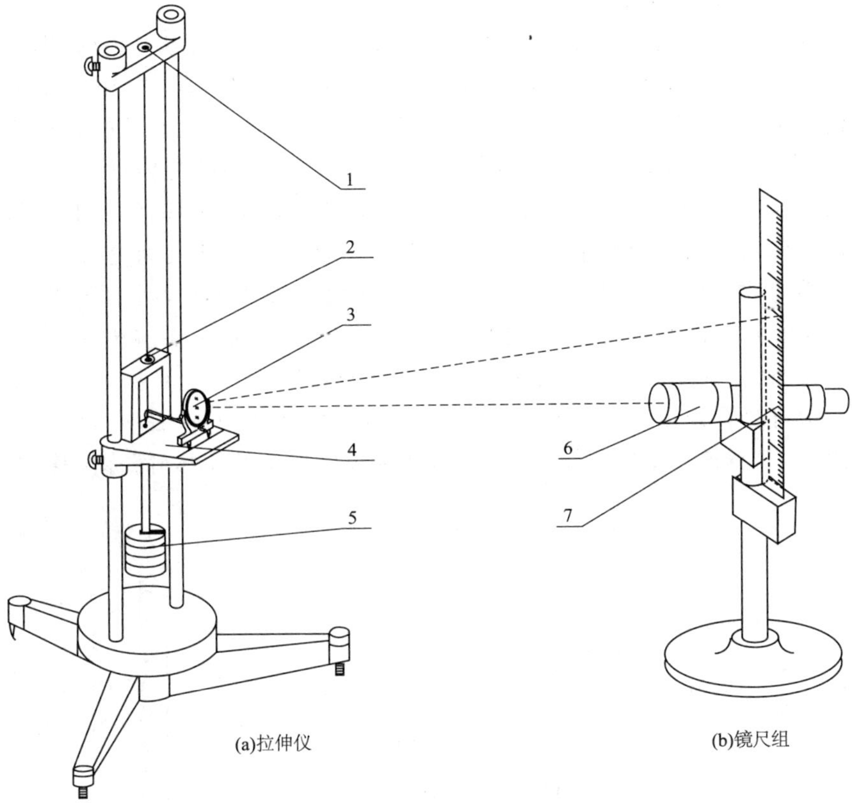

(a)拉伸仪　　(b)镜尺组

图 2-13　拉伸仪和镜尺组

1—夹头；2—下夹头；3—光杠杆反射镜；4—平台；5—砝码；6—望远镜；7—标尺

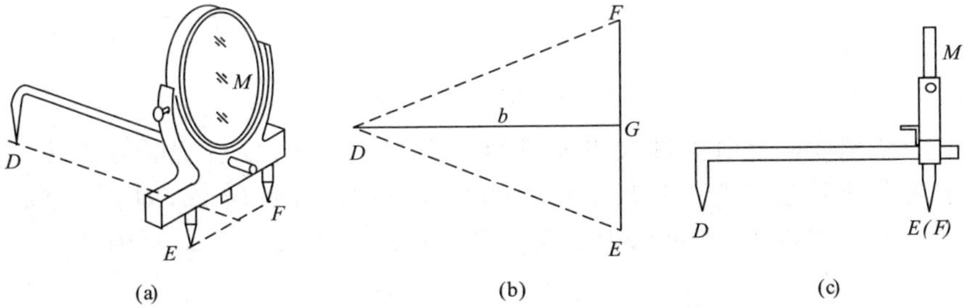

(a)　　(b)　　(c)

图 2-14　光杠杆

实验时，待测金属丝的两端固定在夹头 1、2 上，下夹头 2 固定在框架上部，金属丝靠框架受的重力被拉直，框架下部有一金属环，金属环通过螺杆与框架相连，螺杆上部有一圆锥形小坑，为放光杠杆的后足尖 D 而设。金属环上挂一钩码，钩码上再增添有槽的圆盘状砝码 5 使金属丝伸长。

光杠杆两前足尖放在拉伸仪固定平台 4 上的钩槽内，后足尖放在框架下部金属环螺杆上端的圆锥形小坑内。在光杠杆反射镜 $M3$ 的前方 1m 以上的距离处放镜尺组，如图 2-13(b)所示。镜尺组上的望远镜 6 水平地对准光杠杆平面镜 M 的中心。望远镜旁有一竖直的标尺 7，标尺的零刻度与望远镜中心等高。在没有挂钩码及加砝码时，望远镜 6 的光轴应与反射镜 M 垂直，此时应从望远镜目镜中可以看见镜内水平叉丝对准反射镜内标尺像的某一刻度线(调节好以后应对准零刻度线)，设为 n_0。当加上钩码继而再加砝码时，因钢丝伸长，置于框架下端螺杆上部凹坑内，光杠杆后足尖 D 跟随下移到 D' 点，DD' 即为钢丝的伸长 δL。而反射镜将以两前足尖 EF 为轴从 M 转到 M'，这时从固定不动的望远镜 6 中将会看到水平叉丝对准标尺上的另一刻度线，它应在 n_0 的上部，设为 n，如图 2-15 所示。则望远镜读数变化，即标尺像发生的位移(简称像移)Δn 为

$$\Delta n = n - n_0$$

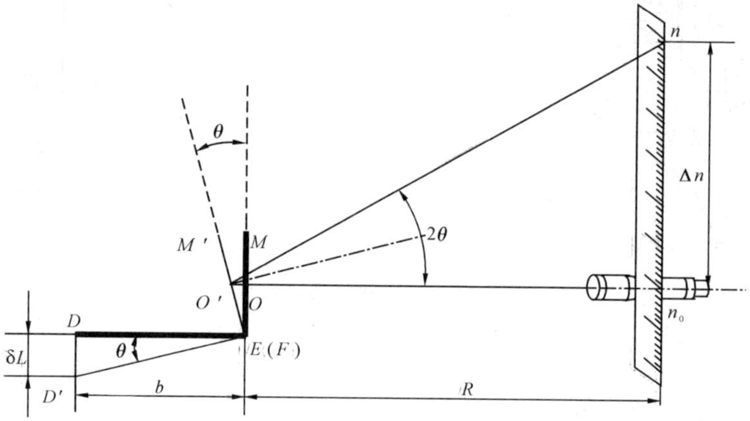

图 2-15　光杠杆工作原理图

由于经光杠杆反射而进入望远镜的光线方向不变，故当反射镜旋转一角度 θ 后，能经望远镜射到光杠杆反射镜上的光线方向就要偏转 2θ，即 $\angle n_0 O' n = 2\theta$。因 θ 很小，OO' 也很小，则可认为平面镜到标尺的距离 $R = On_0$，并有

$$2\theta \approx \tan(2\theta) = \Delta n / R$$

得

$$\theta = \Delta n / (2R)$$

又从$\triangle EDD'$得

$$\theta \approx \tan\theta = \delta L/b$$

式中，b 为光杠杆前后足尖间的距离，称光杠杆常数。由以上两式得

$$\delta L = b\theta = b\Delta n/(2R) = \Delta n/(2R/b) = \Delta n/W \tag{2-12}$$

其中，$W=2R/b$ 称作光杠杆的“放大率”。式(2-12)中的 R 和 b 可以直接测量，因此只要在望远镜中测得标尺刻线的像移 Δn，即可算出金属丝的相应伸长 δL。将式(2-12)代入式(2-11)中，得

$$E = \frac{8mgLR}{\pi d^2 b\Delta n} \tag{2-13}$$

实验仪器

杨氏模量测定仪一套(包括拉伸仪、光杆杠、镜尺组)，1 m 钢直尺一根，千分尺一把，300 mm钢直尺一根，水准仪一个，量程 2 m 钢卷尺一个。

(1)拉伸仪及光杠杆(见实验原理)

(2)望远镜

①望远镜的结构。

为了测量较远(0.5 m 以上)物体的线度，可使用望远镜及附加的读数设备。图 2-16 是物理实验室测量中常用的开普勒望远镜的光路图，物镜 L_1(凸透镜)的像方焦点 F'_1 刚好与目镜 L_2 的物方焦点 F_2 相重合，故从无限远 A 射来的光线(可视为平行光)汇聚在物镜 L_1 的像方焦点 F'_1，也是汇聚在目镜 L_2 的物方焦点 F_2。经过目镜 L_2 后所成的虚像也在无穷远 A'，只不过视角变得很大。由于物镜的像方焦距 f'_1 比目镜物方焦距 f_2 大得多，故上述虚像对人眼的张角比用人眼直接观察远处物体的张角放大到了 $f'_1/(-f_2)$倍，即视角放大率等于$-f'_1/f_2$。由图 2-16 可知，用开普勒望远镜观察远方物体时，看到的是倒立的像，且该物似乎向我们移近了。在物理实验中所遇到的远物，通常总是处于有限的距离内，为了看清楚物体的像，可将目镜镜筒从物镜镜筒中向外伸出，使 F'_1 位于 F_2 的外侧。这时远物所形成的实像在物镜像方焦点 F'_1 的外侧，该实像又位于目镜物方焦点 F_2 上或贴近物方焦点 F_2 的内侧(观察有限远物体，习惯上使物体实像成像在 F_2 的内侧)。而在贴近目镜的物方焦点 F_2 内侧，有一块固定的十字准线分划板，以测量物体的准确位置。

②测量时先调节目镜与分划板上测量准线的距离，使人眼看到清晰的很细的“十”字叉丝线(准线)。因每个人眼焦距的变化范围不同，调目镜与分划板上测量准线的距离实际上是调人眼与目镜组成的新“目镜”的焦距，以便清楚地看清分划板上的“十”字叉丝线。看清“十”字叉丝线后，再调节物镜与目镜间的距

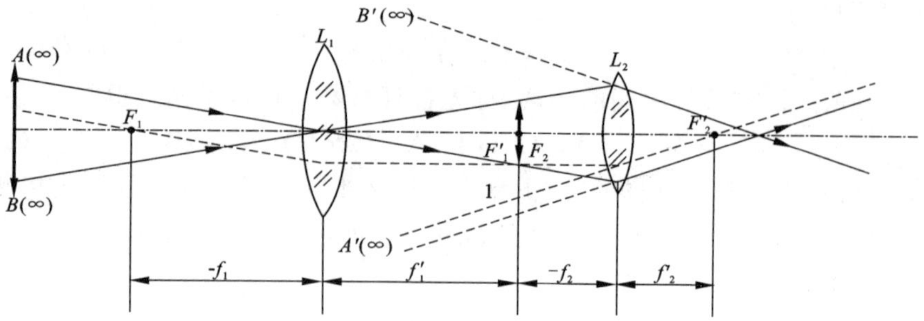

图 2-16　望远镜光路图

离，使物体成像在分划板上，直至物体的像与“十”字叉丝线无视差为止。

实验步骤

1. 调节拉伸仪和光杠杆达到备用状态(调水平、铅直、等高)

(1)把圆水准仪放在拉伸仪的平台上，调节底脚螺丝使平台水平。此步骤的目的是使卡钢丝的框架四周不与围住框架的平台相碰，框架自然下垂与四周没有摩擦。

事实上平台的上平面与立柱不一定垂直，按上面的方法调整后，钢丝不一定铅直，框架四周与围住框架的平台相碰，框架与四周就有摩擦。为此，此步按下面的方法调整为好：调节底脚螺钉，观察框架，让框架四周不与别的物品相碰，框架处于自然下垂。

(2)调光杠杆，使两前足尖 E、F 与后足尖 D 成等腰三角形，使后足尖 D 的弯杆垂直于 E、F、D 组成的平面。

(3)将两前足尖 E、F 放在平台上，让后足尖 D 自然落入框架内框下部平面的凹坑中。

(4)把圆水准泡放在光杠杆的平台上，微调工作台 4 的高低，使光杠杆水平。

(5)将光杠杆上反射镜 M 调竖直。

(6)以 1 m 钢直尺的某刻度为基准，调望远镜、标尺高度，使望远镜中心线、标尺零刻度线、反射镜中心线在同一高度。

2. 调整望远镜

(1)调节望远镜目镜，对十字叉丝进行聚焦，使人眼看清十字叉丝。

(2)外观对准。移动镜尺组底座，眼睛看望远镜镜筒外部上面的准心对准反射镜中的标尺像(即人眼、准心凹槽、准心小尖与反射镜中的标尺像在一直线上)。有的望远镜没有准心瞄准装置，此时，应移动镜尺组底座，使眼睛、望远镜轴线、反射镜中的标尺像在一直线上，直到在望远镜镜筒内观察到反射镜中的标尺像(可能不清晰)。

(3)调焦找尺。调节物镜与目镜的距离,使标尺成像在十字叉丝平面内,这时在望远镜镜筒内能清晰地观察到反射镜中的标尺像;再微动镜尺组底座,使标尺像在视场中部;如果望远镜视场内标尺像上下清晰程度不同,可调节望远镜的俯仰,使标尺像在整个视场内都一样清晰;再仔细调节物镜与目镜的距离,并上下微微移动眼睛,使标尺像与叉丝间不存在视差。

3. 调反射镜 M 垂直于望远镜光轴

观察望远镜中水平叉丝是否对准标尺像的 0 刻度线,若明显偏离可微微改变反射镜俯仰,直到望远镜中读出的数据在 0 附近为止(一般小于 5 mm),并注意数据的正负。

4. 测像移

记下叉丝对准的标尺刻度 n_0,并逐次加砝码 m_0(钩砝作为一个砝码),记录每次相应读数 n_i',待 7 个砝码全部加完后再逐次取下,记录相应读数 n_i''(注意减砝码时的读数填入数据表中的顺序),取两者平均值。

5. 测量 R、L 和 d

用钢卷尺测量平台沟槽与标尺间的距离 R(即镜尺间的距离)、金属丝原长 L 各一次。用螺旋测微计在金属丝的 3 个不同部位测量直径 d 各两次(从两个相互垂直的方向去测量)。

6. 测量光杠杆常数 b

将光杠杆放在平坦的纸上,轻压出三个足尖的印痕,用直尺测后足尖 D 到两个前足尖的连线 EF 的垂直距离,测一次。

注意事项

(1)光杠杆、望远镜和标尺应在测量前调好,实验过程中不得再移动,否则所测数据无效,实验应从头做起。

(2)加砝码时务必谨慎,以免金属丝摆动造成光杠杆移动;并注意各槽口应相互错开,防止砝码倾斜掉落。

(3)测量过程中,应先测量容易被破坏的数据,后测量不易破坏的数据,即先测量像移 n,次测镜尺距离 R,再测其他量。

(4)实验完后,砝码应全部取下,以免钢丝拉断。

原始数据表格

1. 测像移 $\Delta n = n_{i+4} - n_i$

标尺分度值________,重力加速度________ m/s²,单个砝码质量________ kg。

表 2-7　像移

测量次数	1	2	3	4	5	6	7	8
钩码上砝码个数	0	1	2	3	4	5	6	7
增砝码读数 n'_i(cm)								
减砝码读数 n''_i(cm)								
$n_i=(n'_i+n''_i)/2$(cm)								
$\Delta n_i=n_{i+4}-n_i$(cm)					$\overline{\Delta n}=$		$S_{\overline{\Delta n}}=$	

2. 测 R、L、b

钢卷尺(测 R)量程_______,分度值_______;钢卷尺(测 L)量程_______,分度值_______;

钢直尺量程________,分度值_________。

表 2-8　R、L、B

项　目	镜尺间距 R(cm)	金属丝长度 L(cm)	光杠杆常数 b(cm)
测量值			

3. 测金属丝直径 d(mm)

千分尺量程________,分度值_________,零点读数__________。

表 2-9　金属丝直径

测量次数	1	2	3	4	5	6	平均值	$S_{\bar{d}}$
d(mm)								

数据处理

1. 各直接测量量的平均值及不确定度一览表

质量 m_0 和重力加速度 g 均作为常量。根据不确定度 B 分量依实际情况估计误差限值的原则,本实验中各直接测量量的仪器误差讨论如下:测钢丝长度 L 时,因金属丝上下端装有紧固夹头,米尺很难测准,取 L 的不确定度 $\Delta L=2$ mm;测镜尺间的距离 R 时,因平台上沟槽有一宽度,钢卷尺松紧程度不一,且测量时难以保证钢卷尺水平和两端对准,故取 R 的不确定度 $\Delta R=5$ mm;测标尺像移时,因没有钢直尺直接测长度,且标尺刻度精度等级不够高,故取像移的仪器误差限为 $\Delta_{仪}(\Delta n)=1$ mm;其他量的仪器误差按正常情况记取。

表 2-10　直接测量量的平均值及不确定度

直接测量量	$\overline{x}$	$S_{\overline{x}}$	t 值（无单位）	$\Delta_A x$	$\Delta_{仪} x$	$\Delta_B x$	Δx
L(cm)							
R(cm)							
b(cm)							
d(mm)							
Δn(cm)							

其中

$$\overline{x} = \frac{1}{n}\sum_{i=1}^{n} x_i$$

$$S_{\overline{x}} = \sqrt{\sum_{i=1}^{n}(x_i - \overline{x})^2/[n(n-1)]}$$

$$\Delta_A x = tS_{\overline{x}}$$

$$\Delta x = \sqrt{(\Delta_A x)^2 + (\Delta_B x)^2}$$

2. 用逐差法处理数据

计算钢丝的杨氏模量 E，因 $m=4m_0$，故式(2-13)变为

$$E = \frac{32m_0 gLR}{\pi d^2 b\Delta n} \tag{2-14}$$

3. 不确定度计算

对式(2-14)两边取对数，有

$$\ln E = \ln\left(\frac{32m_0 g}{\pi}\right) + \ln L + \ln R - 2\ln d - \ln b - \ln(\Delta n)$$

两边微分（微分号用 δ 代替），有

$$\frac{\delta E}{E} = \frac{\delta L}{L} + \frac{\delta R}{R} - 2\frac{\delta d}{d} - \frac{\delta b}{b} - \frac{\delta(\Delta n)}{\Delta n}$$

$$\frac{\Delta E}{E} = \sqrt{\left(\frac{\Delta L}{L}\right)^2 + \left(\frac{\Delta R}{R}\right)^2 + 4\left(\frac{\Delta d}{d}\right)^2 + \left(\frac{\Delta b}{b}\right)^2 + \left[\frac{\Delta(\Delta n)}{\Delta n}\right]^2}$$

$$\Delta E = E\cdot\sqrt{\left(\frac{\Delta L}{L}\right)^2 + \left(\frac{\Delta R}{R}\right)^2 + 4\left(\frac{\Delta d}{d}\right)^2 + \left(\frac{\Delta b}{b}\right)^2 + \left[\frac{\Delta(\Delta n)}{\Delta n}\right]^2}$$

最后，写出所测杨氏模量的结果表达式，即

$$E = \overline{E} \pm \Delta E$$

预习思考题

(1)对任意方向的入射光线，根据光的反射定律，证明：当入射光线的方向不

变时，反射镜转动 θ 角，则反射光线转过 2θ 角。

(2)将本实验中的金属丝换成另一根由同种材料制成、直径为 $2d$ 的金属丝，则测得的杨氏模量为原测量值的几倍？

(3)设实验测得 $y_1, y_2, \cdots, y_8$。欲求 Δy，有两种方法。

①逐项逐差

$$\Delta y = \frac{1}{7}\sum_{i=1}^{7}(y_{i+1} - y_i)$$

②逐四项逐差

$$\Delta y = \frac{1}{4}\sum_{i=1}^{4}(y_{i+4} - y_i)$$

请写出上述两种方法的具体计算公式，并由此说明逐多项逐差比逐项逐差优越。

实验后思考题

(1)已知金属丝直径 d 约为 0.03 cm，要求杨氏模量的最大相对不确定度 $E_r = \Delta E/E < 2\%$，试由不确定度均分原则分析判断选用千分尺测钢丝直径是否合适。

(2)按照光杠杆——尺读望远镜系统的调整原理，回答以下问题：

①本实验装置能比较严格地保证望远镜光轴的水平吗？为什么？

②设标尺已垂直于地面，然而在望远镜内观察到标尺像时，上、下清晰度却不对称，这是什么原因造成的？如何调整？

(3)根据光杠杆原理说明怎样提高光杠杆测微小长度变化的灵敏度。这种灵敏度是否越高越好？为什么？结合下述给定条件，根据不确定度均分原则对影响灵敏度的测量量进行必要的数量级估算。已知镜尺距离 R 的误差限为 0.5 cm，光杠杆常数 b 的误差限为 0.05 cm，要求杨氏模量的最大相对不确定度 $\Delta E/E < 2\%$。

2.5 恒力矩转动法测刚体转动惯量

转动惯量是刚体转动惯性大小的量度，是表征刚体特征的一个物理量。转动惯量的大小除与物体质量有关外，还与转轴的位置和质量分布(即形状、大小、密度)有关。如果刚体形状简单，质量分布均匀，可直接计算出它绕特定轴的转动惯量。但在工程实践中，我们常碰到大量形状复杂且质量分布不均匀的刚体，理论计算将极为复杂，通常采用实验方法来测定。

转动惯量的测量，一般都是使刚体以一定的形式运动，通过表征这种运动特征的物理量与转动惯量之间的关系，进行转换测量。测量刚体转动惯量的方法有多种，其中利用转动定律，通过恒力矩转动法测角加速度进而得出转动惯量的方法无疑是最直观、最简单的方法之一。

实验目的

(1)学习用恒力矩转动法测定刚体转动惯量的原理和方法；

(2)观测刚体的转动惯量随其质量，质量分布及转轴不同而改变的情况；

实验原理

1. 恒力矩转动法测定转动惯量的原理

根据刚体的定轴转动定律：

$$M = J\beta \tag{2-15}$$

只要测定刚体转动时所受的合外力矩 M 及该力矩作用下刚体转动的角加速度 β，则可计算出该刚体的转动惯量 J。

设以某初始角速度转动的**空实验台**转动惯量为 J_1，未加砝码时，在摩擦阻力矩 M_μ 的作用下，实验台将以角加速度 β_1 做匀减速运动，即：

$$-M_\mu = J_1\beta_1 \tag{2-16}$$

将质量为 m 的砝码用细线绕在半径为 R 的实验台塔轮上，并让砝码下落，系统在恒外力矩作用下将作匀加速运动。若砝码的加速度为 a，则细线所受张力为 $T=m(g-a)$。其中 m 是砝码和托盘或挂钩的质量之和。若此时实验台的角加速度为 β_2，则绕线塔轮边沿处的切向加速度 $a_\tau=a=R\beta_2$。经线施加给实验台的力矩为 $TR=m(g-R\beta_2)R$，此时有：

$$m(g-R\beta_2)R-M_\mu = J_1\beta_2 \tag{2-17}$$

将式(2-16)、(2-17)两式联立消 M_μ 后，可得：

$$J_1 = \frac{mR(g-R\beta_2)}{\beta_2-\beta_1} \tag{2-18}$$

同理，若在实验台上加上被测物体后系统的转动惯量为 J_2，加砝码前后的角加速度分别为 β_3 与 β_4，则有：

$$J_2 = \frac{mR(g-R\beta_4)}{\beta_4-\beta_3} \tag{2-19}$$

由转动惯量的迭加原理可知，被测试件的转动惯量 J_3 为：

$$J_3 = J_2 - J_1 \tag{2-20}$$

测得 R、m 及 β_1、β_2、β_3、β_4，由式(2-18)、式(2-19)、式(2-20)即可计算被测试件的转动惯量。

转动惯量实验仪如图 2-17 和图 2-18 所示，绕线塔轮通过特制的轴承安装在主轴上，使转动时的摩擦力矩很小。载物台用螺钉与塔轮连接在一起，随塔轮转动。随仪器配的被测试样有 1 个圆盘，1 个圆环，两个圆柱；圆柱试样可插入载物台上的不同孔由内向外半径 $d=50$ mm 或 $d=75$ mm，便于验证平行轴定理。小滑轮的转动惯量与实验台相比可忽略不计。2 只光电门 1 只作测量，1 只作备用。

仪器的主要技术参数如下：

(1)塔轮半径为 15，20，25，30 mm 共 4 挡；

(2)挂钩(45 g)和 5 g、10 g、20 g 的砝码组合，产生大小不同的力矩；

(3)圆盘：质量约 486 g，半径 $R=100$ mm；

(4)圆环：质量约 460 g，外半径 $R_{外}=100$ mm，内半径 $R_{内}=90$ mm；

(5)圆柱体：$R=15$ mm，$h=25$ mm；

(6)大圆柱体：质量约 1050 g，半径 $R=44$ mm。

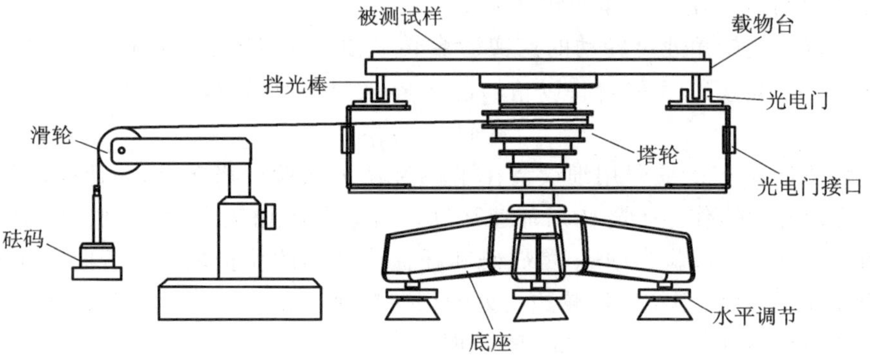

图 2-17　角动量守恒定律实验仪(测试架)

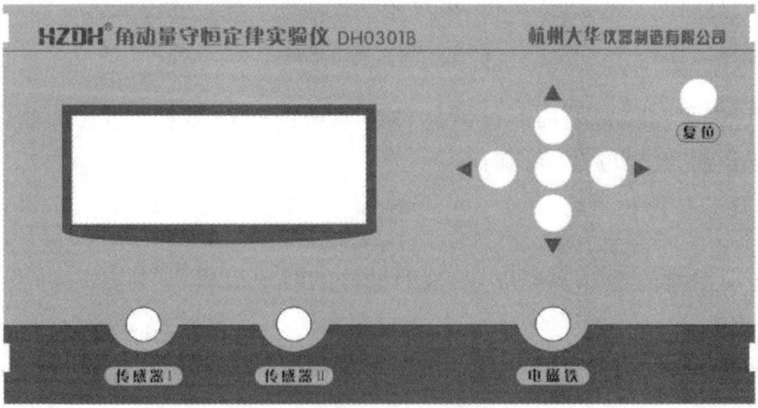

图 2-18　角动量守恒定律实验仪(测试仪)

2. β 的测量

实验中采用测试仪记录遮挡次数和相应的时间。固定的载物台圆周边缘相差 π 角的两遮光细棒，每转动半圈遮挡一次固定在底座上的光电门，即产生一个计数光电脉冲，测试仪计下遮档次数 k 和相应的时间 t。若从第一次挡光（$k=0$，$t=0$）开始计次，计时，t_m 作为第 k_m 次遮挡时所用的总时间，且初始角速度为 ω_0，则对于匀变速运动中测量得到的任意两组数据（k_m，t_m），（k_n，t_n），相应的角位移 $\Delta\theta_m$，$\Delta\theta_n$ 分别为：

$$\Delta\theta_m = k_m\pi = \omega_0 t_m + \frac{1}{2}\beta \cdot t_m^2 \tag{2-21}$$

$$\Delta\theta_n = k_n\pi = \omega_0 t_n + \frac{1}{2}\beta \cdot t_n^2 \tag{2-22}$$

从式(2-21)、式(2-22)两式中消去 ω_0，可得：

$$\beta = \frac{2\pi(k_n t_m - k_m t_n)}{t_n^2 t_m - t_m^2 t_n} \tag{2-23}$$

由式(2-23)即可计算角加速度 β。

关于计算角加速度 β，最好测出角位移 θ 和时间（时刻）t 的关系，通过曲线拟合计算匀加速或者匀减速时的角加速度。

实验仪器

角动量守恒定律实验仪、砝码和挂钩、待测试样、水平仪等。

实验步骤

(1)在桌面上放置转动惯量实验仪，并利用基座上的调平螺钉，将仪器调平（用水平仪）。将滑轮支架放置在实验台面边缘，调整滑轮高度及方位，使滑轮槽与选取的绕线塔轮槽等高，且其方位相互垂直，如图 2.17 所示。

(2)将一只光电门与测试仪的传感器 I（或光电门 I）连接起来，检查载物台下方的两个挡光棒在转台旋转过程中是否有效触发光电门。

(3)开启测试仪电源，进入**角加速度测量**功能，将“设置次数”设定为 50 次，由于挡光棒选择的是两只，所以将“设置弧度”设定为 1π。

(4)参数设定好后，按“开始”准备测量；然后释放砝码，载物台开始旋转同时测试仪开始计时，挡光棒每经过光电门一次，计数次数+1，直到达到设定的次数为 50 次时停止计时，并自动测试出 B_1（匀加速阶段的角加速度）和 B_2（匀减速阶段的角加速度），$B1$ 和 $B2$ 是通过测得的数据，测试仪内部通过数据拟合得到，准确度较高。

(5)数据测试完后，可以按“保存”对数据进行存储，点击进入“数据查询”功能，可以查询测量的数据，数据中的 $t_{01}-t_{50}$ 为对应的 n 次挡光总时间，根据时间和弧度关系，也可以计算匀加速阶段的角加速度 $B1$ 和匀减速阶段的角加速度 B_2，可以借助 Excel 完成。

(6)调整实验台位置使绕线放完时，托盘或挂钩恰好落到地面，调水平。选择塔轮半径 $R=15$mm 及 $m_{砝码}$ 质量分别为 50 g、55 g、65 g，将细线一端沿塔轮不重叠的密绕于所选定半径的轮上，另一端通过滑轮连接砝码托上的挂钩或托盘上，用手将载物台稳住；按测试仪“开始”键使仪器进入工作等待状态；释放载物台，砝码重力产生的恒力矩使实验台产生匀加速转动；当绕线释放完毕后，载物台将在系统阻力的作用下作匀减速运动。

(7)计时完毕后，记录测试仪测出的 B_1 和 B_2(填入表 2-11)，分别对应匀加速阶段的角加速度和匀减速阶段的角加速度，由式(2-18)即可算出 J_1 的值。

(8)在空实验台上加圆盘试样重复(6)、(7)步骤，填入表 2-12。

(9)在空实验台上加圆环试样重复(6)、(7)步骤，填入表 2-13。

(10)测量实验台(加固定座)的角加速度，填入表 2-14。

(11)测量实验台加大圆柱的角加速度，填入表 2-15。

注意事项

(1)绕线放完时，托盘或挂钩恰好落到地面。绕线要紧密且不能重叠。

(2)滑轮绕线水平，其延长线过塔轮切线位置。旋紧挡光棒，防止触碰光电门。

(3)释放砝码瞬间，挡光棒不要离光电门太近，避免误触发。

(4)圆柱体测量时，转速不要过快，防止圆柱体脱落(砝码可以加得小一点)。

(5)计算牵引力矩 $m_{砝码}$ 为砝码挂钩和砝码质量的总和。

原始数据表格

(1)空实验台：

表 2-11　测量实验台的角加速度

数据组	$R_{塔轮}=15$ mm					
	$m_{砝码}=$　　g		$m_{砝码}=$　　g		$m_{砝码}=$　　g	
	β_1(rad/s^2)	β_2(rad/s^2)	β_1(rad/s^2)	β_2(rad/s^2)	β_1(rad/s^2)	β_2(rad/s^2)
1						
2						
3						
平均值						
J_1						

(2)实验台加圆盘试样：

表 2-12　测量实验台加圆盘试样后的角加速度

	$R_{圆盘}=100\ mm, m_{圆盘}=\quad g$					
	$R_{塔轮}=15\ mm$					
	$m_{砝码}=\quad g$		$m_{砝码}=\quad g$		$m_{砝码}=\quad g$	
数据组	β_3(rad/s^2)	β_4(rad/s^2)	β_3(rad/s^2)	β_4(rad/s^2)	β_3(rad/s^2)	β_4(rad/s^2)
1						
2						
3						
平均值						
J_2						
$J_3=J_2-J_1$						
理论值 J_3'						
误差						

(3)实验台加圆环试样：

表 2-13　测量实验台加圆环试样后的角加速度

	$R_{外}=100\ mm, R_{内}=90\ mm, m_{圆环}=\quad g$					
	$R_{塔轮}=15\ mm$					
	$m_{砝码}=\quad g$		$m_{砝码}=\quad g$		$m_{砝码}=\quad g$	
数据组	β_3(rad/s^2)	β_4(rad/s^2)	β_3(rad/s^2)	β_4(rad/s^2)	β_3(rad/s^2)	β_4(rad/s^2)
1						
2						
3						
平均值						
J_2						
$J_3=J_2-J_1$						
理论值 J_3'						
误差						

(4)实验台加固定座：

表 2-14　测量实验台(加固定座)的角加速度

	$R_{塔轮}=15$ mm					
	$m_{砝码}=$　　g		$m_{砝码}=$　　g		$m_{砝码}=$　　g	
数据组	$\beta_1(rad/s^2)$	$\beta_2(rad/s^2)$	$\beta_1(rad/s^2)$	$\beta_2(rad/s^2)$	$\beta_1(rad/s^2)$	$\beta_2(rad/s^2)$
1						
2						
3						
平均值						
J_1						
J_1 平均值						

(5)实验台加固定座加大圆柱试样：

表 2-15　测量实验台加大圆柱的角加速度

	$R_{圆柱}=44$ mm，$m_{圆柱}=$　　g					
	$R_{塔轮}=15$ mm					
	$m_{砝码}=$　　g		$m_{砝码}=$　　g		$m_{砝码}=$　　g	
数据组	$\beta_3(rad/s^2)$	$\beta_4(rad/s^2)$	$\beta_3(rad/s^2)$	$\beta_4(rad/s^2)$	$\beta_3(rad/s^2)$	$\beta_4(rad/s^2)$
1						
2						
3						
平均值						
J_2						
$J_3=J_2-J_1$						
理论值 J_3'						
误差						
J_2 平均值						

数据处理

(1)表 2-11 中 $J_1=\dfrac{mR(g-R\beta_2)}{\beta_2-\beta_1}$。($m$ 为砝码质量，R 为塔轮半径)

表 2-12、表 2-13、表 2-14、表 2-15 中 J_1 皆为表 2-11 中对应的计算值。

(2)表 2-12 中 $J_2=\dfrac{mR(g-R\beta_4)}{\beta_4-\beta_3}$；

已知圆盘、圆柱绕几何中心轴转动的转动惯量理论值为：$J_c=mR^2/2$

则 $J_3{}'$ 为圆盘转动惯量的理论值：$J_3{}'=\frac{1}{2}m_{圆盘}R_{圆盘}{}^2$

(3)表 2-13 中 $J_2=\frac{mR(g-R\beta_4)}{\beta_4-\beta_3}$；($m$ 为砝码质量，R 为塔轮半径)

$J_3{}'$ 为圆环转动惯量的理论值。

圆环绕几何中心轴的转动惯量理论值计算公式：$J_3{}'=\frac{1}{2}m_{圆环}(R_{外}{}^2+R_{内}{}^2)$

预习思考题

(1)何为刚体？刚体的转动惯量与哪些因素有关？

(2)若仪器基座未调水平，对测量结果是否有影响？

实验后思考题

(1)为何原理、表格和公式中的角加速度 β_1、β_2 与仪器直接显示的 $B1$、$B2$ 顺序相反？

(2)若大圆柱直接放置在实验台上，几何中心未对准轴线，其测量值将如何变化？

2.6 落球法测液体的黏滞系数

物体在流体中运动时，要受到黏滞力的作用。流体中各流层间有相对运动时，流层间也有黏滞力的作用。黏滞力可使流动速度快的流层变慢，使流动速度慢的流层变快。流层间黏滞力 f 的大小与流层间的接触面积 ΔS 成正比，与流体速度的速度梯度 $\mathrm{d}v/\mathrm{d}x$(设 x 轴垂直于流速的方向)成正比，有

$$f=\eta\Delta S\mathrm{d}v/\mathrm{d}x \tag{2-24}$$

式中，η 为黏滞系数，Pa·s。流体的黏滞系数与流体的性质和状态有关(特别与温度有关)。测定黏滞系数的方法很多，本实验用落球法测液体的黏滞系数。

实验目的

(1)观察液体中的内摩擦现象；

(2)掌握用落球法测液体黏滞系数的原理和方法。

实验原理

光滑的小球在静止的液体中下落，将受到三种力的作用，如图2-19所示。

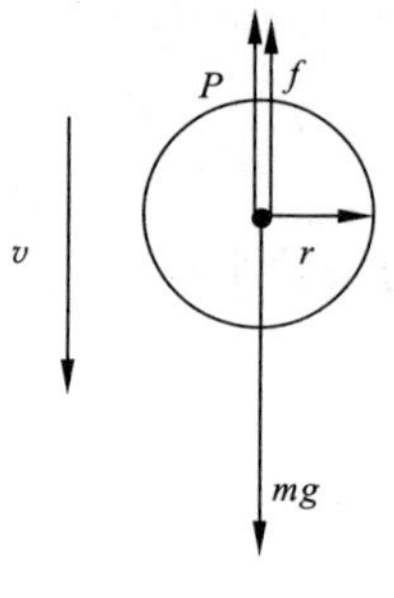

图 2-19　下落小球在流体中受力

1. 流体的黏滞阻力 f

小球以速度 v 在无限广延的均匀液体中下落时，黏附在小球表面的液层被球带走，其次一层以较小速度被带走，使紧靠小球的液层与相邻液层发生摩擦，从而使小球受到与运动方向相反的摩擦阻力，这种阻力称内摩擦力或黏滞力。在小球半径 r 很小，下落速度不太大(液体黏滞性大)，运动过程中又不产生旋涡的情况下，根据斯托克斯定律，在无限广阔的流体中，小球受到阻力为

$$f = 6\pi\eta v r \tag{2-25}$$

式中，η 为液体的黏滞系数，与液体性质和温度有关。

由式(2-25)可知，f 随 v 增大而增大。

2. 重力 mg

$$mg = \frac{4}{3}\pi r^3 \rho g \tag{2-26}$$

式中，m 为小球质量；ρ 为小球密度。

3. 流体的浮力 P

根据阿基米德原理，有

$$P = \frac{4}{3}\pi r^3 \rho' g \tag{2-27}$$

式中，ρ' 为流体的密度。

刚落入液体的小球，因速度小，黏滞阻力小，开始作向下的加速运动，随着小球速度增加，黏滞阻力也加大。当速度增大到某一数值时，阻力、浮力与重力平衡，小球所受的合力为零，匀速下落(设速度为 v_0)。此后

$$f + P + mg = 0$$

将其投影到竖直方向，以向上为正，有

$$6\pi\eta v_0 r + \frac{4}{3}\pi r^3 \rho' g - \frac{4}{3}\pi r^3 \rho g = 0$$

$$6\pi\eta v_0 r = \frac{4}{3}\pi r^3 (\rho - \rho') g$$

得

$$\eta = \frac{2gr^2(\rho - \rho')}{9v_0} \tag{2-28}$$

在实验中，小球是在盛有待测流体的半径为 R 的玻璃圆筒中下落，液体不满足无限广延的条件，考虑到筒壁对小球运动的影响，阻力计算式应修正为

$$f = 6\pi\eta v_0 r\left(1 + 2.4\frac{r}{R}\right) \tag{2-29}$$

于是有

$$\eta = \frac{2gr^2(\rho - \rho')}{9v_0(1 + 2.4r/R)} \tag{2-30}$$

式中，v_0 为小球匀速下落的速度，它等于匀速下落的高度 h 与对应时间 t 的比值。于是式(2-30)变为

$$\eta = \frac{2tgr^2(\rho - \rho')}{9h(1 + 2.4r/R)} \tag{2-31}$$

一般情况下，圆形物体的半径是通过测直径而得到的，用小球的直径 d 代替小球半径 r，用玻璃筒的内径 D 代替其半径 R，式(2-31)变为

$$\eta = \frac{2tgr^2(\rho - \rho')}{9h(1 + 2.4r/R)} = \frac{2tg(d/2)^2(\rho - \rho')}{9h[1 + 2.4(d/2)/(D/2)]}$$

$$= \frac{tgd^2(\rho - \rho')}{18h(1 + 2.4d/D)} \tag{2-32}$$

小球直径 d 用千分尺测量；玻璃圆筒的内径 D 用游标卡尺测量；小球匀速下落的高度 h 用钢尺测量；匀速下落 h 所用的时间 t 用机械秒表或电子秒表测量。

本实验待测黏滞系数的液体用的是洗洁液；下落的小球用小钢球，其密度为 $\rho = 7.86 \times 10^3\ \mathrm{kg/m^3}$；荆州地区地面的重力加速度 $g = 9.781\ \mathrm{m/s^2}$。

下面介绍确定小球下落高度 h 为匀速下落的方法。实验用的玻璃筒上有三条红色标记线，上面第一条标记线与最下面的一条标记线之间的间隔可预先作为小球匀速下落的高度。为了验证此段高度内小球是否匀速下落，可用一橡皮筋套在圆筒外边(实验室的每台仪器提供了两根橡皮筋)，且不歪不扭地位于这两标记线的正中间，把此高度分成相等的两段。让小球自由下落，用秒表测量小球先后通过这两等分高度所用的时间，看其是否相等。相等则说明小球在这两标记线间的下落是匀速的；不等，则说明不匀速，就应再找一起点记号线，用以上的方法验证其是否匀速。在找新起点记号线时应以小球匀速下落高度尽可能大为原则。

实验仪器

液体黏滞系数测定仪一台，千分尺一把，游标卡尺一把，300 mm 钢板尺一把，磁钢一个，水准仪一个，小钢球 10 个，待测黏滞系数的液体——洗洁液一筒(已装入筒内)，秒表一个，橡皮筋两根，密度计一支(公用)，温度计一支(公用)，小方毛巾一条。

实验步骤

(1)用水准仪调黏滞系数测定仪底座水平，即调玻璃筒铅直。

(2)用密度计测出待测液体的密度 ρ'，读取待测液体的温度 θ，记下钢球的密度 ρ 和荆州地区地面重力加速度 g。

(3)用游标卡尺从不同的部位测玻璃筒内径 D 五次。

(4)用钢直尺从不同部位测玻璃筒两记号线的距离(此为小钢球下落的高度)h 五次。

(5)用千分尺测量 10 个小钢球直径 d 各一次。

(6)验证小球在下落高度 h 内做匀速直线运动。

(7)用手拿一小钢球小心地放入玻璃筒上盖的中心小孔中，任其在洗洁液中自由下落，用秒表记录小钢球通过两记号线间距离 h 的时间 t；计时间时眼应该平视标记线，小球通过时按表。一共 10 个小球。

(8)实验完后，用磁性钢丝取出小钢球，擦干，放回小盒中。小方毛巾洗干净，平铺在实验桌上。

注意事项

(1)千万小心不要弄碎玻璃筒。

(2)实验过程中不要丢失小钢球(测小钢球直径时应在小方毛巾上或在装千分尺塑料盒内的海绵上进行，以免小钢球在桌上跳动而丢失)，实验完后将小钢球擦干净，放回小方盒中。

(3)不要将待测液体溅出筒外。

(4)小方毛巾用后一定要洗干净。

原始数据表格

1. 实验室给定量与单次测量量

密度计分度值__________，温度计分度值__________。

表 2-16　给定量与测量量

重力加速度 $g(\mathrm{m/s^2})$	钢球密度 $\rho(\mathrm{kg/m^3})$	待测液体密度 $\rho'(\mathrm{kg/m^3})$	实验室温度 θ(℃)

2. 测圆筒内径与钢球下落高度

游标卡尺量程_____，分度值_____，零点读数_____；钢直尺分度值_____。

表 2-17　圆筒内径与钢球下落高度

次 数	1	2	3	4	5	平均值	$S_{\bar{x}}$
圆筒内径 D(mm)							
钢球下落高度 h(cm)							

3. 验证钢球下落为匀速下落

表 2-18　钢球匀速下落验证表

钢球下落高度 h(cm)	下落前 $h/2$ 的时间	下落后 $h/2$ 的时间	是否匀速下落

4. 测钢球直径与下落时间

千分尺量程_____，分度值_____，零点读数_____；秒表分度值_____，零点读数_____。

表 2-19　钢球直径与下落时间

次数	1	2	3	4	5	6	7	8	9	10	$\bar{x}$	$S_{\bar{x}}$
d(mm)												
t(s)												

数据处理

1. 计算各直接测量量的平均值和不确定度

说明：计算小球直径 d 与小球下落 h 的时间 t 的平均值及平均值的标准偏差时，可把各测量结果看作是在相同条件下进行测量的（严格说，d 与 t 的测量不是对同一小球进行的，不能看做测量条件完全相同）。将重力加速度 g 与小钢球的密度 ρ 看作常量。

各直接测量量的平均值及不确定度填入表 2-20。

表 2-20　各直接测量量的平均值及不确定度

直接测量量	$\bar{x}$	$S_{\bar{x}}$	t 值（无单位）	$\Delta_A x$	$\Delta_{仪} x$	$\Delta_B x$	Δx
ρ'(kg/m^3)							
D(mm)							
h(cm)							
d(mm)							
t(s)							

其中

$$\overline{x}=\frac{1}{n}\sum_{i=1}^{n}x_i$$

$$S_{\overline{x}}=\sqrt{\sum_{i=1}^{n}(x_i-\overline{x})^2/[n(n-1)]}$$

$$\Delta_A x=tS_{\overline{x}}$$

$$\Delta x=\sqrt{(\Delta_A x)^2+(\Delta_B x)^2}$$

2. 用式(2-32)计算洗洁液的黏滞系数的平均值 $\overline{\eta}$

3. 计算黏滞系数 η 不确定度 $\Delta\eta$

对式(2-32)两边取对数

$$\ln\eta=\ln(g/18)+\ln t+2\ln d+\ln(\rho-\rho')-\ln h-\ln(1+2.4d/D)$$

再两边微分(用 δ 代替微分号),有

$$\begin{aligned}\frac{\delta\eta}{\eta}&=\frac{\delta t}{t}+2\frac{\delta d}{d}-\frac{\delta\rho'}{\rho-\rho'}-\frac{\delta h}{h}-\frac{2.4\dfrac{\delta d}{D}-2.4\dfrac{d\delta D}{D^2}}{1+2.4d/D}\\&=\frac{\delta t}{t}+2\frac{\delta d}{d}-\frac{\delta\rho'}{\rho-\rho'}-\frac{\delta h}{h}-\frac{2.4\delta d}{D+2.4d}+\frac{2.4d\delta D}{D(D+2.4d)}\\&=\frac{\delta t}{t}+\frac{2D+2.4d}{d(D+2.4d)}\delta d-\frac{\delta\rho'}{\rho-\rho'}-\frac{\delta h}{h}+\frac{2.4d\delta D}{D(D+2.4d)}\end{aligned}$$

得

$$E_r=\frac{\Delta\eta}{\eta}=\sqrt{\left(\frac{\Delta t}{t}\right)^2+\left[\frac{2D+2.4d}{d(D+2.4d)}\Delta d\right]^2+\left(\frac{\Delta\rho'}{\rho-\rho'}\right)^2+\left(\frac{\Delta h}{h}\right)^2+\left[\frac{2.4d\Delta D}{D(D+2.4d)}\right]^2}$$

$$\Delta\eta=\eta E_r$$

4. 写出其结果表达式

$$\eta=\overline{\eta}\pm\Delta\eta$$

预习思考题

(1)式(2-25)适用于什么条件?为什么要对其修正为式(2-29)?

(2)如何确定小球在某段距离内是匀速下落的?

(3)为什么要用水准仪调玻璃筒底座的水平?

(4)为什么小钢球一定要在圆筒中心下落?偏在一边行不行?

实验后思考题

(1)通过不确定度的计算,请指出造成测量不确定度的主要因素是什么,如何改进。

(2)在特定的液体中,当小球的半径减小时,它下落的收尾速度如何变化?

当小球的密度增大时，情况又如何？

(3)此实验中选用的小球半径大好还是小好？

2.7 物质导热系数的测定

导热系数是表征物质热传导性质的物理量。材料结构的变化与所含杂质对导热系数有着明显的影响，因此材料的导热系数需要由实验具体测定。测量导热系数的方法一般分为两类：一类是稳态法，另一类是动态法。在稳态法中，先利用热源在待测样品内部形成一稳定的温度分布，然后进行测量。在动态法中，待测样品中的温度分布是随时间变化的，例如，呈周期性变化等。本实验采用稳态法进行测量。

实验目的

(1)学习用稳态法测物体导热系数的实验方法；

(2)测量不良导体橡皮的导热系数。

实验原理

1882 年法国数学家、物理学家傅里叶给出了热传导的基本公式。公式指出，如果物体内部各部分的温度不同，热量将从温度较高处向温度较低处传递。如图 2-20 所示，设在热传导方向(令其为 x 轴正向)取一与其垂直的平面 ΔS，在单位时间内从温度较高的一侧通过这一平面向温度较低的一侧所传递的热量 dQ/dt 与这一平面所在处的温度梯度 dT/dx 成正比，与该面的大小 ΔS 成正比，即

$$dQ/dt = -\kappa \Delta S dT/dx \qquad (2\text{-}33)$$

式中，κ 为导热系数，W/(m・K)。负号表示热传导的方向与温度梯度的方向相反。对于均匀物质内部且热量传递均匀的相邻两个垂直于热传导方向，彼此相距为 h，温度分别为 T_1 与 T_2 ($T_2>T_1$)的两个平行平面，其温度梯度变为

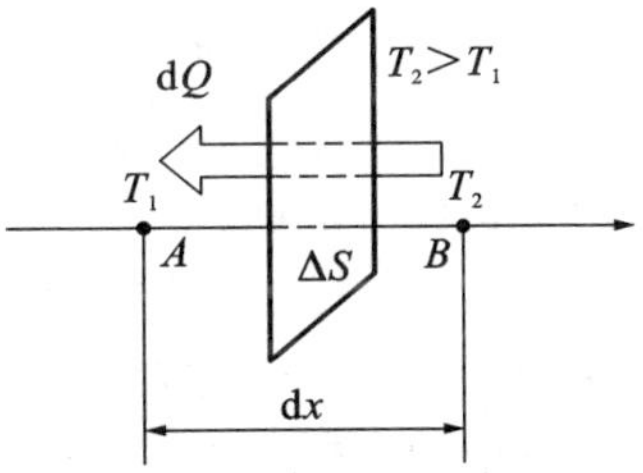

图 2-20 导出热传导公式用图

$$dT/dx = \Delta T/\Delta x = (T_2 - T_1)/h \qquad (2\text{-}34)$$

若平面面积为 S，在 Δt 时间内通过这两面之间的面积也为 S 的一平行平面的热量为 ΔQ(只考虑大小，取 ΔQ 是传递热量的绝对值)，式(2-33)变为：

$$\Delta Q/\Delta t = \kappa S(T_2 - T_1)/h \qquad (2\text{-}35)$$

本实验装置如图 2-21、图 2-22 所示，由式(2-35)可知，单位时间内通过待测样品 B 的任一截面的热量 $\Delta Q/\Delta t$ 为

$$\Delta Q/\Delta t = \kappa\pi R_{\mathrm{B}}^{2}(T_{2}-T_{1})/h_{\mathrm{B}} \tag{2-36}$$

式中，R_{B} 为圆盘样品 B 的半径；h_{B} 为样品的厚度。当热传导达到稳定状态时，T_1 和 T_2 的值不变。于是通过 B 盘上表面的热流量与铜盘 P 向周围散失的热流量相等。因此，可通过铜盘 P 在稳定温度 T_1 时散热速率来求出热流量 $\Delta Q/\Delta t$。实验中，在读得稳定时的 T_1 和 T_2 以后，即可关掉加热铜盘 A 的电源，将样品盘 B 移走，让加热铜盘 A 的底面与铜盘 P 直接接触，用其余热对铜盘 P 加热。当铜盘 P 的温度上升到高于稳定时的值 T_1 若干摄氏度后，再将加热铜盘 A 移开，让铜盘自然冷却。观察铜盘 P 的温度 T_1' 随时间 t 的变化情况，然后由此求出铜盘在 $T_1'=T_1$ 时的冷却速率 $\Delta T_1'/\Delta t$。

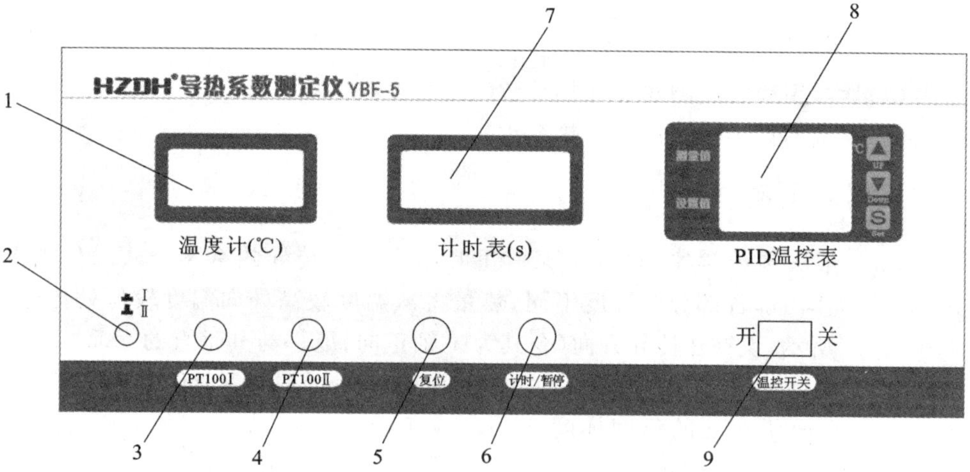

图 2-21　导热系数测定仪面板示意图

1—温度计显示窗；2—切换开关；3，4—两路 $PT100$ 传感器输入接口；5—计时表复位开关；6—计时启动或暂停开关；7—计时表显示窗；8—温度控制器；9—温控开关

对于质量为 m，比热为 c 的铜盘 P，如果在 Δt 时间内均匀降温 $\Delta T_1'$，而 $\Delta T_1'$ 又在稳态时铜盘温度 T_1 的附近，即 $\Delta T_1'$ 的中心温度 $T_1'= T_1$，可得铜盘在温度 $T_1'=T_1$ 的散热速率为 $mc\Delta T_1'/\Delta t$。

但须注意，这样求出的 $\mathrm{d}T_1'/\mathrm{d}t$ 是黄铜盘全部表面暴露于空气中的冷却速率，其散热表面积为 $2\pi R_{\mathrm{P}}^{2}+2\pi R_{\mathrm{P}}h_{\mathrm{P}}$（其中 R_{P} 与 h_{P} 分别为铜盘 P 的半径和厚度）。然而在观测样品稳态导热时，铜盘 P 的上表面（面积为 πR_{P}^{2}）是被样品覆盖着的，它是热量的传入表面，不是散热表面。考虑到物体的冷却速率与它的表面积成正比，测稳态时铜盘散热速率的表达式修正后为

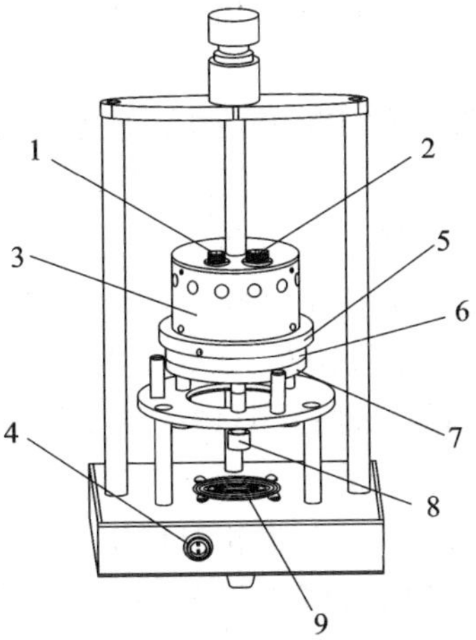

图 2-22　导热系数测定仪测试架示意图

1—控温 PT100 传感器插座；2—加热电流插座（大四芯）；3—防护罩；4—风扇电源插座（大两芯）和开关；5—加热铜盘 A；6—待测样品 B；7—散热盘；8—调节螺钉；9—风扇

$$\left.\frac{\Delta Q}{\Delta t}\right|_{T_1'=T_1} = mc \cdot \left.\frac{\Delta T_1'}{\Delta t}\right|_{T_1'=T_1} \cdot \frac{\pi R_P^2 + 2\pi R_P h_P}{2\pi R_P^2 + 2\pi R_P h_P}$$
$$= mc \cdot \frac{R_P + 2h_P}{2R_P + 2h_P} \cdot \left.\frac{\Delta T_1'}{\Delta t}\right|_{T_1'=T_1} \tag{2-37}$$

将式(2-37)代入式(2-36)，有

$$mc \cdot \frac{R_P + 2h_P}{2R_P + 2h_P} \cdot \left.\frac{\Delta T_1'}{\Delta t}\right|_{T_1'=T_1} = \kappa\pi R_B^2 \frac{T_2 - T_1}{h_B} \tag{2-38}$$

于是得样品橡皮的导热系数为

$$\kappa = mc \cdot \frac{R_P + 2h_P}{2R_P + 2h_P} \cdot \frac{h_B}{T_2 - T_1} \cdot \frac{1}{\pi R_B^2} \cdot \left.\frac{\Delta T_1'}{\Delta t}\right|_{T_1'=T_1} \tag{2-39}$$

样品圆盘 B 和铜盘 P 的各几何尺寸均可用游标尺多次测量取平均得出，铜盘 P 的质量 m 可用物理天平称衡得出。不过在本教材中，铜盘 P 质量 m 和铜板的比热容由实验室给出，铜板的比热容 $C=0.385\ \mathrm{kJ/(kg \cdot K)}$。

实验仪器

YBF-5 型导热系数测定仪一台，测试样品（橡皮、胶木板），塞尺，测温 PT100，测试连接线。

实验步骤

(1)安放好被测材料和散热铜盘，在加热铜盘和散热铜盘中放入橡皮，调节支撑散热铜盘的3个固定调节螺钉,使相互接触良好,注意不要过紧或太松(配合塞尺调节)。

(2)把测量加热铜盘温度的PT100的信号端与仪器面板的PT100 Ⅰ插座相连,探测头插在加热铜盘的小孔中(确保孔中有导热硅脂使导热良好);把测量散热铜盘温度的PT100的信号端与仪器面板的PT100 Ⅱ插座相连,探测头插在散热铜盘的小孔中(确保孔中有导热硅脂使导热良好)。

(3)温度控制器温度设定在100℃(或其他合适的温度值),自动控温。

(4)20~40 mm后(时间长短随被测材料、测量温度及环境温度等有所不同),待加热铜盘温度读数 T_2 稳定后(波动小于0.1 ℃),每隔2 min读取温度示值并记录在表中,直到散热铜盘温度读数 T_1 也相对稳定(10 min内波动小于0.1 ℃)。

(5)记录稳态时 T_1、T_2 值后,移去样品,通过加热铜盘继续对散热铜盘加热,当散热铜盘温度比 T_1 高出10 ℃左右时,向上移开加热铜盘(尽可能远离散热铜盘),让散热铜盘所有表面均暴露于空气中,使散热铜盘自然地冷却。每隔30 s读一次散热铜盘的温度示值并记录,直至温度下降到 T_1 以下一定值。作铜盘的 T_1-t 冷却速率曲线。(选取邻近稳态时 T_1 的测量数据来求出冷却速率)。

(6)根据式(2-39)计算样品的导热系数 κ。

注意事项

(1)加热铜盘侧面和散热铜盘侧面,都有供安插PT100传感器的小孔,PT100插入小孔时,要抹上导热硅脂,并插到洞孔底部,保证接触良好。

(2)实验时应保持空气不流通。

(3)读取数据时要快。

原始数据表格

1. 用游标卡尺测量样品圆盘 B 的几何尺寸、铜盘 P 的几何尺寸,多次测量取平均值

铜盘质量为0.535 kg。

表2-21　样品 B 和铜盘 P 的几何尺寸

样品名称	1	2	3	4	5	平均值
铜盘 P 厚度 h_P(mm)						
铜盘 P 直径 D_P(mm)						
橡胶厚度 h_B(mm)						
橡胶直径 D_B(mm)						

2. 使样品上下表面温度稳定的过程中高低端对应的温差电动势(同学预习实验时在学生实验手册作此表格时,应将此表格的格数作多些,以备温度达到稳定的过程中数据需要较多之用,但在教师发给的原始数据表格中,可将最初的几组数不填)

数字毫伏表量程________,分度值________。

表 2-22　温差电动势 T_2、T_1

测量次数	1	2	3	4	5	6	7	8	9	10	11	12	13
T_2(℃)													
T_1(℃)													

测量次数	14	15	16	17	17	19	20	21	22	23	24	稳定值
T_2(℃)												
T_1(℃)												

注:两次测量间隔时间大约 120 s。

3. 测黄铜冷却速率时的 T_1' 值

表 2-23　黄铜冷却速率时的 T_1'

测量次数	1	2	3	4	5	6	7	8	9	10	11	12	13
t(s)	0	30	60	90	120	150	180	210	240	270	300	330	360
T_1'(℃)													

注:两次测量时间间隔严格 30 s。

数据处理

(1)作黄铜冷却速率时的铜板的 T_1'-t 冷却速率曲线。

(2)从黄铜 T_1'-t 冷却速率曲线中得出对应的冷却速率(选取邻近稳态时 T_1 的测量数据来求出冷却速率,即斜率)。

(3)用所测实验数据计算橡皮的导热系数:

$$\kappa = mc \cdot \frac{R_P + 2h_P}{2R_P + 2h_P} \cdot \frac{h_B}{T_2 - T_1} \cdot \frac{1}{\pi R_B^2} \cdot \left.\frac{\Delta T_1'}{\Delta t}\right|_{T_1' = T_1}$$

预习思考题

(1)为什么公式(2-33)中有一负号,而公式(2-35)中没有?

(2)如何在待测样品内得到稳定的温度分布?

(3)如何由冷却速率得出散热速率?

(4)稳态时样品的散热与移走橡皮并对铜盘加热后自然冷却的散热有什么

不同？

实验后思考题

(1)能否用此实验方法测空气、金属的导热系数？

(2)实验中误差的来源有那些？

(3)此实验的操作中，应注意什么？

2.8 刚体平行轴定理及角动量守恒定律的验证

转动惯量是刚体转动惯性大小的量度，是表征刚体特征的一个物理量。平行轴定理能够从刚体对于质心轴的转动惯量，计算出刚体对于平行于质心轴的任意另外一直轴的转动惯量，是工程力学中比较常用的定理之一。

作为自然界三大基本守恒定律之一的角动量守恒定律有其独特且重要的地位。在已测量刚体转动惯量的基础上，满足和外力矩为零的条件，通过改变物体系统的转动惯量，观察角速度的变化，可以很直观地验证角动量守恒定律。

实验目的

(1)验证平行轴定理；

(2)验证刚体的角动量守恒定律。

实验原理

1. 平行轴定理

实验仪及主要技术参数见2.5节。

理论分析表明，质量为 m 的物体围绕通过质心的转轴转动时的转动惯量 J_c 最小。当转轴平行移动距离 d 后，绕新转轴转动的转动惯量为：

$$J_{平行} = J_c + md^2 \tag{2-40}$$

在上式等式两端都加上系统支架的转动惯量 J_o，则有：

$$J_{平行} + J_o = J_c + J_o + md^2$$

令 $J_{平行} + J_o = J$，又 J_c，J_o 都为定值，则台与待测物的总转动惯量 J 与 d^2 呈线性关系，实验中若测得此关系，则验证了平行轴定理。

2. 验证角动量守恒定律

对一固定点 o，质点所受的合外力矩为零，则此质点的角动量矢量保持不变，叫做质点角动量守恒定律。例如：茹科夫斯基转椅可定性观察合外力矩为零的条件下，物体系统的角动量守恒。角动量守恒的物体系统的转动惯量变大时，角速度会变小，反之亦然。

3.J 的“理论”公式

设待测的圆盘(或圆柱)质量为 m、半径为 R，则圆盘、圆柱绕几何中心轴的转动惯量理论值为

$$J = \frac{1}{2}mR^2 \tag{2-41}$$

待测的圆环质量为 m，内外半径分别为 $R_{内}$、$R_{外}$，圆环绕几何中心轴的转动惯量理论值为

$$J = \frac{m}{2}(R_{外}^2 + R_{内}^2) \tag{2-42}$$

实验仪器

角动量守恒定律实验仪、砝码和挂钩、待测试样、水平仪等。

实验步骤

(1)在桌面上放置验仪，并利用基座上的调平螺钉，将仪器调平(用水平仪)。将滑轮支架放置在实验台面边缘，调整滑轮高度及方位，使滑轮槽与选取的绕线塔轮槽等高，且其方位相互垂直。

(2)将一只光电门与测试仪的传感器 I(或光电门 I)连接起来，检查载物台下方的两个挡光棒在转台旋转过程中是否有效触发光电门。

(3)开启测试仪电源，进入角加速度测量功能，将“设置次数”设定为 50 次，由于挡光棒选择的是两只，所以将“设置弧度”设定为 1π。

(4)参数设定好后，按“开始”准备测量；然后释放砝码，载物台开始旋转同时测试仪开始计时，挡光棒每经过光电门一次，计数次数+1，直到达到设定的次数为 50 次时停止计时，并自动测试出 B_1(匀加速阶段的角加速度)和 B_2(匀减速阶段的角加速度)，B_1 和 B_2 是通过测得的数据，测试仪内部通过数据拟合得到，准确度较高。

(5)数据测试完后，可以按“保存”对数据进行存储，点击进入“数据查询”功能，可以查询测量的数据，数据中的 $t_{01}-t_{50}$ 为对应的 n 次挡光总时间，根据时间和弧度关系，也可以计算匀加速阶段的角加速度 B_1 和匀减速阶段的角加速度 B_2，可以借助 Excel 完成。

(6)调整实验台位置使绕线放完时，托盘或挂钩恰好落到地面，调水平。选择塔轮半径 $R=15$ mm 及 $m_{砝码}$ 质量分别为 50 g、55 g、65 g，将细线一端沿塔轮不重叠的密绕于所选定半径的轮上，另一端通过滑轮连接砝码托上的挂钩或托

盘上，用手将载物台稳住；按测试仪“开始”键使仪器进入工作等待状态；释放载物台，砝码重力产生的恒力矩使实验台产生匀加速转动；当绕线释放完毕后，载物台将在系统阻力的作用下做匀减速运动。

(7)计时完毕后，记录测试仪测出的 B_1 和 B_2(填入表 2-22)，分别对应匀加速阶段的角加速度和匀减速阶段的角加速度，即可算出 J_1 的值(可采用 2.5 节实验数据)。

(8)将两圆柱体对称插入载物台上与中心距离为 d 的圆孔中，测量两圆柱试样中心与转轴距离 d 时的角加速度，填入表 2-23，计算两圆柱体在此位置的转动惯量。将测量值与计算值比较，若一致即验证了平行轴定理。

(9)测量实验台(加固定座)的角加速度，填入表 2-24(可采用 2.5 节实验数据)。

(10)测量实验台加大圆柱的角加速度，填入表 2-25(可采用 2.5 节实验数据)。

(11)转动载物台，稍后轻放大圆柱落入载物台，记录前后角速度，重复 4 次，填入表 2-26。

(12)结合已知数据，代入空载和负载时的转动惯量，验证角动量守恒定律，填入表 2-27。

(13)附加步骤：选做圆盘试样验证角动量守恒定律。

实验操作方法

1. 返回主菜单。进入角速度测量功能，将“设置次数”设定为 50 次，由于挡光棒选择的是两只，所以将“设置弧度”设定为 1π。

2. 参数设定好后，释放砝码，载物台开始旋转，当砝码绳子脱落后，即合外力矩为 0 后，按“开始”键开始测量角速度，随后将待测圆环轻放载物台上，等待计数结束。

3. 数据测试完后，按“保存键”对数据进行存储，点击进入“数据查询”功能，数据中的 $w_{01}-w_{50}$ 为对应的 n 次挡光时候的角速度。

4. 通过查看角速度，借助 *Excel* 做成曲线，找出两次角速度突变的临界值。根据 $J_1\omega_1\approx J_2\omega_2$，验证角动量守恒定律。

备注：关于角动量守恒定律实验仪(测试仪)的详细使用说明请参见说明书，具体参见角加速度和角动量测量功能。

注意事项

(1)绕线放完时，托盘或挂钩恰好落到地面。绕线要紧密且不能重叠。

(2)滑轮绕线水平，其延长线过塔轮切线位置。旋紧挡光棒，防止触碰光电门。

(3)释放砝码瞬间，挡光棒不要离光电门太近，避免误触发。

(4)圆柱体测量时，转速不要过快，防止圆柱体脱落(砝码可以加得小一点)。

(5)轻放大圆柱体或圆盘试样入载物台时，要尽可能控制无初速放入。

原始数据表格

(1)空实验台：

表 2-22　测量实验台的角加速度(可采用 2.5 节实验数据)

	$R_{塔轮}=15$ mm					
	$m_{砝码}=$　　g		$m_{砝码}=$　　g		$m_{砝码}=$　　g	
数据组	β_1(rad/s²)	β_2(rad/s²)	β_1(rad/s²)	β_2(rad/s²)	β_1(rad/s²)	β_2(rad/s²)
1						
2						
3						
平均值						
J_1						

(2)实验台加两圆柱试样(验证平行轴定理)：

表 2-23　测量两圆柱试样中心与转轴距离 d 时的角加速度

	$R_{圆柱}=15$ mm，$m_{圆柱}=$　　g，$d=$　　mm					
	$R_{塔轮}=15$ mm					
	$m_{砝码}=$　　g		$m_{砝码}=$　　g		$m_{砝码}=65$ g	
数据组	β_3(rad/s²)	β_4(rad/s²)	β_3(rad/s²)	β_4(rad/s²)	β_3(rad/s²)	β_4(rad/s²)
1						
2						
3						
平均值						
J_2						
$J_3=(J_2-J_1)/2$						
理论值 J_3'						
误差						

(3)实验台加固定座：

表 2-24 测量实验台(加固定座)的角加速度(可采用 2.5 节实验数据)

	$R_{塔轮}=15$ mm					
	$m_{砝码}=$　　g		$m_{砝码}=$　　g		$m_{砝码}=$　　g	
数据组	β_1(rad/s^2)	β_2(rad/s^2)	β_1(rad/s^2)	β_2(rad/s^2)	β_1(rad/s^2)	β_2(rad/s^2)
1						
2						
3						
平均值						
J_1						
J_1 平均值						

(4)实验台加固定座加大圆柱试样：

表 2-25 测量实验台加大圆柱的角加速度(可采用 2.5 节实验数据)

	$R_{圆柱}=44$ mm，$m_{圆柱}=$　　g					
	$R_{塔轮}=15$ mm					
	$m_{砝码}=$　　g		$m_{砝码}=$　　g		$m_{砝码}=$　　g	
数据组	β_3(rad/s^2)	β_4(rad/s^2)	β_3(rad/s^2)	β_4(rad/s^2)	β_3(rad/s^2)	β_4(rad/s^2)
1						
2						
3						
平均值						
J_2						
$J_3=J_2-J_1$						
理论值 J_3'						
误差						
J_2 平均值						

(5)大圆柱试样：合外力矩为零，大圆柱落入载物台前后的角速度。

表 2-26　大圆柱落入载物台前后的角速度(重复 4 次实验)

	$R_{圆柱}=44$ mm，$m_{圆柱}=$ 　g						
	$R_{塔轮}=15$ mm						
	$m_{砝码}=$ 　g						
计数序号	计数序号	11	12	13	14	15	16
角速度	角速度						
	$\omega_1=$ 　　$\omega_2=$						
计数序号	计数序号	15	16	17	18	19	20
角速度	角速度						
	$\omega_1=$ 　　$\omega_2=$						
计数序号	计数序号	12	13	14	15	16	17
角速度	角速度						
	$\omega_1=$ 　　$\omega_2=$						
计数序号	计数序号	19	20	21	22	23	24
角速度	角速度						
	$\omega_1=$ 　　$\omega_2=$						

(6)验证角动量守恒：

表 2-27　空载和负载转动惯量

序号		1	2	3	4
空载转动惯量 $J_1=$______kg · m^2 负载转动惯量 $J_2=$______kg · m^2	角速度 ω_1<rad/s>				
	角速度 ω_2<rad/s>				
	$\frac{J_1\omega_1}{J_2\omega_2}$				

(7)圆盘试样(选做):合外力矩为零,圆盘落入载物台前后的角速度。

表 2-28　圆盘落入载物台前后的角速度(重复 4 次实验)

	$R_{圆盘}=0.100$ m,$m_{圆盘}=$　　kg						
	$R_{塔轮}=15$ mm						
	$m_{砝码}=$　　g						
计数序号	11	12	13	14	15	16	17
角速度							
$\omega 1=$　　$\omega 2=$							
计数序号	17	18	19	20	21	22	23
角速度							
$\omega 1=$　　$\omega 2=$							
计数序号	19	20	21	22	23	24	25
角速度							
$\omega 1=$　　$\omega 2=$							
计数序号	19	20	21	22	23	24	25
角速度							
$\omega 1=$　　$\omega 2=$							

(8)验证角动量守恒:

表 2-29　空载和负载转动惯量

序号		1	2	3	4
空载转动惯量 $J_1=$______$\mathrm{kg\cdot m^2}$ 负载转动惯量 $J_2=$______$\mathrm{kg\cdot m^2}$	角速度 ω_1<rad/s>				
	角速度 ω_2<rad/s>				
	$\dfrac{J_1\omega_1}{J_2\omega_2}$				

数据处理

(1)表 2-22 中 $J_1=\dfrac{mR(g-R\beta_2)}{\beta_2-\beta_1}$。($m$ 为砝码质量,R 为塔轮半径)

表 2-23 至表 2-29 中 J_1 皆为表 2-22 中对应的计算值。

(2)表 2-23 中 $J_2=\dfrac{mR(g-R\beta_4)}{\beta_4-\beta_3}$为测量值;

J_3''为单圆柱绕转轴距离 d 时转动惯量的理论值：$J_3' = \frac{1}{2} m_{圆柱} R_{圆柱}^2 + m_{圆柱}^2 d$

将测量值与上式所得的理论值比较，若一致即验证了平行轴定理。

(3)表 2-27 与表 2-29 中$\frac{J_1\omega_1}{J_2\omega_2}$近似于 1，则证明了角动量守恒定律。

预习思考题

(1)刚体的转动惯量与哪些因素有关？刚体力学中哪些原理或定理涉及转动惯量的计算？

(2)平行移轴定理默认了刚体上以何处为转轴时转动惯量最小？是否可以证明？

(3)试分析茹科夫斯基转椅的近似条件及现象之原理。

实验后思考题

(1)平行轴定理在生活中是否有实例？请结合转动定律等定性地简单分析其现象原理。

(2)如何定性地理解刚体角动量守恒定律？

2.9 弦上驻波测弦线密度

驻波是指频率相同、传输方向相反的两列波，沿传输线形成的一种分布状态。当弦线的长度和波长之间满足某种关系时，弦上就出现了各点振幅各自恒定的简谐运动。我们可以利用这种明显而特殊的现象对金属丝的线密度进行测量。本实验能使学生了解弦振动的传播规律，观察弦振动形成驻波时的波形，测量弦线上横波的传播速度及弦线的线密度和张力间的关系，聆听相关频率的声音。

实验目的

(1)观察弦上驻波，了解固定均匀弦振动的传播规律，加深振动与波和干涉的概念；

(2)了解固定均匀弦振动固有频率的因素，掌握用弦上驻波法测弦线密度及波速的方法；

(3)了解测量弦线张力的方法，了解声音与频率的关系。

实验原理

实验装置如图 2-23 所示。吉他上有四支钢质弦线，中间两支是用来测定弦线张力，旁边两支用来测定弦线线密度。实验时，弦线 3 与音频信号源接通。这样，通有正弦交变电流的弦线在磁场中就受到周期性的安培力的激励。根据需要，可以调节频率选择开关和频率微调旋钮，从显示器上读出频率。移动劈尖的位置，可以改变弦线长度，并可适当移动磁钢的位置，使弦振动调整到最佳状态。

根据实验要求：挂有砝码的弦线可用来间接测定弦线线密度或横波在弦线上的传播速度；利用安装在张力调节旋钮上的弦线，可间接测定弦线的张力。

如图 2-23 所示，实验时，将弦线 3(钢丝)绕过弦线导轮 5 与砝码盘 10 连接，并通过接线柱 4 接通正弦信号源。在磁场中，通有电流的金属弦线会受到磁场力(称为安培力)的作用，若弦线上接通正弦交变电流时，则它在磁场中所受的与磁场方向和电流方向均为垂直的安培力，也随之发生正弦变化，移动劈尖改变弦长，当弦长是半波长的整倍数时，弦线上便会形成驻波。移动磁钢的位置，将弦线振动调整到最佳状态，使弦线形成明显的驻波。此时我们认为磁钢所在处对应的弦为振源，振动向两边传播，在劈尖与吉他骑码两处反射后又沿各自相反的方向传播，最终形成稳定的驻波。

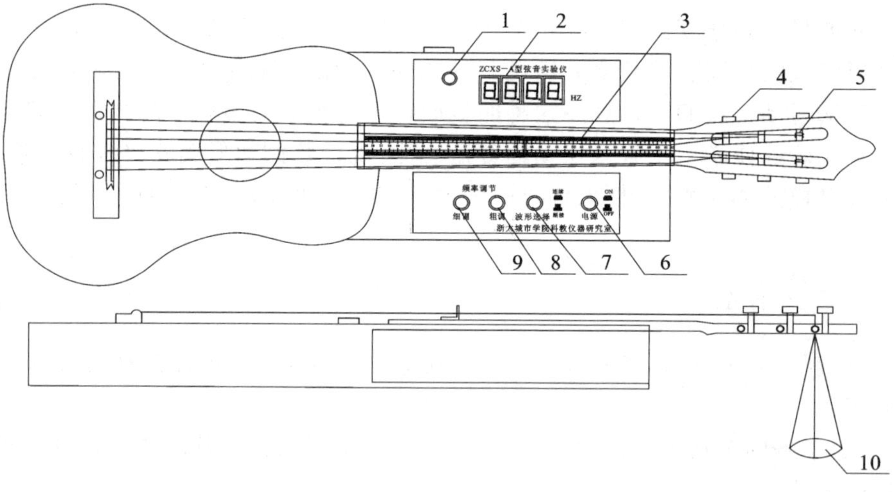

图 2-23　试验装置示意图

1—接线柱插孔；2—频率显示；3—钢质弦线；4—张力调节旋钮；5—弦线导轮；6—电源开关；7—波形选择开关；8—频段选择开关 9—频率微调旋钮；10—砝码盘

考察与张力调节旋钮相连时的弦线 3 时，可调节张力调节旋钮改变张力，使驻波的长度产生变化。

为了研究问题的方便，当弦线上最终形成稳定的驻波时，我们可以认为波动是从骑码端发出的，沿弦线朝劈尖端方向传播，称为入射波，再由劈尖端反射沿弦线朝骑码端传播，称为反射波。入射波与反射波在同一条弦线上沿相反方向传播时将相互干涉，移动劈尖到适合位置.弦线上就会形成驻波。这时，弦线上的波被分成几段形成波节和波腹，如图 2-24 所示。

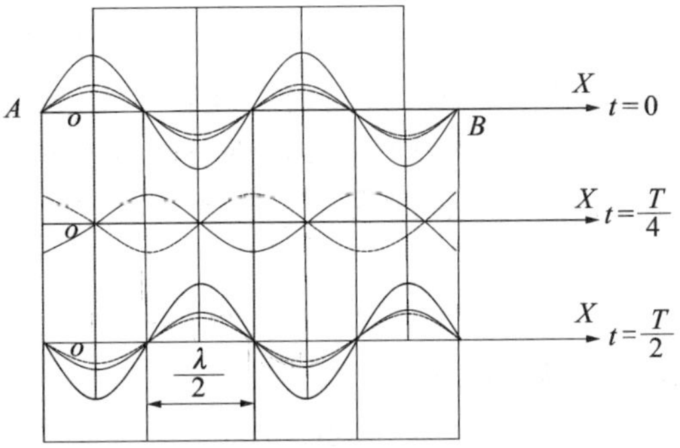

图 2-24　波形示意图

设图中的两列波是沿 X 轴相向方向传播的振幅相等、频率相同、振动方向一致的简谐波。向右传播的用细实线表示，向左传播的用细虚线表示，当传至弦线上相应点时，位相差为恒定时，它们就合成驻波用粗实线表示。由图 2-24 可见，两个波腹或波节间的距离都是等于半个波长，这可从波动方程推导出来。

下面用简谐波表达式对驻波进行定量描述。设沿 X 轴正方向传播的波为入射波，沿 X 轴负方向传播的波为反射波，取它们振动相位始终相同的点作坐标原点“O”，且在 $X=0$ 处，振动质点向上达最大位移时开始计时，则它们的波动方程分别为：

$$Y_1 = A\cos 2\pi(ft - x/\lambda)$$

$$Y_2 = A\cos 2\pi(ft + x/\lambda)$$

式中 A 为简谐波的振幅，f 为频率，λ 为波长，X 为弦线上质点的坐标位置。两波叠加后的合成波为驻波，其方程为：

$$Y_1 + Y_2 = 2A\cos 2\pi(x/\lambda)\cos 2\pi ft$$

由此可见，入射波与反射波合成后，弦上各点都在以同一频率作简谐振动，它们的振幅为 $|2A\cos 2\pi(x/\lambda)|$，只与质点的位置 X 有关，与时间无关。

由于波节处振幅为零，即 $|\cos 2\pi(x/\lambda)|=0$

$$2\pi x/\lambda = (2k+1)\pi/2 \qquad (k = 0,1,2,3,\cdots\cdots)$$

可得波节的位置为：

$$X = (2K + 1)\lambda/4$$

而相邻两波节之间的距离为：

$$X_{K+1} - X_K = [2(K + 1) + 1]\lambda/4 - (2K + 1)\lambda/4) = \lambda/2$$

又因为波腹处的质点振幅为最大，即$|\cos 2\pi(X/\lambda)| = 1$

$$2\pi X/\lambda = K\pi \qquad (K = 0,1,2,3,\cdots\cdots)$$

可得波腹的位置为：

$$X = K\lambda/2 = 2k\lambda/4$$

这样相邻的波腹间的距离也是半个波长。因此，在驻波实验中，只要测得相邻两波节（或相邻两波腹）间的距离，就能确定该波的波长。

在本实验中，由于弦的两端是固定的，故两端点为波节，所以，只有当均匀弦线的两个固定端之间的距离（弦长）等于半波长的整数倍时，才能形成驻波，其数学表达式为：

$$L = n\lambda/2 \qquad (n = 1,2,3,\cdots\cdots)$$

由此可得沿弦线传播的横波波长为：

$$\lambda = 2L/n \tag{2-43}$$

式中 n 为弦线上驻波的段数，即半波数。

根据波动理论，弦线横波的传播速度为：

$$V = (T/\rho)^{1/2} \tag{2-44}$$

即：

$$T = \rho V^2$$

式中 T 为弦线中张力，ρ 为弦线单位长度的质量，即线密度。

根据波速、上面频率及波长的普遍关系式 $V = f\lambda$，将式(2-43)代入可得：

$$V = 2Lf/n \tag{2-45}$$

再由式(2-44)、式(2-45)可得

$$\rho = T(n/2Lf)^2 \qquad (n = 1,2,3,\cdots\cdots) \tag{2-46}$$

即：

$$T = \rho(2Lf/n)^2 \qquad (n = 1,2,3,\cdots\cdots)$$

由式(2-46)可知，当给定 T、ρ、L，频率 f 只有满足该式关系才能在弦线上形成驻波。

当金属弦线在周期性的安培力激励下发生共振干涉形成驻波时，通过骑码的振动激励共鸣箱的薄板振动，薄板的振动引起吉他音箱的声振动，经过释音孔释放，我们能听到相应频率的声音，当用间歇脉冲激励时尤为明显。

常见的音阶由 7 个基本的音组成，用唱名表示即：do，re，mi，fa，so，la，si，用 7 个音以及比它们高一个或几个八度的音、低一个或几个八度的音构成各种组合就成为“曲调”。

振动的强弱(能量的大小)体现为声音的大小,不同物体的振动体现为声音音色的不同,而振动的频率 f 则体现声音的高低。$f = 261.63$ Hz 的音在音乐里用字母 c^1 表示。其相应的音阶表示为:c,d,e,f,g,a,b,在将 c 音唱成"do"时定为 c 调。人声及器乐中最富有表现力的频率范围约为 60～1000 Hz。c 调中 7 个基本音的频率,以"do"音的频率 $f=261.63$ Hz 为基准,其他各音的频率为其倍数,其倍数值如表 2-30 所示。

表 2-30　基本音的频率倍数

音名	C	D	E	F	G	A	B	C
频率倍数	1	$(\sqrt[12]{2})^2$	$(\sqrt[12]{2})^4$	$(\sqrt[12]{2})^5$	$(\sqrt[12]{2})^7$	$(\sqrt[12]{2})^9$	$(\sqrt[12]{2})^{11}$	2

实验仪器

ZCXS—A 型吉他型共鸣箱弦音实验仪一台(含配件)

实验步骤

(1) 观察弦音实验仪,除两外侧粗金属弦,中间四根弦线由上到下分别为 a、b'、a'、b。(弦线 a,a' 为同一种规格,b,b' 为另一种规格)

(2)频率 f 一定,测弦线 a' 的线密度:波形选择开关 7 选择连续波位置,将信号发生器输出插孔 1 与弦线 a' 接通。选取频率 $f=300$ Hz,张力 T 由挂在弦线一端的砝码及砝码钩产生,以 150 g 砝码为起点逐渐增加至 300 g 为止。在各张力的作用下调节弦长 L,使弦线上出现 $n=2$,$n=3$ 个稳定且明显的驻波段。记录相应的 f、n、L 的值,由公式 $\rho=T\ (n/2Lf)^2$ 计算弦线的线密度 r。

(3)频率 f 一——测弦线 b' 的线密度:波形选择开关 7 选择连续波位置,将信号发生器输出插孔 1 与弦线 b' 接通。选取频率 $f=200$ Hz,张力 T 由挂在弦线一端的砝码及砝码钩产生,以 150 g 砝码为起点逐渐增加至 300 g 为止。在各张力的作用下调节弦长 L,使弦线上出现 $n=2$,$n=3$ 个稳定且明显的驻波段。记录相应的 f、n、L 的值,由公式 $\rho=T(n/2Lf)^2$ 计算弦线的线密度 r。

(4)测量张力 T 一定,测量弦线的线密度 ρ 和弦线上横波传播速度 v。在张力 T 一定的条件下,改变频率 f 分别为 200 Hz、250 Hz、300 Hz、350 Hz,移动劈尖,调节弦长 L,仍使弦线上出现 $n=2$,$n=3$ 个稳定且明显的驻波段。记录相应的 f、n、L 的值,由公式(2-45)可间接测量出弦线上横波的传播速度 v。

(5)测量弦线张力 T。选择与张力调节旋钮 4 相连的弦线 a 或者 b,与信号发生器输出插孔 1 连接,调节频率 $f=200$ Hz 左右,适当调节张力调节旋钮,同时移动劈尖改变弦长 L,使弦线上出现明显驻波。记录相应的 f、n、L 的值,可

间接测量出这时弦线的张力：$T=\rho(2Lf/n)^2$

(6)聆听音阶高低在频率较低情况下形成驻波时，波形选择开关7由连续调节至断续位置，聆听其音；然后在频率较高情况下形成驻波时，波形选择开关7由连续调节至断续位置，聆听其音阶。

(7)实验结束后将砝码收好放回小盒中。

注意事项

(1)在线柱4与弦线连接时、应避免与相邻弦线短路。

(2)改变挂在弦线一端的砝码后，要使砝码稳定后再测量。

(3)磁钢不能处于波节下位置。要等波稳定后，再记录数据。

原始数据表格

砝码钩的质量 $m=0.0035$ kg

重力加速度 $g=9.8$ m/s^2

1. 频率 f 固定在300 Hz，测弦线 a' 的线密度 r 和弦线上横波传播速度 v

表 2-31

	f=300 Hz									
T(9.8N)	0.150+m		0.200+m		0250+m		0.300+m		……	
驻波段数 n	2	3	2	3	2	3	2	3	2	3
弦线长 $L(10^{-2}\text{m})$										
线密度 $\rho=T(n/2Lf)^2$(kg/m)										
平均线密度 $\bar{\rho}$(kg/m)										

2. 频率 f 固定在200 Hz，测弦线 b' 的线密度 r 和弦线上横波传播速度 v：

表 2-32

	f=200 Hz									
T(9.8N)	0.150+m		0.200+m		0250+m		0.300+m		……	
驻波段数 n	2	3	2	3	2	3	2	3	2	3
弦线长 $L(10^{-2}\text{m})$										
线密度 $\rho=T(n/2Lf)^2$(kg/m)										
平均线密度 $\bar{\rho}$(kg/m)										

3. 张力 T 一定，测量弦线的线密度 ρ 和弦线上横波传播速度 V

表 2-33

	$T=(0.150+m)\times 9.8N$									
频率 f(Hz)	200		250		300		300		……	
驻波段数 n	2	3	2	3	2	3	2	3	2	3
弦线长 $L(10^{-2}m)$										
横波速度 $v=2Lf/n$(m/s)										
平均横波速度 $\overline{V}=$ (m/s)， $\overline{V}^2=$ $(m/s)^2$										
线密度 $\rho=\frac{T}{\overline{V}]^2}=$ (kg/m)										

数据处理

(1)弦线上横波传播速度 $v=2Lf/n$，作 $T\sim\overline{v}^2$ 拟合直线，$T=rv^2$，由直线的斜率亦可求得弦线 a' 的线密度。

表 2-34

传播速度 $v=2Lf/n$ (m/s)										
平均传播速度 $\overline{v}$ (m/s)										
$\overline{v}^2(m/s)^2$										

(2)同理作 $T\sim\overline{v}^2$ 拟合直线，$T=rv^2$，由直线的斜率亦可求得弦线 b' 的线密度。

表 2-35

传播速度 $v=2Lf/n$ (m/s)										
平均传播速度 $\overline{v}$ (m/s)										
$\overline{v}^2(m/s)^2$										

(3)测量弦线张力 T

表 2-36

f(Hz)	驻波段数 n	弦线长 $L(10^{-2}m)$	弦线张力 T(N)
			$T=\rho\left(\frac{2Lf}{n}\right)^2=$

预习思考题

(1)什么是驻波?

(2)弦上驻波的波腹和波节分别如何判断?

(3)驻波波形长短与哪些因素有关?

实验后思考题

(1)在实验中若形成 $n>3$ 的驻波波形,应该如何处理?

(2)改变挂在弦线一端的砝码后,若砝码未稳定就开始实验并测量读数,会对实验结果产生怎样的影响?

2.10 电热法测量焦耳热功当量

电热法测量焦耳热功当量实验是证明能量守恒和转换定律的基础实验。焦耳从 1840 年起,花费了几十年的时间做了大量实验,论证了传热和做功一样,是能量传递的一种形式;热功当量是一个普适常数,与做功方式无关,从而为能量守恒和转换定律的确立奠定了坚实的实验基础。

实验目的

(1)熟悉热学实验中的基本问题——量热和计温;

(2)研究电热法中做功与传热的关系;

(3)学习使用一元线性回归法进行散热修正;

(4)了解热学实验中合理安排实验和选择参量的重要性;

(5)熟悉热学实验中基本仪器的使用。

实验仪器

热功当量实验仪(测试电源)、量热器、PT1000 铂电阻温度计、电子天平、量杯等。测试电源面板和首页界面图如图 2-25 和图 2-26 所示。

加热棒电压显示范围 0~20.00 V;加热棒电流显示范围 0~550 mA。加热电压调节:调节加热电压大小,短按细调,长按粗调。加热控制:按下后按钮图标变红色,开启加热输出,此时有加热电流显示。Pt1000 电压测量范围 0~1.9999 V;根据测量的电压值和恒流源电流 1 mA 计算得到 Pt1000 电阻值。复位:系统复位,清除测量数据。启停:开始/停止计时,开始计时的同时开始记录数据和曲线。参数设置:进入参数设置界面。实验:进入实验测量界面,包括曲线显示和

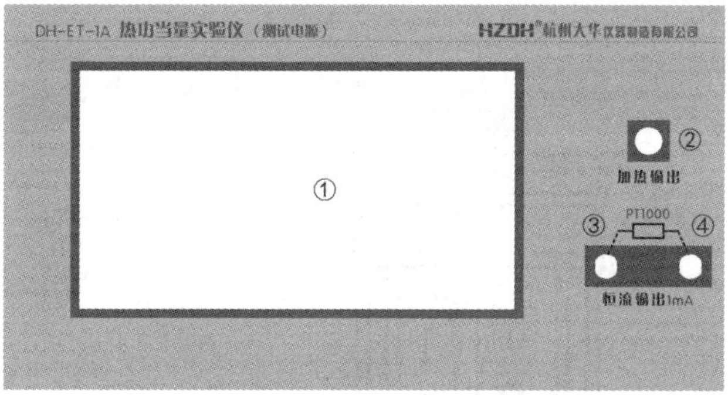

图 2-25　测试电源面板图

① 7 英寸彩色触摸液晶屏；② 加热输出：与量热器相连，给加热器内部功率电阻提供工作电压；③ 恒流源输出正极；④ 恒流源输出负极

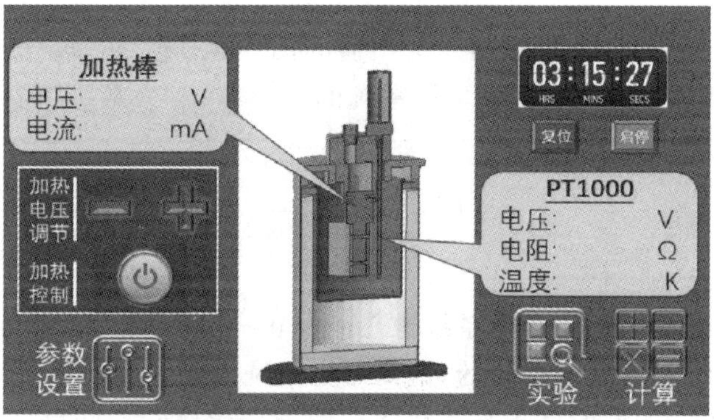

图 2-26　测试电源首页界面图

数据表格显示。计算：根据实验结果，通过一元线性回归法处理数据，计算热功当量。

实验原理

1. 电热法测量焦耳热功当量实验原理

如图 2-27 所示，给电阻 R 两端加上电压 V，通过 R 的电流为 I，通电时间 t 内电场力做功 $W=VIt$。若这些功全部转化为热量，使一个盛水的量热器系统由初温 θ_0 升高至 θ（单位 K），系统吸收的热量为 Q，则热功当量 $J=W/Q$。按照能量守恒定律，若采用国际单位制，则 W 和 Q 的单位都是焦耳(J)，比值 $J=1$；若 Q 用卡(cal)作单位，则 $J=4.1868$ J/cal，表示产生 1 卡热量所需做的功。

实验在装水的量热筒中进行，系统吸收的热量为：

$$Q=(c_0m_0+c_1m_1+c_2m_2)(\theta-\theta_0)=Cm(\theta-\theta_0) \qquad (2\text{-}47)$$

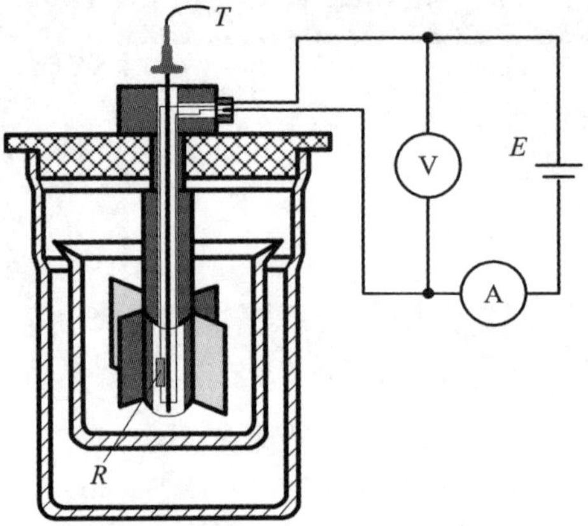

图 2-27　电热法测量焦耳热功当量原理图

式中，c_0、c_1、c_2 分别是水、量热筒及加热器的比热容；m_0、m_1、m_2 分别是其相对应的质量；$Cm=c_0m_0+c_1m_1+c_2m_2$ 是系统的总热容；θ_0 为系统初温。本实验的主要内容就是测定热功当量。

$$J=\frac{VIt}{Cm(\theta-\theta_0)} \tag{2-48}$$

2. 散热修正

本实验的难点是如何考虑系统散热的修正。我们从系统应满足的微分方程出发。若把系统看成理想绝热的，即只考虑系统由于通电而升温，则由系统吸热方程 $Q=Cm(\theta-\theta_0)$ 对时间求导可以得到温度变化率所满足的关系式为：

$$\left.\frac{\mathrm{d}\theta}{\mathrm{d}t}\right|_{放}=\frac{VI}{JCm} \tag{2-49}$$

考虑通电时系统吸热的同时也向环境中放热，根据牛顿冷却定律，由于放热引起的温度变化率为：

$$\left|\frac{\mathrm{d}\theta}{\mathrm{d}t}\right|_{放}=-K(\theta-\theta_{环}) \tag{2-50}$$

式中，K 为系统的散热系数。综合式(2-49)和式(2-50)描述的吸热、放热效应，系统温度的实际变化率为：

$$\frac{\mathrm{d}\theta}{\mathrm{d}t}\bigg|=\frac{VI}{JCm}-K(\theta-\theta_{环}) \tag{2-51}$$

这是一个一阶线性的常系数微分方程。我们试图利用一元线性回归法处理数据，令 $y=\frac{\mathrm{d}\theta}{\mathrm{d}t}$，$x=\theta-\theta_{环}$，式(2-51)变成 $y=a+bx$，其中 $a=\frac{VI}{JCm}$，$b=-K$。给加热系统通电，并同时记录系统温度—时间的变化关系，每隔 1 min 记录一次温度，共测 30 个连续时间对应的温度值，即(t_1, θ_1)，(t_2, θ_2)，…(t_{30}, θ_{30})，这样由一系列(t_i, θ_i)就换算出(y_i, x_i)数据了，代入回归系数计算式求得 a，从而由下式计算出热功当量 J，即：

$$a = \frac{VI}{JCm} \rightarrow J = \frac{VI}{aCm} \tag{2-52}$$

3. 铂电阻温度计

本实验采用 PT1000 铂电阻温度计测量温度（见图 2-27 中 T），铂电阻温度计是利用铂丝电阻随温度的变化来测量温度的，铂具有正的电阻温度系数，PT1000 铂电阻在 0.00℃ 时电阻为 $R_0 = 1000.00\ \Omega$，铂电阻 R_t 与温度 t（0～650℃ 范围）的关系如下：

$$R_t = R_0(1 + At + Bt^2) \tag{2-53}$$

其中 R_t 是温度为 t℃ 时铂电阻的电阻值，单位 Ω；R_0 是温度为 0℃ 时铂电阻的电阻值，单位 Ω；A、B 为分度常数，$A=0.0039083/℃$，$B=-0.0000005775/℃$。

实验测温时，可采用 1 mA 标准恒流输出接在铂电阻温度计两端，通过测量铂电阻温度计上的电压 U(V)，如图 2-28 所示，得到铂电阻的电阻值 $R_t = \frac{U(\mathrm{V})}{1(\mathrm{mA})} = 1000U\Omega$，通过查表得到对应的温度值 t。

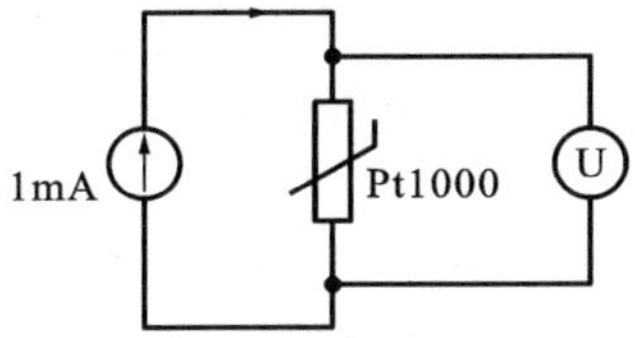

图 2-28 恒流源法测量 PT1000 铂电阻的电阻值

实验步骤

1. 实验准备

(1) 先称量干净的量热筒质量 m_1，再加水称量后得出水的质量 m_0；注意水量约占量热筒容积的 2/3 以上，确保加热器浸没在水中。

(2) 将 PT1000 的香蕉插头与恒流源输出 1 mA 连接，并测定环境温度 $\theta_{环}$；将测试电源上“加热输出”与量热器加热输入插座对应相连，调节加热电压值（10～18 V 之间，电压越大加热越快）。

(3) 点击液晶显示屏中的“参数设置”，将以上各测量数据对应录入。

提示：加热器由功率电阻和铝搅拌器组成，两者的总热容可按 $c_2m_2 = 64.35$ J/ K 计算。

2. 测量时间-温度关系

点击"加热控制"按钮，开启加热；点击"启停"按钮开始计时且系统开始采集数据。实验结束再次点击"启停"按钮，停止采集数据。在连续升温的 30 min 内，应等间隔地读取 31 个温度值(每分钟 1 次)；建议先开启加热 1～2 分钟后再记录数据(加热过程中请连续搅拌)。

注意事项

①系统的初温应低于环境温度 5～10℃，末温高于环境温度 5～10℃，使系统接近环境温度，减小实验误差。

②升温过程中必须不断搅拌(转动搅拌器叶片)以保证温度均匀。同时搅拌过程中要随时监视电源电压是否改变，防止因搅拌动作过大引起电源接触不良。

③用铂电阻温度计记录温度，即可测量 PT1000 上通过 1 mA 电流时的电压值 U(V)，根据欧姆定律可以得到对应的电阻值 $R_t=\frac{U(\mathrm{V})}{1(\mathrm{mA})}=1000U\Omega$，查表得到对应摄氏温度值 t，开尔文温度 $\theta=273.15+t$(K)。

数据处理

表 2-37 水、量热筒及加热器相关参数

水的质量 m_0(g)	量热筒质量 m_1(g)	加热器总热容 c_2m_2(J/K)

表 2-38 电热法测量焦耳热功当量实验数据

t(min)	0	1	2	3	4	5	6	7	8	9
θ(K)										
t(min)	10	11	12	13	14	15	16	17	18	19
θ(K)										
t(min)	20	21	22	23	24	25	26	27	28	29
θ(K)										

备注：开氏度(K)＝摄氏度(℃)＋273.15；

表 2-39　数据整理 $\theta_{环}=$____K；$V_1=$____V，$V_2=$____V；$I_1=$____A，$I_2=$__ A；

$t=(t_i+t_{i+1})/2$（分钟/min）	$t=(t_i+t_{i+1})/2$（秒/s）	$\theta=(\theta_i+\theta_{i+1})/2$	$y=\frac{d\theta}{dt}=\frac{\theta_{i+1}-\theta_i}{t_{i+1}-t_i}$	$x=\theta-\theta_{环}$

量热器总热容：$Cm=c_0m_0+c_1m_1+c_2m_2$

$=4.18\times10^3\times209.93/1000+0.389\times10^3\times129.38/1000+64.35$

$=992.19\ \mathrm{J/K}$

数据处理 1（不做散热修正）：

根据表 2-38 数据，$J=VIt/\ Cm(\theta-\theta_0)=\frac{19.01\times0.5075\times20\times60}{992.19\times(301.8-289.89)}=0.979$

相对误差 $\gamma=\left|\frac{0.979-1}{1}\right|\times100\%=2.1\%$

根据表 2-39，采用一元线性回归法处理数据如下：

$\bar{x}=-0.59325$； $\bar{y}=0.0099250$ ； $\overline{xy}=-0.006600125$；

$\overline{x^2}=12.62844$； $\overline{y^2}=0.000102$；

$a=\bar{y}-b\bar{x}$ $\quad b=\dfrac{\bar{x}\bar{y}-\overline{xy}}{\bar{x}^2-\overline{x^2}}$

由此可求得 $a=0.009891, b=-5.80067\times10^{-5}$；

代入公式 $J=\dfrac{VI}{aCm}=\dfrac{19.01\times0.5075}{9.891\times10^{-3}\times992.186}=0.983$

相对误差 $\gamma=\left|\dfrac{0.983-1}{1}\right|\times100\%=1.7\%$

预习思考题

1. 加热过程中为什么要不停地转动搅拌器叶片？
2. 做散热修正和不做散热修正的区别在哪里？
3. 通过本次实验电热法中做功与传热的关系是什么？
4. 如果水质初温为室温，则实际测量的 J 值常常比公认值大，主要原因是什么？

实验后思考题

1. 通过本实验你还能设计出其他的方法来测量热功当量吗？
2. 实验中误差的来源有哪些？
3. 在实验中我们如何避免减少系统误差？

2.11 金属的线热膨胀系数的测量

物体因温度改变而发生的膨胀现象叫“热膨胀”。通常是指外压强不变的情况下，大多数物质在温度升高时，其体积增大，温度降低时体积缩小。也有少数物质在一定的温度范围内，温度升高时，其体积反而减小。在相同条件下，固体的膨胀比气体和液体小得多，直接测定固体的体积膨胀比较困难。但根据固体在温度升高时形状不变可以推知，一般而言，固体在各方向上膨胀规律相同。因此可以用固体在一个方向上的线膨胀规律来表征它的体膨胀。

物质在一定温度范围内，原长为 L_0 的物体受热后伸长量 ΔL 与其温度的增加量 Δt 近似成正比，与原长 L_0 也成正比，即：$\Delta L=\alpha L_0\Delta t$。式中 α 为固体的线热膨胀系数。实验证明：不同材料的线膨胀系数是不同的。测量固体的线胀系数，实验上归结为测量在某一问题范围内固体的相对伸长量。此相对伸长量的测量与杨氏弹性模量的测定一样，有光杠杆、测微螺旋和千分表等方法。而加热固体办法，也有通入蒸汽法和电热法。一般认为，用电热丝通电加热，用千分表测量相对伸长量，是比较经济又准确可靠的方法。

实验目的

(1)了解金属热膨胀系数的测定原理和基本结构；

(2)掌握千分表和温度控制仪的使用方法；

(3)测量紫铜管、不锈钢管的线膨胀系数。

实验仪器

DH4608T 热学综合实验仪-温度控制器，透光真空管式炉，千分尺，紫铜棒和不锈钢棒(尺寸 Φ 8 mm×150 mm)。

(1)DH4608T 热学综合实验仪-温度控制器(图 2-29)

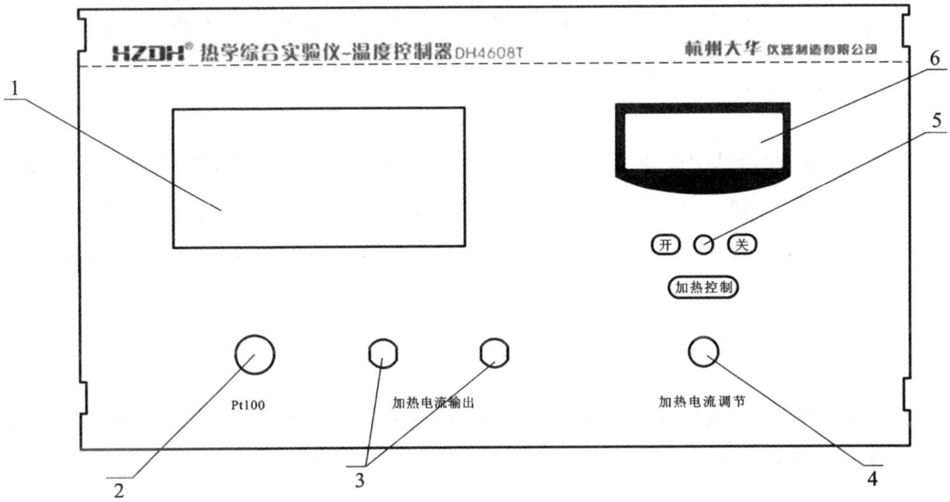

图 2-29　DH4608T 热学综合实验仪-温度控制器

1—温度控制表(用于设定需要控制的温度)；2—Pt100(测温 Pt100 传感器输入插座)；
3—加热电流输出(输出加热电流，需用连接线与管式炉加热电流端相连)；
4—加热电流调节(调节管式炉加热电流大小，控制加热速率)；
5—加热控制开关(打向开时，开启加热)；6—电流表(指示加热电流大小)

(2)透光真空管式炉(图 2-30)

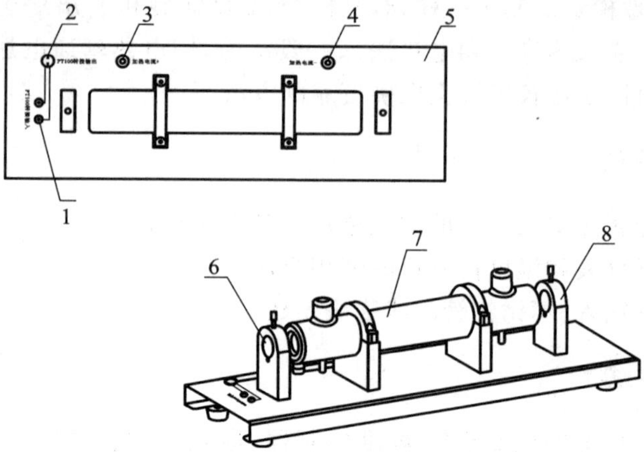

图 2-30　$P3$ 透光真空管式炉结构图

1—PT100 转接输入(2 号插座);2—PT100 转接输出(用于连接温度控制器);
3,4—加热电流输入插座(用于给管式炉提供加热电流,与底板后面对应插座连通);
5—底板;6—左端固定锁紧机构;7—管式炉;8—右端固定锁紧机构

实验原理

在一定温度范围内,原长为 L_0(在 $t_0=0$℃时的长度)的物体受热温度升高,一般固体会由于原子的热运动加剧而发生膨胀,在 t(单位℃)温度时,伸长量 ΔL,它与温度的增加量 Δt($\Delta t=t-t_0$)近似成正比,与原长 L_0 也成正比,即:

$$\Delta L = \alpha \times L_0 \times \Delta t \tag{2-54}$$

此时的总长是:

$$L_t = L_0 + \Delta L \tag{2-55}$$

式中 α 为固体的线膨胀系数,它是固体材料的热学性质之一。在温度变化不大时,α 是一个常数,可由式(2-54)和式(2-55)得

$$\alpha = \frac{L_t - L_0}{L_0 t} = \frac{\Delta L}{L_0} \cdot \frac{1}{t} \tag{2-56}$$

由上式可见,α 的物理意义:当温度每升高 1℃时,物体的伸长量 ΔL 与它在 0℃时的长度之比。α 是一个很小的量,附录中列有几种常见的固体材料的 α 值。当温度变化较大时,α 可用 t 的多项式来描述:

$$\alpha = A + Bt + Ct^2 + \cdots\cdots$$

式中 A,B,C 为常数。

在实际的测量当中,通常测得的是固体材料在室温 t_1 下的长度 L_1 及其在

温度 t_1 至 t_2 之间的伸长量，就可以得到热膨胀系数，这样得到的热膨胀系数是平均热膨胀系数 $\bar{\alpha}$：

$$\bar{\alpha} \approx \frac{L_2 - L_1}{L_1(t_2 - t_1)} = \frac{\Delta L_{21}}{L_1(t_2 - t_1)} \tag{2-57}$$

式中 L_1 和 L_2 分别为物体在 t_1 和 t_2 下的长度，$\Delta L_{21} = L_2 - L_1$ 是长度为 L_1 的物体在温度从 t_1 升至 t_2 的伸长量。在实验中我们需要直接测量的物理量是 ΔL_{21}，L_1，t_1 和 t_2。

为了得到精确的测量结果，因此，我们需要得到精确的 $\bar{\alpha}$，这样不仅要对 ΔL_{21}，t_1 和 t_2 进行精确的测量，还要扩大到对 ΔL_{i1} 和相应的温度 t_i 的测量。即：

$$\Delta L_{i1} = \bar{\alpha} L_1(t_i - t_1) \qquad i = 1,2,3,\cdots\cdots \tag{2-58}$$

在实验中我们等温度间隔的设置加热温度（如等间隔 5℃ 或 10℃），从而测量对应的一系列 ΔL_{i1}。将所得到的测量数据采用最小二乘法进行直线拟合处理，从直线的斜率可得到一定温度范围内的平均热膨胀系数 $\bar{\alpha}$。

实验步骤

（1）先将安置好温度传感器探头的待测样品从左端插入管式炉；在待测样品两端分别插入石英棒，使待测样品大致位于管式炉中心位置；将预紧微调组件和千分表固定套分别安装在左右锁紧机构中，并调节至合适位置；缓慢调节预紧微调螺钉，使千分表读数增加到约 0.2 mm 位置。

（2）将待测样品测温 PT100 输出插头插入"PT100 转接输入插座"；将"PT100 转接输出插座"与温度控制器面板"PT100"连接起来；将温度控制器面板"加热电流输出"与测试架"加热电流＋"和"加热电流－"对应相连。

（3）开启加热控制，调节加热电流大小，设定控温点，记录样品上的实测温度值和千分表上读数值 S（当待测样品温度趋于稳定后开始读数）。实际实验过程中，由于温度控制器控温过程存在超调情况，千分表读数增加和减小等情况反复出现，为了更准确测量样品的热膨胀系数，建议将温控器直接设置到 105℃，把加热电流调节到合适值，使样品温度尽可能缓慢上升，这样可以一边读取温度计读数一边读取千分表读数，保证了样品伸长过程的连续性。

（4）根据数据 t 和 S，绘制 t-S 曲线图（t 为 x 轴，S 为 y 轴），观察其线性。对 t-S 曲线做线性拟合，计算线热膨胀系数。

（5）更换金属棒样品，分别测量并计算各自的线热膨胀系数。与提供的参考值（表 2-40）进行比较，计算出测量的百分误差。

表 2-40　固体的线膨胀系数表

物质	温度	线膨胀系数/$10^{-6}(℃)^{-1}$
铝	0～100℃	22.0～24.0
铁	0～100℃	11.54～13.20
紫铜	0～100℃	17.0～17.5
青铜	0～100℃	17.10～18.02
黄铜	0～100℃	18.10～20.08
不锈钢	0～100℃	16.20～17.40

注：仅供参考，不同金属材料的线膨胀系数不相同；在不同的温度段也不同。

注意事项

(1)本实验温度设置不应高于 100℃。

(2)样品拆卸要轻拿轻放，防止损坏玻璃透光管式炉。

(3)实验过程中不能振动仪器和桌子，否则会影响千分表读数。

数据处理

(1)测试紫铜棒的热膨胀系数，按照实验步骤和要求，安装固定好测试棒。

(2)记录环境温度和千分表的初始读数，将温度控制器设定为不同温度值，待控温稳定后记录下温度测量值和千分表读数。并将数据记录在表格中。

固体线热膨胀系数测定表　　　待测样品：________；长度 L：________

实测样品温度 t(℃)					
千分表读数 S(μm)					

对表中的数据绘制 t-S 曲线(图 2-31)，对曲线作直线拟合，得到斜率。

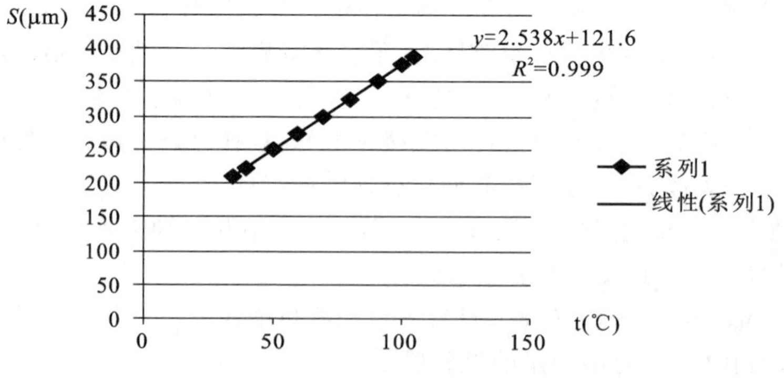

图 2-31　t-S 曲线

待测紫铜样品的热膨胀系数：$\alpha = K/L$ 参考标称值为：$(17.0 \sim 17.5) \times 10^{-6}/℃$。

预习思考题

(1)引起 α 测量误差的主要因素是什么？

(2)对于同一种材料热膨胀系数是否是一个常数？

实验后思考题

(1)能否采取逐差法等方法来进行数据处理？

(2)通过本次实验你知道还有哪些方法可以精确测量金属的膨胀系数？

(3)此实验的操作中，应注意什么？

2.12 气垫导轨上弹簧振子振动的研究

力学实验最困难的问题就是摩擦力对测量的影响。气垫导轨就是为消除摩擦而设计的力学实验的装置，它使物体在气垫上运动，避免物体与导轨表面的直接接触，从而消除运动物体与导轨表面的摩擦，也就是说，物体受到的摩擦阻力几乎可以忽略。利用气垫导轨可以进行许多力学实验，如测速度、加速度，验证牛顿第二定律、动量守恒定律，研究简谐振动、阻尼振动等，本实验采用气垫导轨研究弹簧振子的振动。

实验目的

(1)测量弹簧振子的振动周期 T。

(2)求弹簧的劲度系数(倔强系数)$\bar{k}$ 和有效质量 $\bar{m}$。

实验原理

在水平的气垫导轨上，两个相同的弹簧中间系一滑块，滑块做往返振动。如果不考虑滑块运动的阻力，那么，滑块的振动可以看成简谐振动。

设质量为 m_1 的滑块处于平衡位置，每个弹簧的伸长量为 x_0，当 m_1 距平衡点 x 时，m_1 只受弹性力 $-k_1(x+x_0)$ 与 $-k_1(x-x_0)$ 的作用，其中 k_1 是弹簧的劲度系数。根据牛顿第二定律，其运动方程为

$$-k_1(x+x_0) - k_1(x-x_0) = m\ddot{x} \tag{2-59}$$

令

$$k = 2k_1$$

方程(2-59)的解为

$$x = A\sin(\omega_0 t + \varphi_0)$$

说明滑块是做简谐振动。式中，A 为振幅；φ_0 为初相位。

$$\omega_0 = \sqrt{\frac{k}{m}}$$

ω_0 叫做振动系统的固有频率。而

$$m = m_1 + m_0$$

式中，m 为振动系统的有效质量；m_0 为弹簧的有效质量；m_1 为滑块和砝码的质量。

ω_0 由振动系统本身的性质所决定。振动周期 T 与 ω_0 有下列关系：

$$T = \frac{2\pi}{\omega_0} = 2\pi\sqrt{\frac{k}{m}} = 2\pi\sqrt{\frac{m_1 + m_0}{k}}$$

在实验中，我们改变 m_1，测出相应的 T，考虑 T 与 m 的关系，从而求出 $\bar{k}$ 和 $\overline{m}_0$。

实验仪器

气垫导轨、滑块、附加砝码、弹簧、光电门、数字毫秒计。

实验步骤

(1)导轨水平状态调整是实验前的重要准备工作，可按下列方式调整导轨水平：导轨(图 2-32)与气源连接并通气，将滑行器放置于导轨上，调节支点螺钉，直至滑行器在实验段内基本保持稳定即可。

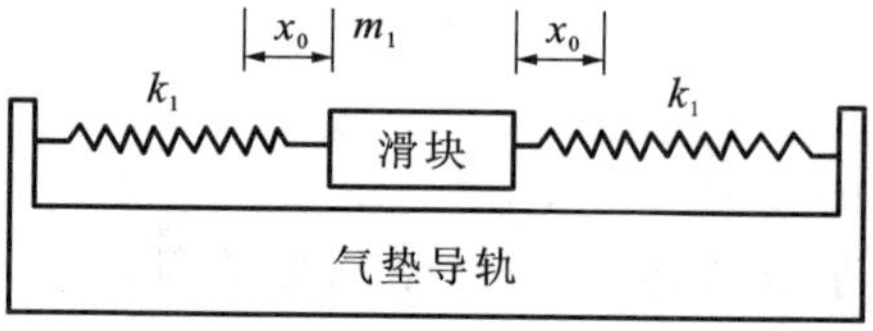

图 2-32　T 型气垫导轨结构及基本附件

(2)按气垫导轨和计时器的使用方法和要求，将仪器调整到正常工作状态。

(3)选择一对软弹簧装在滑块两侧，测量图 2-32 所示的弹簧振子的振动周期 T，重复测量 10 次，与 T 相应的振动系统的质量是 $m = m_1 + m_0$，其中 m_1 就是滑块本身(未加砝码块)的质量，m_0 为软弹簧的质量。

(4) 换一对硬弹簧，重复步骤(3)测量弹簧振子的振动周期 T'，重复测量 10 次。与 T' 相应的振动系统的有效质量是 $m' = m_1 + m_0'$，其中 m_0' 为一对硬弹簧的质量。

(5)测量完毕，先取下滑块、弹簧等，再关闭气源，切断电源，整理好仪器。

(6)在天平上称衡两对弹簧的质量。

(7)由弹簧振子周期的平均值，分别求出两对弹簧的劲度系数 $\bar{k}$ 和 $\bar{k}'$。

注意事项

(1)气垫导轨是精密的实验仪器，它的几何精度直接影响实验效果，在搬运、存放及使用过程中，切勿撞击、重压，滑行器工作面经过精密加工处理，防止磕碰。

(2)实验前必须先使导轨与气源连接并通气，再将滑行器放置于导轨上。严禁在未通气情况下将滑行器放在导轨表面滑动，以免划伤导轨。

(3)使用完毕后，必须先将滑行器从导轨上取下，再关掉气源的电源开关。

(4)弹簧的弹性限度范围有限，不可拉伸超出弹性范围。

(5)导轨表面喷气孔径很小，如果小孔被堵塞会影响实验效果，若喷孔被堵塞，应按该型号气垫导轨喷孔直径一致的钢针进行清理。

(6)实验完毕将导轨表面清理干净，罩上防尘罩，严禁将导轨放在潮湿或有腐蚀性气体的地方。

原始数据表格

滑块本身的质量 $m_1=$ ________ kg，弹簧的有效质量 $m_0=$ ________ kg

1.软弹簧简谐振动周期：

表 2-41

	周期 T									
次数 n	1	2	3	4	5	6	7	8	9	10
周期 T(s)										
周期平均值(s)										
软弹簧劲度系数 k(N/m)										

2.硬弹簧简谐振动周期：

表 2-42

	周期 T									
次数 n	1	2	3	4	5	6	7	8	9	10
周期 T'(s)										
周期平均值(s)										
硬弹簧劲度系数 k'(N/m)										

数据处理

1. 各直接测量量的平均值及不确定度一览表

表 2-43

直接测量量	$\bar{x}$	$S_{\bar{x}}$	t 值	$\Delta_A x$	$\Delta_{仪} x$	$\Delta_B x$	Δx
周期 T(s)			2.26				
周期 T'(s)			2.26				

其中 $\bar{x}=\frac{1}{n}\sum_{1}^{n}x_i$；$S_{\bar{x}}=\sqrt{\sum_{1}^{n}(x_i-\bar{x})^2/[n(n-1)]}$；$\Delta_A x=tS_{\bar{x}}$；$\Delta x=\sqrt{(\Delta_A x)^2+(\Delta_B x)^2}$

2. 分别计算软硬弹簧劲度系数的平均值

$\bar{k}=\frac{4\pi^2 m}{\bar{T}^2}$，$\bar{k}'=\frac{4\pi^2 m}{\bar{T}'^2}$

3. 计算 k 的不确定度Δk

对式 $\bar{k}=\frac{4\pi^2 m}{\bar{T}^2}$两边取对数，再两边微分，得$\frac{\Delta k}{k}$与 ΔT 的关系。

4. 测量值的结果表达式　　$k=\bar{k}\pm\Delta k$

预习思考题

(1)弹簧振子作为理想物理模型，系统需要满足什么条件才能近似看作弹簧振子？

(2)怎样分辨软硬弹簧？

(3)若未调节水平，滑块将会有怎样的运动状态？

实验后思考题

(1)仔细观察，可以发现滑块的振幅是不断减小的，那么为什么还可以认为滑块是做简谐振动？

(2)实验中应如何尽量保证滑块做简谐振动？

(3)滑块上加上其他金属块后，弹簧振子系统的周期会怎样变化？

3 电磁学实验

3.1 电磁学实验的基本知识

电磁测量是现代生产和科学研究中应用最广的测量。除了测量电磁量外，还可以通过换能器把非电量变为电量来进行测量。物理实验中电磁学实验的目的是学习电磁学中常用的典型测量方法(例如伏安法、电桥法、电位差法、冲击法等),对学生进行实验方法和实验技能的训练,培养学生看电路图、正确连线和分析判断实验故障的能力。同时,通过实验,使学生深入理解和掌握电磁学理论的基本规律。

电磁学实验离不开电源和各种测量电表,为此必须事先了解常用基本仪器的性能,掌握仪器布置和线路连接的要领,下面对一些常用的基本仪器及实验要领做一些简单介绍。

3.1.1 电源

1. 直流电源

(1)晶体管直流稳压电源

其输出电压有固定的,有连续可调的;有的仅有一路输出,有的可有两路,甚至多路输出,使用很方便。晶体管稳压电源内阻小,输出电压长期稳定性好,瞬时稳定性较差。

(2)干电池

输出电压 1.5 V,内阻小,电压瞬时稳定性好,长期稳定性较差,长期使用时电压降低,内阻增加。

(3)直流稳流电源

内阻很大,在一定负载范围内,输出稳定的电流,电流大小可调。

选用电源要注意功率要求,在输出电压符合需要的情况下,要注意其电流是否在额定范围之内,电流过载将导致电源急剧发热而损坏。对直流稳流电源、干电池要特别防止短路。晶体管稳压电源具有过载保护功能,在短路或过载时,能自动切断输出。

2. 交流电源

电网电源是应用最为广泛的交流电源，其电压可用变压器来调节。交流电压表上的读数值一般都是有效值。例如，工业生产和日常生活中用的市电电压为 220 V，这就是有效值，其峰值为$\sqrt{2}\times220=311$ (V)。

在使用交流电源时应注意安全，国家规定 36 V 以下为安全电压，否则触及人身会有生命危险。

使用直流或交流电源时应特别注意，切忌电源短路，即绝不能将电源两极直接用导线相连。因为短路时外电路电阻为零，使得电路中的电流很大。过大的短路电流会使电源损坏甚至造成重大事故。

3.1.2 直流电表

电测仪表绝大多数是磁电系仪表，其主要部件是表头。

1. 表头的构造

表头是利用通电线圈在永久磁铁的磁场中受到磁力矩的作用发生转动的原理而制成的。在磁场、线圈面积和匝数一定时，线圈转动角度与其电流大小成正比。其结构如图 3-1 所示，1 为强磁力的永久磁铁；2 是接在永久磁铁两端的圆弧形筒状“极掌”；3 是置于极掌中心的圆柱形铁芯，它与两极掌间形成空气隙，使空气隙内的磁场呈均匀的辐射状分布；4 是处于气隙间的可活动的线圈(亦称动圈)，它是在一个矩形铝框架上用很细的绝缘铜线绕制成的；5 是装在转轴上的指针；6 是产生反作用力矩的两个“游丝”，一端固定在仪表内部支架上，另一

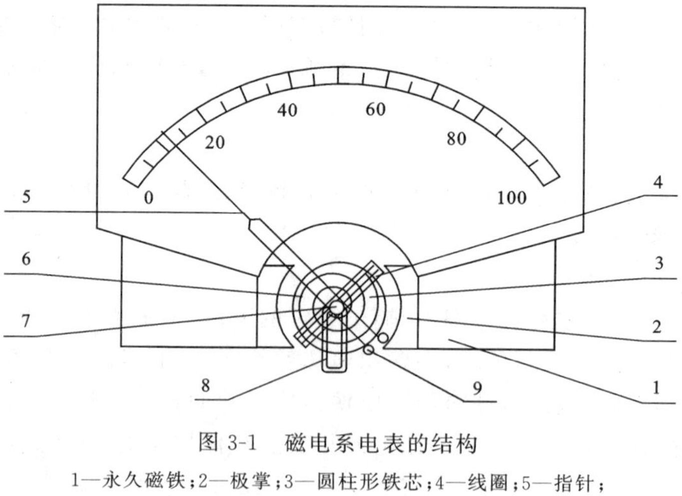

图 3-1 磁电系电表的结构

1—永久磁铁；2—极掌；3—圆柱形铁芯；4—线圈；5—指针；

6—游丝；7—半轴；8—调零螺杆；9—平衡锤

端固定在转轴上，当线圈通电受磁力矩作用转动时，游丝随之发生扭转形变，其弹性恢复力对转轴产生一个反作用力矩，当磁力矩和反作用力矩平衡时，线圈就停止转动，指针就指在一定位置上，两个游丝还兼作线圈的电流引入线；7 是支撑动圈两端的“半轴”，其轴尖支持在宝石轴承里，使动圈可以自由转动；8 是调零螺杆，如果电表在开始使用前，指针不在零位，即可用起子调节调零器螺杆，使指针恢复到零位；9 是对指针起平衡作用的平衡锤。

2. 工作原理

永久磁铁两端的圆弧形筒状“极掌”与圆柱形铁芯间形成空气隙，使空气隙内的磁场呈均匀的辐射状分布，如图 3-2 所示。当线圈中有电流 I 流过时，线圈就会受到磁力矩的作用。设矩形线圈匝数为 N，则线圈在空气隙内的两边各受磁力为

$$F = NIBa \tag{3-1}$$

式中，a 为线圈在空气隙内（即在磁场空间）的两边的边长。

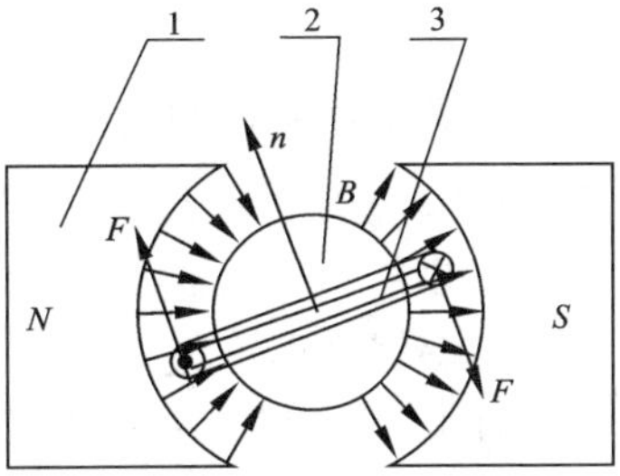

图 3-2　均匀辐射状磁场

1—永久磁铁；2—铁芯；3—线圈

设不在磁场中的另两边的边长为 b，则力 F 的力臂为 $b/2$。于是线圈受的磁力矩为

$$M = 2Fb/2 = NIBab = NIBA \tag{3-2}$$

式中，A 为线圈所围的面积。线圈在磁力矩的作用下要发生转动，使与线圈相连的游丝产生扭转形变，游丝扭转弹性形变产生的扭转力矩为

$$M' = C\theta \tag{3-3}$$

式中，C 为扭转系数；θ 为线圈转过的角度。当线圈受到的扭转力矩与线圈受到的磁力矩平衡时，线圈就静止在一定的位置，与线圈固定在一起的指针就会指出线圈中电流的读数。由式(3-2)与式(3-3)可得

$$I = C\theta/(NBA) = \alpha\theta \tag{3-4}$$

式中，$\alpha = C/(NBA)$，其倒数 $1/\alpha = S = NBA/C$ 为电流灵敏度，表示每单位电流的偏转角度。可见在游丝的弹性限度内，如果轴承的摩擦很小，均匀辐射状的磁场相当规范，安装的同心度又很高，则流过线圈的电流与线圈转过的角度成正比，于是就可以通过线圈转过的角度来测流过线圈的电流了。

表头的动圈导线很细，容许通过的电流很小，故只能检测几十微安电流，一般又叫做微安表。

3. 检流计

用来测量微小电流，或检查电路中有无电流的电流计。它一般直接由表头制成，可测量的电流为几十微安甚至几微安。常用的检流计有指针式检流计、光

斑反射式检流计和数字检流计三类。指针式检流计的零点在刻度盘的中央，没有电流流过时，指针指零，有微弱电流流过时，指针随电流的流向而偏转。指针式检流计上装有常开按键开关，自由状态时，检流计处于断开状态，下按开关时，检流计才接入电路中。因此，用它来检验电路中有无微弱电流十分方便。光斑反射式检流计有墙式和台式两种，它没有指针，靠线圈悬丝上装的反射镜反射的光斑来读数。它的灵敏度很高，一般每格示值为 10^{-9}～10^{-7} A 的数量级。数字检流计也没有指针，是通过数字显示来判断有没有电流流过，数字显示为 0 时，表示数字检流计几乎没有电流流过。

4. 电流表

要测较大电流，则必须在表头上加分流器。由表头并联电阻可组成各种量程的电流表。并联的电阻越小，则电流表的量程越大。用电流表量电流时必须将电流表串接于电路中。

5. 电压表

由表头串联电阻可组成各种量程的电压表。串联的电阻越大，则电压表的量程越大。用电压表量电路两端的电压时必须将电压表并联于电路中。

6. 常用电气仪表符号

根据国家标准规定，电气仪表的主要技术性能都用一定的符号标记在仪表的度盘上。表 3-1 是指示仪表度盘上常见的一些标记符号。

表 3-1　指示仪表度盘上常见的一些标记符号

名称	符号	名称	符号
安培表	A	毫安表	mA
微安表	μA	伏特表	V
毫伏表	mV	千伏表	kV
欧姆表	Ω	兆欧表	MΩ
负端钮(负极)	−	正端钮(正极)	+
公用端钮	*	接地端钮	
与机壳或底板连接端钮	⊥	调零器	
磁电系仪表		电磁系仪表	
电动系仪表	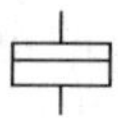	静电系仪表	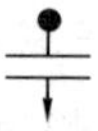

续表 3-1

名称	符号	名称	符号
感应系仪表		直流	—
交流(单相)	～	交流和直流	≃
以标度尺量限百分数表示的准确度等级,例如 1.5 级	1.5	以指示值的百分数表示的准确度等级,例如 1.5 级	(1.5)
标度尺位置为垂直的	⊥↑	标度尺位置为水平的	▭→
绝缘强度试验电压为 2 kV		二级防外磁场及电场	[Ⅱ] [Ⅱ]

3.1.3 万用电表

万用电表是通过适当的电路将一块微安表头与若干电阻、一组(或几组)干电池以及波段开关组合起来的一种多功能电表。万用电表是实验室、科研机构、工矿企业、家电维修及家庭广泛使用的简单电器测试工具,它测量的项目多、量程范围大、用途广泛,并且使用十分方便。

3.1.4 数字电表

随着电子技术和电子工业的发展,数字式显示仪表得到越来越广泛的应用。在这类仪表中,利用电子线路(晶体管、集成电路)与显示器件(液晶显示、数码管显示等),把测量结果直接用几位数字显示出来,读数快速、准确,操作简便。由于数字电表要涉及晶体管、集成电路和显示器件的专门知识,所以这里对数字电表的原理不作介绍。但由数字电表的表头组成电流表、电压表、欧姆表和万用表的原理与前面介绍的电流表、电压表、欧姆表以及万用表的原理大同小异。一般的数字电表都有过量程与过载保护功能,这就为使用数字电表带来了不少的方便。

3.1.5 直流电阻器

在实际电路中经常需要接入各种不同阻值的电阻,以达到改变电路中电压和电流(起分压或变流作用)或作为特定电路的组成部分。电阻分为固定和可变两大类。在选用电阻时除了要注意阻值大小，还应注意其额定功率（在标准大气压和一定环境温度下，电阻器能长期连续负荷而不改变性能时的允许功率，称为额定功率），额定功率一般分为 1/20、1/8、1/4、1/2、1、2、4、5、…、500（单位为 W）等 19 个等级。选用时应留有余量，即一般选取额定功率要比电阻的实际耗散功率大一倍，以确保电路安全。

3.1.6 开关

用于接通、断开电源或变换电路。物理实验室常用的开关有以下几种：

1. 单刀单掷开关

单刀单掷开关是一种最简单的开关，按下时电路接通，拉开时电路切断。单刀单掷开关多用于电源的通断及其他需要通断的单回路。

2. 双刀单掷开关

这种开关实际上是并联的两把刀，双刀单掷开关一般用于需要同时接通或断开两条电路的场合。

3. 单刀双掷开关

单刀双掷开关也称选择开关，当开关打向某一边时，该边的电路接通，另一边电路断开。单刀双掷开关一般用于两条电路的换接。

4. 双刀双掷开关

此开关相当于两个单刀双掷开关的并联。当开关打向某一边时，该边的两条电路接通，另一边两条电路断开。双刀双掷开关一般用于两条电路的换接。

5. 换向开关

换向开关是双刀双掷开关的变形，是将双刀双掷开关的对角线用导线连接。当双刀双掷开关从一边倒向另一边时，回路中的电流反向。故换向开关常用于使负载中的电流换向。

6. 按键开关

按键开关是一种有弹性的开关。当用手按下时电路接通，手松开时，按键开关自动弹回，使电路断开，平常时按键开关处于断开状态，故称常开开关；按键开关也可以制成常闭开关，其功能与常开开关相反。

单刀单掷开关、单刀双掷开关、双刀单掷开关、双刀双掷开关、换向开关及按键开关等的表示符号如图 3-3 所示。

3.1.7 电学实验中的接线规则

(1)分析电路图。实验线路一般分为电源部分、控制部分和测量部分。在线路中找出这三部分并了解其功能。

(a) 单刀单掷开关

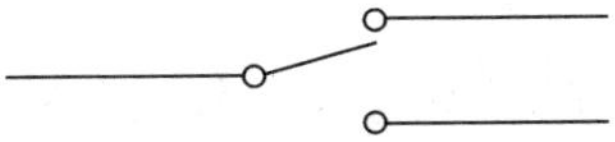

(b) 单刀双掷开关

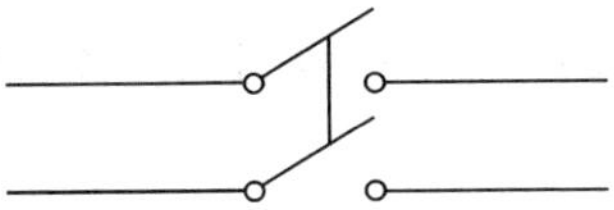

(c) 双刀单掷开关

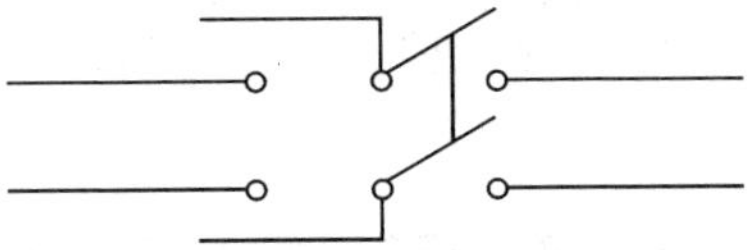

(d) 双刀双掷开关

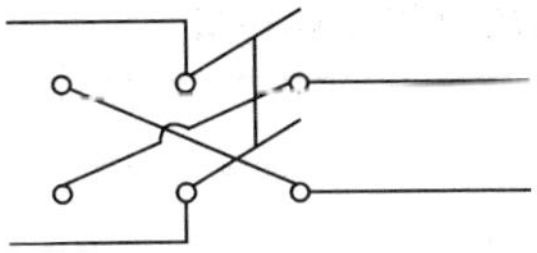

(e) 换向开关

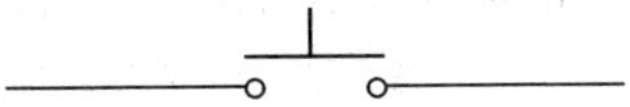

(f)常开按键开关

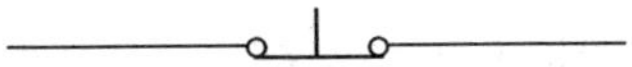

(g) 常闭按键开关

图 3-3 各种开关的表示符号

(2)合理安排仪器。在看懂线路图的基础上，把需要经常操作的仪器放在手边，需要经常读取数据的仪表放在眼前。按实验安全、操作方便、走线合理的原则来布置仪器。

(3)按回路接线法连线和查线。布置好仪器后，将线路图分解为若干回路，从第一回路的高电位点开始连线，沿回路路线，连至电位最低点；然后再接第二回路，这样一个回路一个回路地接线。这种接线法称回路接线法。连线后再按回路检查，保证接线正确无误。还要注意，接线时先不接通电源，并空出电源一端；导线要长短合适，走线美观整齐。

(4)电气元件的初始状态应为安全状态。在接电源前要检查各电器是否处于安全状态：电键处于“断开”位，滑线变阻器滑动端处于使电路电流最小或电压最低位置，电阻值为预估值，电表量程足够大等。

(5)请指导教师审查电路。接好电路后，应仔细对照原图检查一遍，然后请指导教师审查。未经允许，不可接通电源进行实验。

(6)瞬态试验和“宏观”粗测。在确信线路连接无误后，先跃接电源开关，密切观察线路状态有无异常。若出现异常(例如，电源不能启动、发热、空气中有焦煳味、电表指针反转、电表指针超量程等)，应立即断电，一定要检查异常原因，方可再次试接通；若情况正常，则正式合上电源。然后粗调控制电路，从宏观角度全面地观看测量仪器的变化，使心中有数后，再仔细调节至实验的最佳状态，进行数据测量。

(7)实验过程中,若要改变电路必须先切断电源,方可进行。

(8)实验完毕后,应将测试数据送交教师审阅,待其同意后方可拆除线路。

(9)拆线时应先断电源,并拆下电源两端接线柱上的连线后再拆其他导线,以免电源短路;拆完线后,仪器还原至非工作状态(例如,电源输出旋钮打至“最小”,检流计处于“短路”等),并归位放置;最后把导线捆扎好,将实验台整理整齐。

3.1.8 电学实验中的常用符号

电学实验电路中常用的电气元件符号如表 3-2 所示。

表 3-2 电学实验电路中常用的电气元件符号

名称		符号	名称		符号
原(干)电池和蓄电池		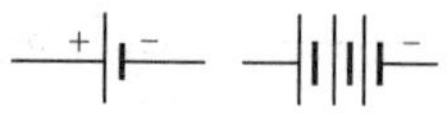	指示灯泡		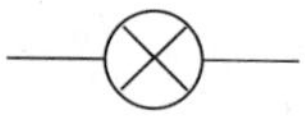
电阻器	电阻的一般符号	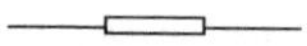	不连接的交叉导线		
	变阻器(可调电阻)		连接的交叉导线		
	可断开电路的	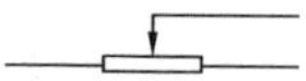	晶体二极管		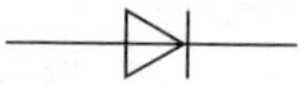
	不断开电路的	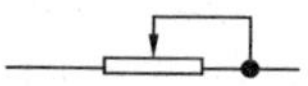	稳压管		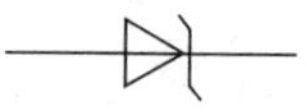
电容器	电容器一般符号		电感线圈	电感线圈	
	可变电容器			有铁芯电感线圈	
	极性电容器			铁氧体芯电感线圈	
有铁芯的单相变压器		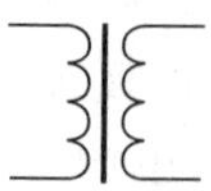	晶体三极管(PNP)		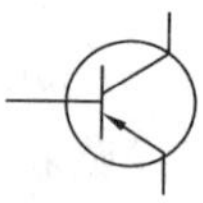

3.2 用惠斯通电桥测电阻

桥式电路是电学实验中常用的线路。由桥式电路制成的电桥,是一种测量电阻的精密仪器。用电桥测量电阻是一种比较测量法,即在电桥平衡时把被测电阻与标准电阻进行比较,得到被测电阻的电阻值。由于标准电阻可以具有很高的准确度,所以电桥具有测量准确,灵敏度高,使用方便的特点。

电桥不仅可以测电阻,还可以测量与电阻有一定函数关系的其他电学量和非电学量,例如电容、电感、温度、压力等。

电桥的种类很多,按供电方式分有直流电桥和交流电桥;按桥臂的种类分有单臂电桥和双臂电桥;按桥臂是否平衡分有平衡电桥与非平衡电桥。我们先讨论单臂电桥,即惠斯通电桥。

惠斯通电桥是一种测中等阻值的电桥,测量的电阻在 $10 \sim 10^6\,\Omega$。

实验目的

(1)掌握平衡电桥的实验原理——零示法或电压比较法;

(2)掌握电桥的使用方法;

(3)掌握电桥测电阻不确定度的计算;

(4)测量三个中等阻值的电阻。

实验原理

图 3-4 所示为惠斯通电桥。它由四个电阻桥臂和由检流计连通的“桥”组成。R_1、R_2 和 R_s 均为精密电阻,R_x 为待测电阻。接通电路后,调节 R_1、R_2 和 R_s,使检流计中的电流 I_G 为零,电桥达到平衡。在电桥平衡时,因检流计中的电流 $I_G=0$,C、D 两点电位相等,有

$$V_{AC} = V_{AD}, \quad V_{CB} = V_{DB}$$

同时有

$$I_{R_1} = I_{R_s} = I_1, \quad I_{R_2} = I_{R_x} = I_2$$

因

$$V_{AC} = R_1 I_1, \quad V_{AD} = R_2 I_2,$$

$$V_{CB} = R_s I_1, \quad V_{DB} = R_x I_2$$

从而有

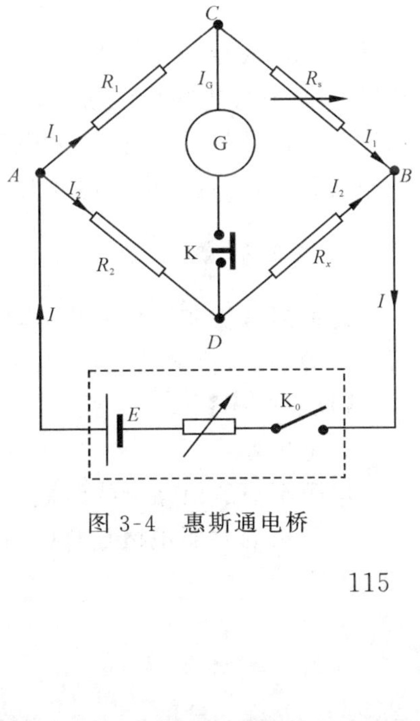

图 3-4　惠斯通电桥

$$R_1I_1 = R_2I_2, \quad R_sI_1 = R_xI_2 \tag{3-5}$$

用式(3-5)中的后式除以前式,得

$$R_s/R_1 = R_x/R_2$$

故

$$R_x = \frac{R_2}{R_1}R_s$$

R_2/R_1 称比率 C,即 $C=R_2/R_1$,R_N 为标准电阻。所以

$$R_x = CR_s$$

由于电桥平衡须用检流计示零表示,故电桥测量方法为零示法。零示法的测量精度较高。电桥测电阻的过程是对 D 点和 C 点的电压进行比较(由电流计示零指示其比较结果),经过调节直到两点电压相等,即电桥达到平衡,电桥一旦平衡便可由三个已知电阻定出一个未知电阻。测量过程是电压比较过程,故电桥测量又是电压比较测量。

在电桥平衡后,将 R_x 稍改变 ΔR_x,电桥将失衡,检流计指针将有 Δn 格的偏转,称

$$S = \frac{\Delta n}{\Delta R_x/R_x}$$

为电桥灵敏度。由式(3-6)可知,如把比率 $C=R_2/R_1$ 看作常量,有

$$\Delta R_x = \frac{R_2}{R_1}\Delta R_s = C\Delta R_s$$

则式(3-8)变为

$$S = \frac{\Delta n}{\Delta R_x/R_x} = \frac{\Delta n}{C\Delta R_s/(CR_s)} = \frac{\Delta n}{\Delta R_s/R_s} \tag{3-9}$$

显然,若 R_s 改变很大范围,尚不足以引起检流计指针的反应,即 ΔR_s 很大,对应 S 就很小,则此电桥的灵敏度很低,它将对测量的精确度产生很大影响。电桥灵敏度与检流计的灵敏度、电源电压及桥臂电阻配置等因素有关,选用较高灵敏度的检流计、适当提高电源电压都可提高电桥灵敏度。

实验仪器

惠斯通电桥实验仪一台,电阻箱一台,电阻盒(有待测电阻若干)一个,稳压可调电源一台,检流计一台,数字万用电表一台,导线若干。

【仪器描述】

1. 电阻箱

电阻箱一般由锰铜线绕制的精密电阻串联而成,通过十进位旋钮使阻值改变。电阻箱的主要规格是总电阻、额定电流(即允许通过的最大电流)和准确度

等级。以 ZX-21 型旋钮式直流电阻箱为例，如图 3-5 所示，总电阻为 9×(0.1+1+10+100+1000+10000)Ω，有 6 个十进旋钮盘，四个接线柱。所需电阻在 0～0.9 范围内，用“0” 与“0.9 Ω”接线柱；所需电阻在 0～9.9 范围内，用“0” 与“9.9Ω”接线柱；所需电阻在 0～99999.9 范围内，用“0” 与“99999.9 Ω”接线柱。这可避免电阻箱的其余部分的接触电阻和导线电阻对低电阻的附加误差。各档阻值的额定电流不同，阻值越大额定电流越小，如表 3-3 所示

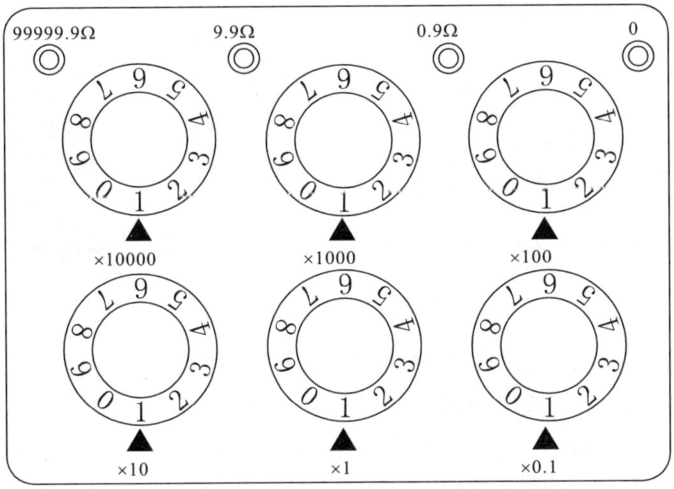

图 3-5　六转盘电阻箱面板图

表 3-3　电阻箱额定电流

旋钮倍率	0.1	1	10	100	1000	10000
额定电流(A)	1	0.5	0.15	0.05	0.015	0.005

2. 直流单臂惠斯通电桥

直流单臂惠斯通电桥如图 3-6 所示(其电路图如图 3-4 所示)，实验中需要用到的模块有直流稳压源、检流计、直流单臂电桥、备用电阻、高精度电阻函待测电阻。在备用电阻中选择不同的定值电阻可以改变电桥的比率

$$C = R_2/R_1 \tag{3-10}$$

所以待测电阻 R_x 与标准电阻 R_s 的关系是

$$R_x = CR_s \tag{3-11}$$

③减小电桥测量误差的方法

(1)换臂法消除系统误差

电阻箱阻值本身存在误差，电阻箱误差比值由于误差传递，有增加的趋势。消除该误差的方法是交换桥臂，即保持 R_1、R_2 不变，交换 R_s 和 R_x。调节 R_s 值

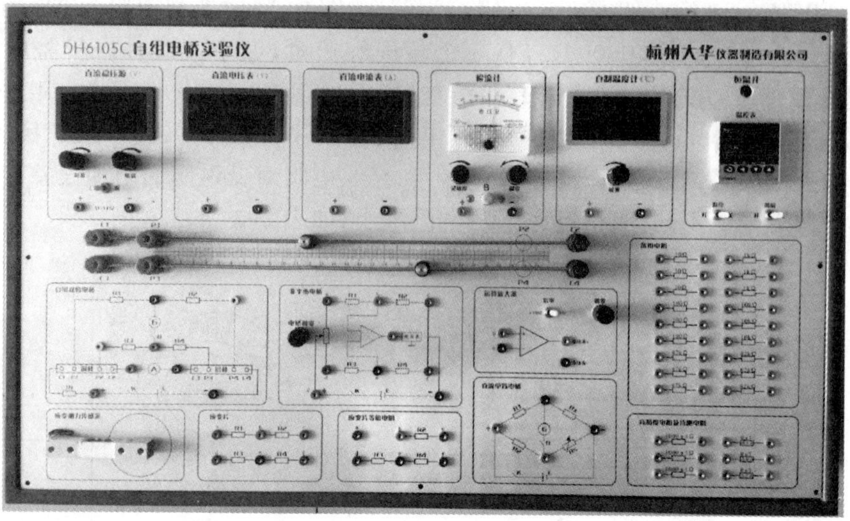

图 3-6　直流单臂惠斯通电桥

实现电桥平衡，分别测出两次的 R_s 电阻值，得到 R_s 和 R_s'。

(2)改变电源方向抵消导电材料发热带来的误差

导电材料在通电后都会发热，在整个回路中各个元件及导线的电阻值不同，就会有温差存在，由于热电效应，会产生"寄生电动势"，也会给测量结果带来误差，但可以通过改变电源方向来抵消。

(3)由电桥灵敏度而引入的误差，可采用下面的方法减小测量误差：

①选择合适的比例臂 R_1/R_2，如果条件许可，R_x 值恰在 R_3 调节范围内，一般采用 $R_1/R_2=1$ 的比例臂，因为这时 $\Delta R_3/R_3$ 最小。

②增大电源电压 E(本实验中是增大 AC 端电压，即减小 R_n 值)，但要注意各元件允许的功率。

③选择灵敏度稍高的检流计，但不要太高，否则操作起来不太方便。

实验步骤

按照面板上"直流单臂电桥"电路连接实验线路，"R_s"是比较臂上的电阻，"R_x"为被测电阻。将被测电阻接在"R_x"接线端钮之间，连接接线端口，接好实验线路。选取比例臂 R_1/R_2 为 1、0.1、0.01 时，分别测量待测电阻"R_{xn}"(n 代表不同的未知电阻)的阻值。

(1)取 $R_1:R_2=1:1$，测量待测电阻 R_{x1}，并用交换法做一次完整的测量。先用万用表等粗略确定 R_{x1} 的值，调节好比较臂 R_s 达到相应数值(电阻箱接入)。

调节电源电压，并将开关K处于断开。将检流计调零，灵敏度调到最低（逆时针到底）。然后合K开关，跃接法试按一下检流计的B开关，在按下B的瞬间观察检流计偏转情况，适当调节R_s使偏转减小，反复跃接B和调节R_s，使检流计指针趋向零位。调节灵敏度调节旋钮，提高电桥灵敏度，进一步调节R_s，直到检流计指针无偏转，记录下R_s值。互易比较臂R_s和测量臂R_x，用同样的方法测出R'_s，就可用公式(3-11)计算出R_x的值。

(2)测量电桥灵敏度（相对灵敏度）：电桥平衡后，已测出R_s的值，再改变R_s，使检流计指针偏转5格（Δn），记下此时ΔR_s。

(3)在不同比例臂下（分别为1、0.1、0.01）分别测量R_{x1}，记录电桥平衡时R_s值。对结果进行总结。

(4)重复以上步骤，测量R_{x2}，R_{x3}的电阻值

原始数据记录表格

1. 用数字万用表测电阻

表3-4　数字万用表型号________

R_{x1}		R_{x2}		R_{x3}	
万用表所用挡	读数	万用表所用挡	读数	万用表所用挡	读数

2. 取电源$E=2.0$ V，在不同比例臂下分别测量R_{x1}，记录电桥平衡时R_s值（几何平均值$R_s=\sqrt{RsR's}$）

表3-5

R_1/R_2	$R_1(\Omega)$	$R_2(\Omega)$	$R_s(\Omega)$	互易后$R'_s(\Omega)$	计算$R_{x1}(\Omega)$
1					
0.1					
0.01					

设比例臂$R_1=100\Omega$，$R_2=1000\Omega$，改变电源电压，测量R_{x1}值，评估测量结果。

表3-6

R_1/R_2	E(V)	R_s平衡值	计算R_{x1}
1∶10	2		
	4		
	6		

3. 测电阻 R_{x2}、R_{x3} 的记录值

表 3-7

R_1/R_2	$R_1(\Omega)$	$R_2(\Omega)$	$Rs(\Omega)$	互易后 $R_s'(\Omega)$	计算 $R_{x2}(\Omega)$
1					
0.1					
0.01					
R_1/R_2	$R_1(\Omega)$	$R_2(\Omega)$	$R_s'(\Omega)$	互易后 $R's(\Omega)$	计算 $R_{x3}(\Omega)$
1					
0.1					
0.01					

数据处理

用自组电桥测电阻时，电阻箱的接线柱用的是 0 与 99999.9 Ω，故$\Delta_B(R_N)=R_N\times0.1\%+7\times0.005\ \Omega$，其中 R_N 为标准电阻箱的读数。因比例臂的电阻 R_1、R_2 每次测量都交换位置，这就消除了因比例臂的比例不严格为 1 而产生的系统误差，故交换比例臂电阻 R_1、R_2 的两次测量可看作为单次测量，其测量值是两次测量的几何平均值 $R_s=\sqrt{R_sR_s'}$。即用自组电桥测电阻 R_{x1} 的测量为 3 次测量。

表 3-8　电阻箱读数 R_s 的平均值及不确定度一览表

直接测量量	$\overline{R_s}$	$S_{\bar{x}}$	t 值（无单位）	$\Delta_A R$	$\Delta_B R$	ΔR
$R_s(\Omega)$						

其中 $\bar{R}=\dfrac{1}{n}\sum_{1}^{n}R_i$；

$$S_{\bar{R}}=\sqrt{\sum_{1}^{n}(R_i-\bar{R})^2/[n(n-1)]}\ ;\Delta_A R=tS_{\bar{R}}\ ;$$

$\Delta R=\sqrt{(\Delta_A R)^2+(\Delta_B R)^2}$。

①用式(3-12)计算 R_{x1} 的平均值

$$\overline{R_{x1}}=\overline{\sqrt{R_sR'_s}}=\overline{R_s} \tag{3-12}$$

②计算 R_{x1} 的不确定度ΔR_{x1}

$$\Delta R_{x1}=\Delta R_s \tag{3-13}$$

③写出 R_{x1} 测量值的结果表达式

$$R_{x1} = \overline{R_{x1}} \pm \Delta R_{x1} \tag{3-14}$$

用式(3-11)计算 R_{x2}、R_{x3} 的值。

预习思考题

1. 惠斯通电桥用的是何电路？采用的是什么方法测电阻？当达到什么情况时，电桥平衡？其标志是什么？

2. 选取比例臂的原则是什么？

3. 电桥的灵敏度是怎样定义的？如何测定？

实验后思考题

1. 当实验中检流计总向一边偏转时，是什么原因？

2. 图 3-7 是某通信设备中的二四线网，实际上就是一个电桥电路，你能否不看说明就能搞懂它的传送过程？如 $R_1 = R_2 = R_3 = 600\ \Omega$，当外线电阻等于什么值时，送话信号完全不会串到受话器中？为什么？

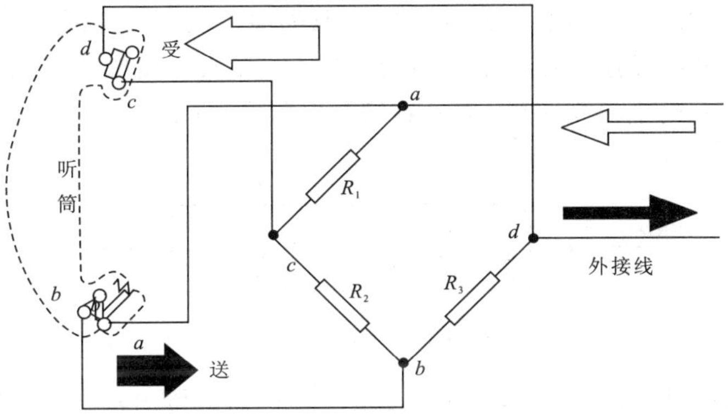

图 3-7　通讯中二四线网示意图

3.3　用双臂电桥测电阻

对于 1 Ω 以下的低值电阻，不能用惠斯通电桥进行准确的测量，主要原因是在电桥的接触处存在着接触电阻，图 3-8 待测电阻大小在 $10^{-2}\,\Omega$ 数量级，当待测电阻小于 $10^{-1}\,\Omega$ 时，显然，用惠斯通电桥进行测量失去了测量意义。对于低值电阻，一般用直流双臂电桥(开尔文电桥)进行测量。对于 $10^6\ \Omega$ 以上的高值电阻，一般用专测高阻抗电阻的设备或兆欧表进行测量。

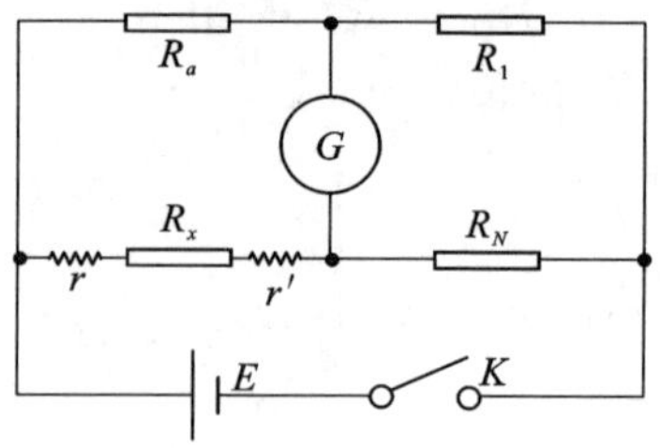

图 3-8　附加电阻的影响

实验目的

(1)掌握直流双臂电桥测低值电阻的原理及方法；

(2)掌握平衡电桥的实验原理——零示法或电压比较法；

(3)测量三种不同金属棒的电阻率；

实验原理

待测低电阻 R_x 和标准低值电阻 R 一般都加工成四端连接方式，如图 3-9 所示。用作电流接头的两端点 C_1、C_2 和用作电压接头的两端点 P_1、P_2 是各自分开的，这样在 I_x 的电流支路中，就没有接触电阻的影响。

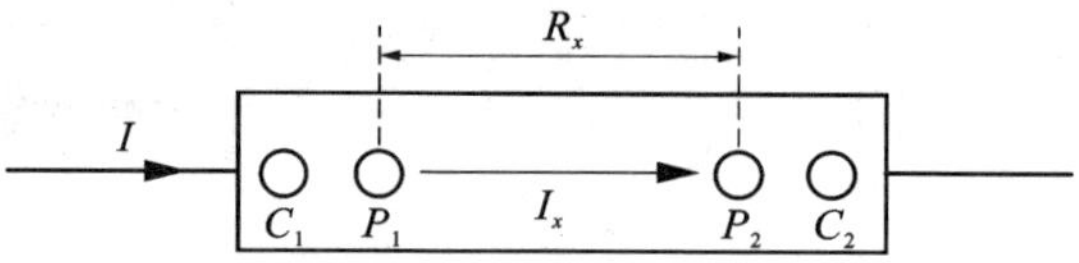

图 3-9　四端法示意图

直流双臂电桥又叫开尔文电桥，它是在惠斯通电桥的基础上加以改进而成，其主要特点是消除接触电阻的影响。图 3-10 是直流双臂电桥的原理图。图中 R_x 是待测低值电阻，r_1、r_2、r_3、r_4 和 r 是接触电阻，其值很小。直流双臂电桥电路具有以下特点：

(1)在检流计的下端增加了由 R_3、r_3、R_4 和 r_4 组成的附加电路。

(2)点 C_1 和 C_2 之间接入待测样品(低值电阻)，连接时用了四个接头，C_1、C_2 叫电流接头，P_1、P_2 叫电压接头。被测电阻 R_x 是点 P_1、P_2 之间的电阻。由于 R_1、R_2 和 R_3、R_4 并列，故称直流双臂电桥。附加电路中 R_3、R_4 远比 R_x 和 R 大，R_1、R_2 也远大于 R_x 和 R。

(3)电流 I 从 P_1 处分成 I_1 和 I_x 两部分，电流 I_x 在 P_1 处没有接触电阻，因为它连续通过同一导体，电流 I_1 则要通过接触点，故在 P_1 处产生接触电阻 r_1，

使桥臂电阻增大为 R_1+r_1，r_1 一般远小于 R_1，而流经桥臂的电流又远小于流经 R_x 和 R 电阻上的电流，因此经过桥路连线上的电压降和流经接触电阻 r_1、r_2、r_3、r_4 上的电压降远远小于电阻 R_1、R_2、R_3 和 R_4 上的电压降，因此由它们引起的误差可忽略不计。

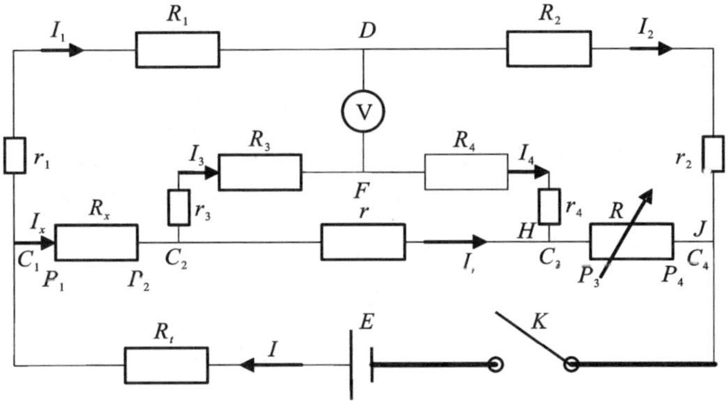

图 3-10　直流双臂电桥

当直流双臂电桥电路中通过电压表的电压为零时，电桥达到平衡，此时有

$$V_{P_1D}=V_{P_1P_2F}$$
$$V_{DJ}=V_{FHJ}$$

即

$$I_1(R_1+r_1)=I_xR_x+I_3(R_3+r_3)$$
$$I_2(R_2+r_2)=I_4(R_4+r_4+R)+I_rR$$
$$I_3(R_3+r_3)+I_4(R_4+r_4)=I_rr$$

由于

$$r_1\ll R_1,r_2\ll R_2,r_3\ll R_3,r_4\ll R_4,I_g=0$$
$$I_1=I_2,I_3=I_4,I_x=I_R,I_r=I_x-I_3$$

可得

$$\left.\begin{aligned}I_xR_x+I_3R_3&=I_1R_1\\I_xR+I_3R_4&=I_1R_2\\I_3(R_3+R_4)&=(I_x-I_3)r\end{aligned}\right\}\tag{3-15}$$

解以上联立方程可得

$$R_x=\frac{R_1}{R_2}R+\frac{R_4r}{R_3+R_4+Rr}\left(\frac{R_1}{R_2}-\frac{R_3}{R_4}\right)\tag{3-16}$$

式中，第一项与惠斯通电桥相同，第二项为修正项。为了测量方便，一般选取测量参量时，若能做到

$$\frac{R_1}{R_2}-\frac{R_3}{R_4}=0 \tag{3-17}$$

则式(3-16)可简化为

$$R_x=\frac{R_1}{R_2}R \tag{3-18}$$

若式(3-17)能被满足，则直流双臂电桥的测量方法就等同于直流单臂电桥，要达到这点，在实验中，R_1、R_2、R_3 和 R_4 几个变阻器一般使用联动开关来调节。除此之外还应尽量采用粗导线以减小导线电阻和接触电阻，使修正项尽量地小，以致式(3-17)未被严格满足时也可忽略修正项对测量结果的影响。

用电桥可以得到待测电阻 R_x 的值，但要知道测量结果的可靠程度(即不确定度)，必须了解电桥的基本误差和灵敏度。

箱式双臂电桥基本误差的计算可仿箱式单臂电桥给出

$$\Delta R_{基}=a\%\left(CR'_x+\frac{CR_0}{10}\right) \tag{3-19}$$

式中，a 为电桥的准确度等级；R'_x为标度盘示值；R_0 为基准值，规定为标度盘最大示值的 10 的整数幂；C 为比率值。以 QJ26 型双电桥为例，$a=0.2$，比较臂电阻 R_N 的最大值为 0.11 Ω，若选取量程因子(即比例系数)$C=M=10$，则标度盘最大值为 0.11 Ω，其最大的 10 的整数幂为 $10^{-1}=0.1$，即 $R_0=0.1$，若测量时读数为 $R_x=0.03156$(即待测电阻值为 $R_x=0.3156$ Ω)，则

$$\Delta R_{基}=0.2\%(10\times0.03156+10\times0.1\div10)=8.312\times10^{-4}\,\Omega$$

当选用的配套仪器(主要是检流计)灵敏度足够高时，基本误差可作为双电桥的误差限，否则还应考虑仪器的灵敏度误差。

实验仪器

双臂电桥实验仪一台，运算放大电路、紫铜棒、待测棒、直尺，稳压可调电源一台，检流计一台，电流表，导线若干。

实验步骤

(1)按照图 3-10 电路连接好接线端钮，注意尽量减小导线电阻和接触电阻。由于通过桥臂回路中的电流较小，应先将 D、F 两端的信号通过运算放大器模块放大 100 倍再接入直流电压表。

(2)选取紫铜棒和黄铜棒开展实验。将两个活动夹头固定在最左端，调节“运算放大器-调零”旋钮使电压表输出为零，调节紫铜棒的活动夹头的位置分别为 12 cm、16 cm、20 cm、24 cm、28 cm、32 cm，然后改变黄铜棒上活动夹头的位

置，使电压表读数为零，以保证 $R_{黄铜}=R_{紫铜}$。在表格记录相对位置，已知紫铜棒电阻率为 $1.8\times10^{-8}\ \Omega\cdot m$。

(3)将黄铜棒更换为铝棒和磷铜棒，重复上述过程，再次测量数据。

(4)将电源反向连接，重复步骤(2)、(3)。

原始数据表格

(1)正向电压下不同长度紫铜棒下记录电压为零时的黄铜棒和铝棒长度

表 3-9

紫铜棒长度(cm)	12	16	20	24	28	32
黄铜棒长度(cm)						
铝棒长度(cm)						
磷铜棒长度(cm)						

(2)反向电压下不同长度紫铜棒下记录电压为零时的黄铜棒和铝棒长度

表 3-10

紫铜棒长度(cm)	12	16	20	24	28	32
黄铜棒长度(cm)						
铝棒长度(cm)						
磷铜棒长度(cm)						

数据处理

(1)正反向电压下黄铜棒和铝棒长度的平均值

表 3-11

紫铜棒长度(cm)	12	16	20	24	28	32
黄铜棒长度(cm)						
铝棒长度(cm)						
磷铜棒长度(cm)						

(2)以紫铜棒长度为横轴，黄铜棒(磷铜棒和铝棒)长度为纵轴，作紫铜棒长度和黄铜棒(磷铜棒和铝棒)长度的关系图。并计算其 R 值确定是否满足线性关系。

(3)根据表中测量数据，绘制黄铜-紫铜、铝-紫铜、磷铜-紫铜在电阻相等时的长度关系，并作线性拟合，分别得到两条直线斜率 K_1，K_2，K_3。

(4)计算黄铜棒、铝棒、磷铜棒电阻率。

预习思考题

(1)你还能提出测低值电阻的其他方案吗?

(2)如何用其他方法测电阻率?

实验后思考题

在测量中,如果被测低电阻的电压头接线电阻较大,对测量准确度有无影响?

3.4 示波器的使用

示波器是一种主要用于测量电信号电压与时间关系的电子仪器。配合各种传感器,把非电量转换成电量,它也可以用来测量诸如压力、振动、声、光、热等非电信号。示波器不仅能像电流表、电压表那样测量信号的大小,而且可以测量信号的周期、频率、相位等多种参数。由于电子射线的惯性小,示波器可以用来观察快速变化信号的瞬时过程。因此,示波器是科学实验和工程技术中应用十分广泛的一种信号测试仪器。

示波器具有多种类型,随着科学技术的发展,示波器的功能还在不断增加,各种新产品相继问世,但它们的基本原理大致相同。本实验以 GOS-620 型双踪示波器为例,通过了解它的基本原理与操作使用,为今后使用别的更复杂的示波器打下基础。

实验目的

(1)学习示波器的大致结构与工作原理;

(2)学习 GOS-620 型双踪示波器的操作使用方法;

(3)学习 SFG-1013 函数信号发生器的操作使用方法;

(4)用示波器中方波信号校准示波器偏转因数与时基因数;

(5)测量 ZWT-Ⅱ整流滤波稳压波形仪的输出电压;

(6)观察电网交流电波形,用李萨茹图形测量其频率。

实验原理

1. 示波器的工作原理

示波器是一种用途广泛的电子测量仪器,用它能直接观察电信号的波形,也能测定电压信号的幅度、周期和频率等参数。用双踪示波器还可以测量两个信号之间的时间差或相位差。凡是能转化为电压信号的电学量和非电学量都可以用示波器来观测。

示波器的具体电路比较复杂，超出了本课程的范围，因此这里只以 GOS-620 型双踪示波器为例介绍示波器的基本结构与工作原理。

示波器主要由示波管、电压放大系统、扫描与触发系统以及电源等部分构成。GOS-620 型双踪示波器的电路组成及其结构方框图如图 3-11 所示。

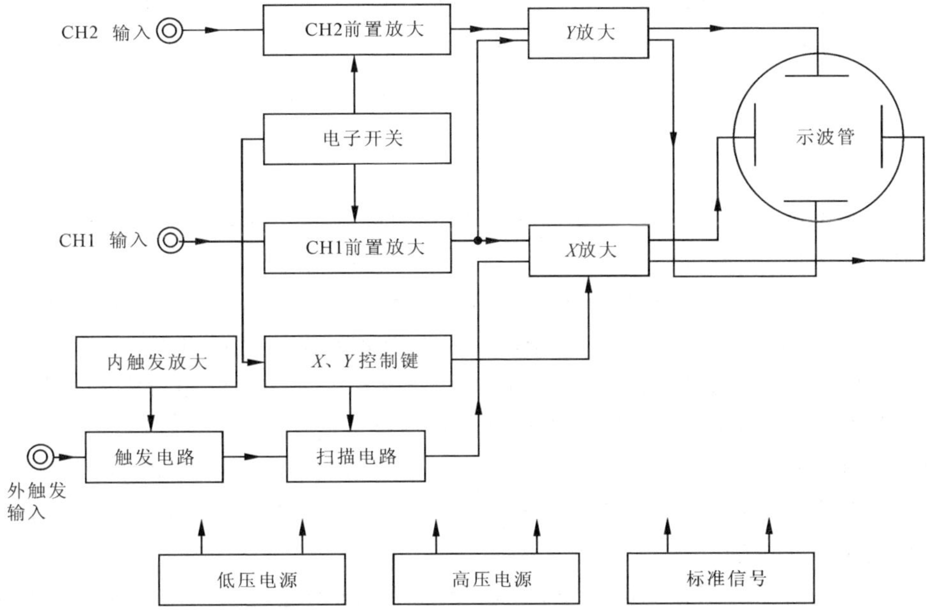

图 3-11　GOS-620 型双踪示波器结构框图

2. 示波管

示波管是用于显示被测信号波形的器件，其结构如图 3-12 所示，大致可分成三部分，前端为荧光屏，中间为偏转板，后端为电子枪。

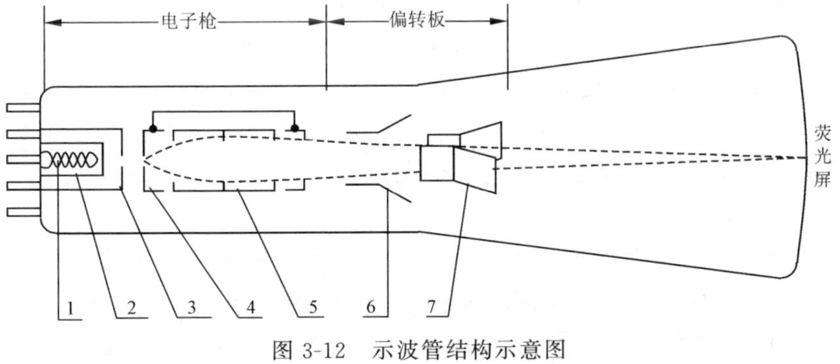

图 3-12　示波管结构示意图

1—灯丝；2—阴极；3—栅极；4—阳极；5—聚焦极；6—y 偏转板；7—x 偏转板

(1)荧光屏

示波管前端的玻璃屏上涂有一层荧光粉，当电子束打到荧光屏上时可使荧光粉发光，从而显示电子束的运动轨迹，即被测信号的波形。当电子束停止轰击荧光屏时，荧光作用要经过一段时间之后才能停止，这段时间称为“余辉时间”。如果电子束长时间轰击荧光屏上固定一点，则这一点会被烧坏，形成暗斑。所以使用示波器时要避免电子束长时间轰击荧光屏上固定一点。荧光屏前有一块透明的、带刻度的坐标板，供测定光点的位置用，在性能较好的示波器中，将刻度直接刻在荧光屏玻璃的内表面上，使与荧光粉紧贴在一起以消除视差，光点的位置可测得更准。

(2) 电子枪

电子枪由灯丝 1、阴极 2、栅极 3、阳极 4 和聚焦极 5 等部分组成。它的作用是发射电子束，并通过一定的电场分布控制到达荧光屏上的电子数量以及电子束的形状和尺寸大小。灯丝 1 通电后加热阴极 2，阴极是一个表面涂有氧化物的金属圆筒，被加热后发射电子，栅极 3 是一个顶端有小孔的圆筒，套在阴极的外面。电子通过有栅极的小孔后形成一电子束。栅极的电位相对阴极为负，因此调节栅极相对阴极的电位，可以控制通过栅极的电子数目，从而控制到达荧光屏上的电子数目。打到荧光屏上的电子数目越多，则荧光屏上发出的光越强。因而改变栅极电位，可以调节荧光屏上光点的亮度，示波器面板上辉度调节旋钮就是起这一作用的。

阳极相对栅极有很高的电位，对通过栅极的电子起加速作用。这些被加速的电子在向荧光屏运动的过程中将向四周发散，因而在荧光屏上观察到的不是一个很小的光点，而是模糊的一片。如果在电子运动的途径上建立一如图 3-13 所示的静电场(图中带箭头的细实线为电力线，虚线为等位线，S_z 线为电子运动轨迹)，利用电场对电子的作用，可以使发散的电子束通过这一电场后重新会聚成一细小的电子束。这一电场对电子的作用就像会聚透镜对光的作用一样，所以称为“静电透镜”。电子枪中静电透镜的电场分布实际上是由阴极、栅极、阳极、聚焦极的几何形状和相对位置及电位决定的，各电极的几何形状与相对位置已事先仔细设计确定，实际使用时则通过调节聚焦极上的电位来改变电场分布。示波器面板上的聚焦旋钮就是起这一作用的。

(3)偏转板

示波管内有两组平行板，一组竖直放置(如图 3-12 中的 6)，板面水平；一组水平放置(如图 3-12 中的 7)，板面垂直。通常在竖直放置的平行板上加上被测信号电压，则电子通过这一平行板间的电场时，受电场作用运动方向发生改变，如图 3-14 所示。

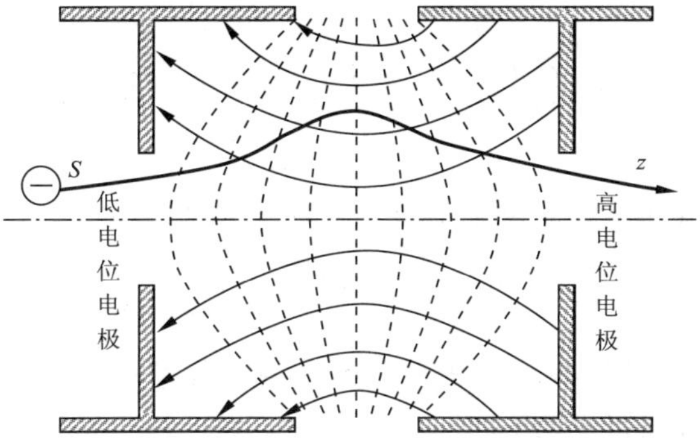

图 3-13　聚焦电极内电场分布示意图

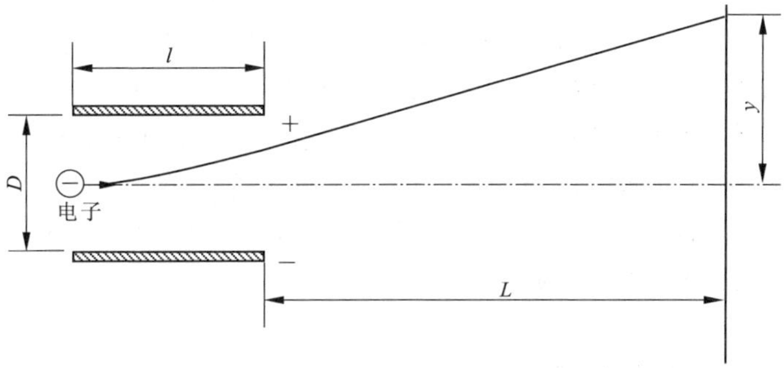

图 3-14　电子通过偏转板时的运动轨迹示意图

当电子(其电量为$-e$,质量为m)通过这一平行板间的电场时,受向上的电场力

$$F = eE = eU/D$$

式中,U为加在平行板上的信号电压;D为平行板间的距离。

依牛顿第二定律,电子得到的横向加速度为

$$a_y = F/m = eU/(Dm)$$

电子通过平行板间电场后的垂直方向的速度为

$$v_y = at_1 = \frac{eU}{Dm} \cdot \frac{l}{v_z} = \frac{eUl}{Dmv_z} \tag{3-20}$$

式中,l为平行板的长度;t_1为电子通过平行板间电场空间的时间;v_z为电子进入平行板间电场空间时的纵向速度,它与阳极4的加速电压U_a的关系为

$$\frac{1}{2}mv_z^2 = eU_a$$

$$v_z = \sqrt{\frac{2eU_a}{m}}$$

所以式(3-20)变为

$$v_y = \frac{eUl}{Dmv_z} = \frac{eUl}{Dm\sqrt{\frac{2eU_a}{m}}} = \frac{Ul}{D}\sqrt{\frac{e}{2mU_a}} \tag{3-21}$$

设电子穿出平行板间电场空间后到达荧光屏的时间为 t_2，它应是

$$t_2 = \frac{L}{v_z} = L\Big/\sqrt{\frac{2eU_a}{m}} = L\sqrt{\frac{m}{2eU_a}}$$

于是，如把电子穿过平行板间电场垂直方向的位移忽略时，当电子束到达荧光屏时，在垂直方向上偏转的距离为

$$y = v_y t_2 = \frac{Ul}{D}\sqrt{\frac{e}{2mU_a}}L\sqrt{\frac{m}{2eU_a}} = \frac{lL}{2DU_a}U = kU \tag{3-22}$$

因为 l、D、L、U_a 为定值，所以电子束在荧光屏垂直方向上的位置随所加信号电压成线性变化。经过定标(即用一已知电压的信号加在垂直平行板上，测量相应在垂直方向的偏移 y)即可通过测量电子束在垂直方向的偏移距离 y 确定信号电压 U。显然 y 方向的偏转与偏转因子 k 成正比，k 的单位为 div/V(每伏偏转的分度数)。示波器衰减器给出的调节挡次是 V/div，即每分度对应的伏特数，即是 k 的倒数 $S=1/k$。所以有

$$y = U/S \tag{3-23}$$

如果让 x 偏转板加扫描电压，则荧光屏出现一条水平亮线，在 y 偏转板加待测电压，亮线在荧光屏上偏转的高度为 $y=U/S$，通过定标有 $y_0=U_0/S_0$，则

$$U = [(S/S_0)(y/y_0)]U_0 \tag{3-24}$$

在水平放置的偏转板上加上电压，则可使通过水平偏转板间电场电子束的运动沿水平方向发生偏转。

3. 电子放大系统

由式(3-22)可知，要使光点在荧光屏上移动一定的距离，必须在偏转板上加足够的电压。一般示波管偏转板的灵敏度不高，偏转 1 cm 得有几十伏的电压。被测信号的电压一般较低，只有几伏、几毫伏，甚至更低。因此为了使电子束能在荧光屏上获得明显的偏移，必须对被测信号进行电压放大，垂直(y 轴)和水平(x 轴)放大器就起这一作用。

4. 扫描与触发系统

把一个随时间变化的电压信号加在示波器垂直偏转板上，只能从荧光屏上观察到光点在垂直方向上的运动。如果信号变化较快，看到的只是一条垂直亮线，而看不到电压随时间变化的波形。如果在水平偏转板上加上一个电压与时间成正比的信号，使电子束在垂直方向运动的同时沿水平方向匀速移动，把垂直

方向的运动在水平方向“展开”，就可在荧光屏上显示出电压随时间变化的波形。实际上加在水平偏转板上的信号是如图 3-15 所示的“锯齿波”，它的特点是在一周期内电压与时间成正比，到达最大值后又瞬间回到零。由于水平偏转板上锯齿波的作用，电子束在水平方向的运动是周期性地来回扫动，但回扫时间极短，所以把它称为“扫描”。当扫描信号（锯齿波）的周期与垂直方向信号的周期相同时，可以在荧光屏上显示出如图 3-16 所示的一个周期的波形。由于扫描波信号是周期性的，电子束沿水平方向来回扫描，使得加在垂直偏转板上的信号波形重复出现，由于扫描周期与垂直方向信号周期相同，每次扫描出现的波形完全重合，因而在荧光屏上观察到的波形是稳定的。如果扫描信号的周期是垂直方向信号周期的 2 倍或 3 倍，则荧光屏上显示 2 个或 3 个周期的垂直方向信号的波形。设荧光屏上显示波形的周期数为 N，则

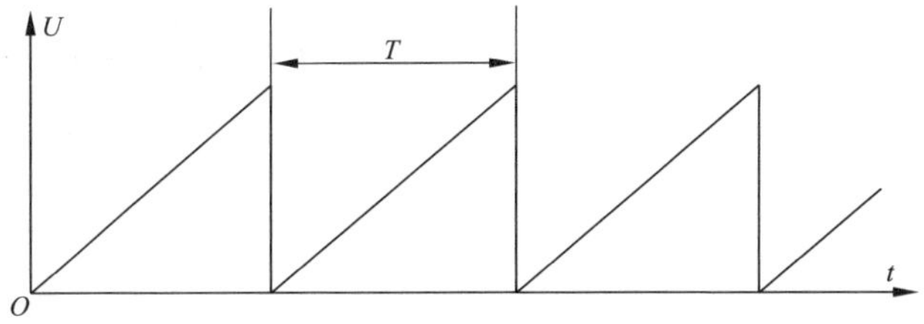

图 3-15　扫描信号波形图

$$N = \frac{T_x}{T_y} = \frac{1}{\nu_x}\bigg/\frac{1}{\nu_y} = \frac{\nu_y}{\nu_x} \quad (N = 1,2,\cdots) \tag{3-25}$$

式中，T_x、ν_x为扫描信号的周期与频率；T_y、ν_y为垂直方向信号的周期与频率。

如果扫描（x 方向）信号周期不是垂直方向（y 方向）信号周期的整数倍，则每次扫描所得波形将不会完全重合，因而从荧光屏上看到的是不稳定的波形，这情形可用图 3-17 说明。若锯齿波电压的周期 T_x 比正弦波电压周期 T_y 稍短，例如，$T_x/T_y=7/8$。在第一扫描周期内，屏上显示正弦信号的第一曲线段 1，起点在 O 处；在第二扫描周期内，屏上显示正弦信号的第二曲线段 2，起点在 A 处，起点与第一曲线段的起点 O 不重合；在第三扫描周期内，屏上显示正弦信号的第三曲线段 3，起点在 B 处，起点与第二、第三曲线段的起点 O、A 都不重合；这样，屏上显示的波形每次都不重叠，好像波形在向右移动。反之，如果 T_x 比 T_y 稍大，则好像在向左移动。以上描述的情况在示波器使用过程中经常会出现，其原因是扫描电压的周期与被测信号的周期不相等或不成整数倍，以致每次扫描开始时波形曲线的起点均不一样所造成的。为了观察到稳定的波形，示波器的扫描信号（锯齿波）的频率是可调的，示波器面板上的扫描速率转换开关与扫描微调旋钮就是用来调节扫描信号频率的。

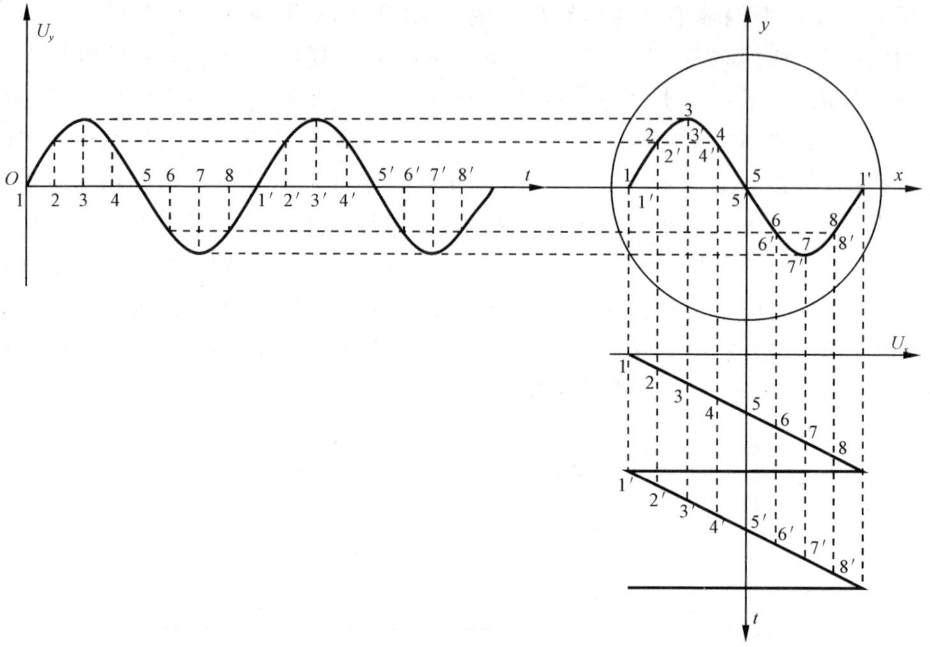

图 3-16　扫描原理图

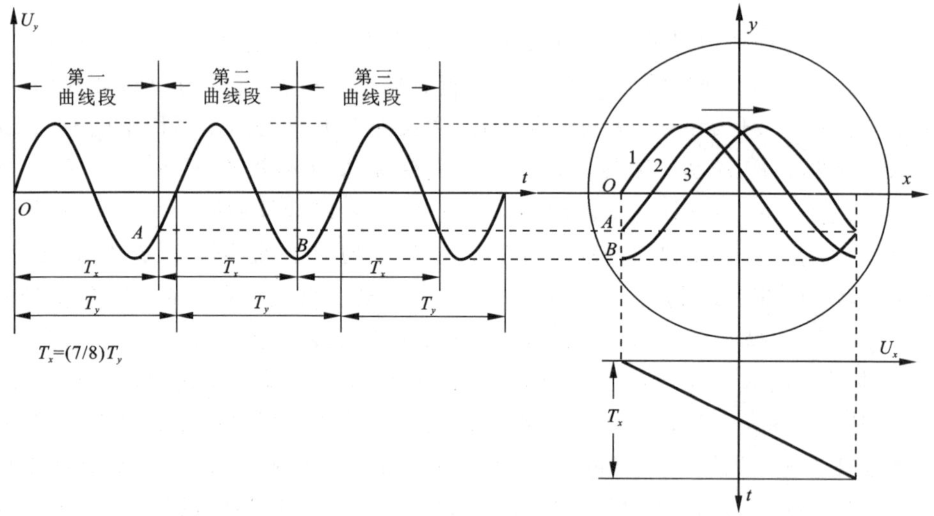

图 3-17　$T_x=(7/8)T_y$ 时显示的波形

双踪扫描是利用一个电子开关来实现的。电子开关实际上是一个自动的快速单刀双掷开关，它把输入到两个 y 轴输入端（CH1 通道与 CH2 通道）的两个信号轮换着送入 y 轴放大器，在荧光屏上的两个不同位置轮流显示这两个信号。轮换速度足够快时，由于人眼的视觉暂留作用，就可以在荧光屏上同时观察到两个信号波形。

双踪显示有“交替”与“断续”两种工作方式。“交替”方式第一次扫描接通第一个信号，第二次扫描接通第二个信号，如此重复下去，交替地在荧光屏上显示两个信号波形。如果扫描频率超过每秒 25 次，那么尽管两个信号波形是交替显示的，但由于人眼的视觉滞留效应，图像不会闪烁。为了使每个信号至少有一个周期的波形被显示，输入信号的重复频率不能低于扫描频率，因此交替方式不适用于显示重复频率很低的信号，这时荧光屏上显示出的图像实际上是由断续的虚线画出的，但当这些虚线的线段足够密时，图像就好像是连续的。这就要求信号转换的速率足够高，而输入信号的重复频率远低于信号的转换速率。示波器的信号转换速率是有限的，一般在 100 kHz～1 MHz 范围内，因此“断续”方式适用于被测信号重复频率较低的情况。

GOS-620 型双踪示波器采用的是触发扫描电路，扫描系统只有在触发信号的激励下才工作。完成一次扫描之后，要等到第二个触发信号来到，再触发扫描电路进行第二次扫描。扫描信号与被测信号是由两个互相独立的信号源产生的，它们当中任何一个信号的周期稍有变化时，就不可能满足式(3-25)，使得波形不稳定。为了使波形稳定，触发信号随被测信号变化，始终保持与被测信号同步，满足式(3-25)。当触发方式选择在自动扫描方式时扫描电路自动进行扫描；在没有信号输入或输入信号没有被触发同步时，屏幕上仍然可显示扫描基线，即出现一水平线。这样便于观测和校准时间基线在荧光屏上的位置。当触发信号到来时，扫描信号发生器又按触发扫描的方式工作。

高、低压电源的作用是供给示波器各部分所需不同的工作电压，标准信号系统输出一频率为 1 kHz、峰值电压为 2 V 的标准方波信号，供时基因数及 y 轴偏转因数校准用。

5. 两垂直振动的合成——李萨茹图形

把两个正弦信号分别加到垂直偏转板与水平偏转板上，则荧光屏上光点的运动轨迹是两个相互垂直简谐振动的合成。设这两个正弦（习惯写成余弦形式）信号为

$$\left.\begin{aligned} x &= A_1\cos(2\pi\nu_1 + \varphi_1) \\ y &= A_2\cos(2\pi\nu_2 + \varphi_2) \end{aligned}\right\}$$

式中，ν_i、φ_i（$i=1,2$）分别为振动的频率与初相。当 $\nu_1=\nu_2$ 时，有轨迹方程

$$\frac{x^2}{A_1^2}+\frac{y^2}{A_2^2}-\frac{2xy}{A_1A_2}\cos(\varphi_2-\varphi_1)=\sin^2(\varphi_2-\varphi_1) \tag{3-26}$$

一般情况下，两同频率相互垂直振动的合成的轨迹是一个椭圆。当 $\varphi_1=\varphi_2$ 或 $\varphi_1-\varphi_2=\pi$ 时，合成轨迹椭圆蜕化为一直线；当 $\varphi_1-\varphi_2=\pi/2$ 或 $3\pi/2$ 时，合成轨迹变为一正椭圆，其椭圆方程为

$$\frac{x^2}{A_1^2}+\frac{y^2}{A_2^2}=1$$

当 $\nu_1\neq\nu_2$ 时，情况一般比较复杂，但当 ν_1 与 ν_2 的比值为简单整数比时，其轨迹是一条稳定的闭合曲线。例如，垂直方向信号的频率 ν_y 是水平方向信号频率 ν_x 的两倍时，合成结果得到如图3-18所示的闭合曲线。表 3-12 是一组频率比为整数比时两信号合成的封闭曲线，这种曲线称为李萨茹图形。如果两个信号的频率比不是整数比，则图形不稳定。当接近整数比时，可以观察到图形缓慢变化。李萨茹图形的形状还与两信号的幅值以及相位有关。

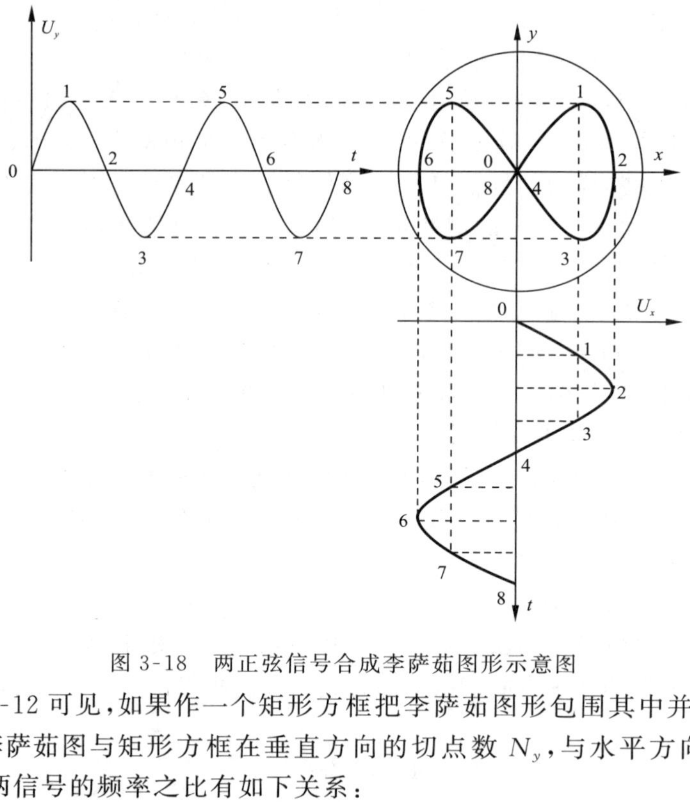

图 3-18　两正弦信号合成李萨茹图形示意图

由表 3-12 可见，如果作一个矩形方框把李萨茹图形包围其中并与之相切，则有闭合李萨茹图与矩形方框在垂直方向的切点数 N_y，与水平方向的切点数 N_x 之比与两信号的频率之比有如下关系：

$$\frac{\nu_y}{\nu_x}=\frac{N_x}{N_y} \tag{3-27}$$

表 3-12　ν_y/ν_x 为 1/1、1/2、1/3、2/3、3/2 时的李萨茹图形

李萨茹图形	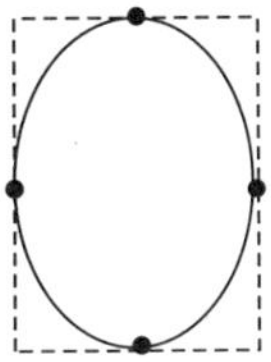	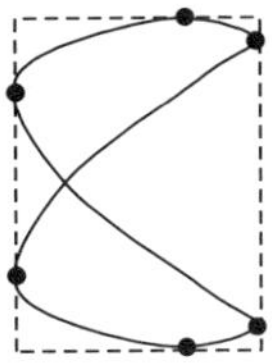	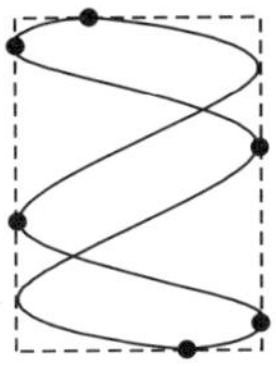	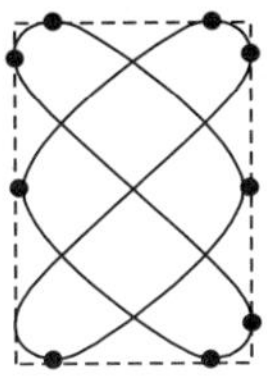	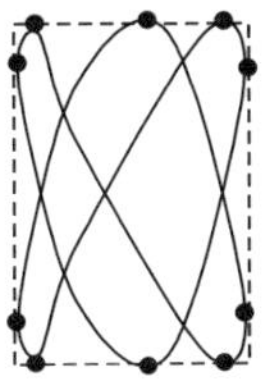
N_x	1	1	1	2	3
N_y	1	2	3	3	2

利用这一关系可以测量正弦信号频率。如果其中一个信号的频率已知且连续可调，则把两个正弦信号分别输入示波器的 y 轴与 x 轴，调出稳定的李萨茹图，从李萨茹图上数出切点数 N_y 与 N_x，记下已知信号的频率，即可由式(3-27)算出待测正弦信号的频率。

6. 同方向简谐振动的合成——拍

把两个正弦信号同时加到垂直偏转板上，而水平偏转板上加扫描信号，则荧光屏上光点的运动轨迹将是两同方向振动合成的位移与时间关系曲线。设这两正弦信号为

$$\left.\begin{aligned} y_1 &= A_1\cos(2\pi\nu_1 t+\varphi_1) \\ y_2 &= A_2\cos(2\pi\nu_2 t+\varphi_2) \end{aligned}\right\}$$

如果 $\nu_1=\nu_2=\nu$，则合振动仍是一个谐振动，振动方程为

$$y = y_1 + y_2 = A\cos(2\pi\nu+\varphi)$$

其振幅为

$$A = \sqrt{A_1^2 + A_2^2 + 2A_1A_2\cos(\varphi_2-\varphi_1)}$$

如果 $\nu_1\neq\nu_2$，$A_2>A_1$，并取一起始时刻，使得 $\varphi_1=\varphi_2=0$，则有

$$y = y_1 + y_2 = A_1\cos(2\pi\nu_1 t) + A_2\cos(2\pi\nu_2 t)$$

可变形为

$$y = A_1\cos(2\pi\nu_1 t) + A_1\cos(2\pi\nu_2 t) + (A_2 - A_1)\cos(2\pi\nu_2 t) \tag{3-28}$$

于是得

$$y = 2A_1\cos[\pi(\nu_2-\nu_1)t]\cos[\pi(\nu_2+\nu_1)t] + (A_2-A_1)\cos(2\pi\nu_2 t)$$

这一合振动在荧光屏上表现为比较复杂的曲线。当满足条件 $|\nu_2-\nu_1|\ll\nu_1$，即两正弦信号的频率相差不大，且 $A_1=A_2=A$ 时，振动方程变为

$$y = 2A\cos[\pi(\nu_2-\nu_1)t]\cos[\pi(\nu_2+\nu_1)t]$$

这说明物体作振幅为 $2A\cos[\pi(\nu_2-\nu_1)t]$ 的振动，不过振幅随时间缓慢变化，这种现象称为“拍”。由式(3-28)可得拍频即振幅变化的频率 ν_3 为

$$\nu_3 = |\Delta\nu| = |\nu_2 - \nu_1| \tag{3-29}$$

图 3-19 描绘出两频率相差不大的同方向简谐振动合成为"拍"的情形。利用式(3-29)也可以测量正弦信号的频率。如果其中一个信号频率(如 ν_1)已知且连续可调,则把它们分别输入 y_1、y_2 轴,再通过示波器上合成旋钮使其合成,调成稳定的"拍"波形,算出频率差 $\Delta\nu_1$,再慢慢改变已知频率,再调出一个稳定的"拍"波形,再算出一个频率差 $\Delta\nu_2$。如果 ν_1 减小,$\Delta\nu_2$ 比 $\Delta\nu_1$ 小,说明 ν_2 小于 ν_1;如果 ν_1 减小,而 $\Delta\nu_2$ 反而变大,说明 ν_2 大于 ν_1。这样,如果测得了"拍频"$\nu_3=|\Delta\nu|$,也知道 ν_2 比已知频率 ν_1 大还是小就可以测得 ν_2 的值。

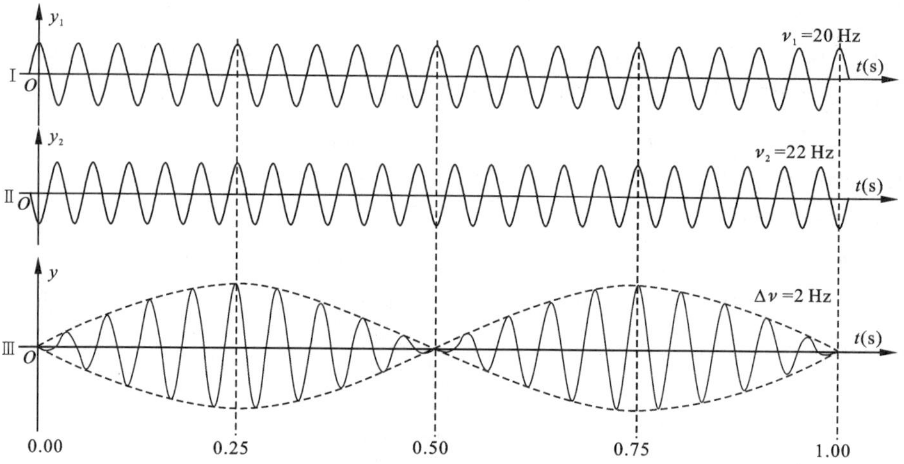

图 3-19 "拍"的形成

7. 示波器测量二极管的伏安特性

用示波器测量二极管的伏安特性,基本思想和用伏特表与安培表逐点测量的方法相同,但在具体线路上有所变动。这是因为示波器只能测电压,要测量电流只能用间接方法,即测定采样电阻 R_1 上的电压 V_{R_1}。由于 R_1 为定值,根据欧姆定律可间接测得电流 $I=V_{R_1}/R_1$。具体电路如图 3-20 所示,图中 D 为待测二极管,R_1 为采样电阻。当 A 点电位高于 B 点电位时,二极管中有正向电流 I 流过,在二极管 D 两端建立电压 V_D。测量时,AO 点接示波器"x 轴输入"测电压,BO 点接"y 轴输入"测电流,如图 3-21 所示。示波器荧光屏上光点位置由 x 轴的 V_0 与 y 轴的 V_{R_1}(即 $V_R I$)决定。如果 AO 间电压(即二极管 D 两端电压 V_D)逐渐增大,开始电压很小,二极管没有导通,R_1 中没有电流流过,其两端没有电压,即示波

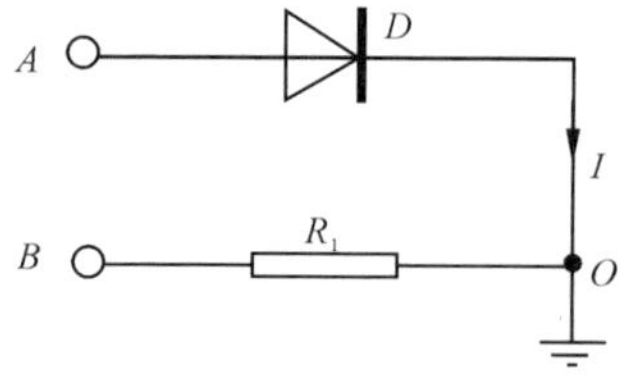

图 3-20 取得二极管测试电压和电流示意图

器竖直偏转板上没有电压。则示波器屏上没有正向电压显示。当 AO 间电压超过一定数值后，二极管开始导通。二极管开始导通时 AO 间的电压(即二极管 D 两端电压)V_D(称为阈值电压 $V_{阈}$，也叫死区电压或导通电压)，与二极管的材料有关。二极管导通后，正向电流开始急剧增大，有 R_1 两端电压，即示波器纵向电压急剧增大，当 AO 间的电压增加到足够大，V_D 超过 $V_{阈}$ 后便扫出正向特性曲线。若 AO 间加负向电压，并逐渐增大，就可得到反相特性曲线。

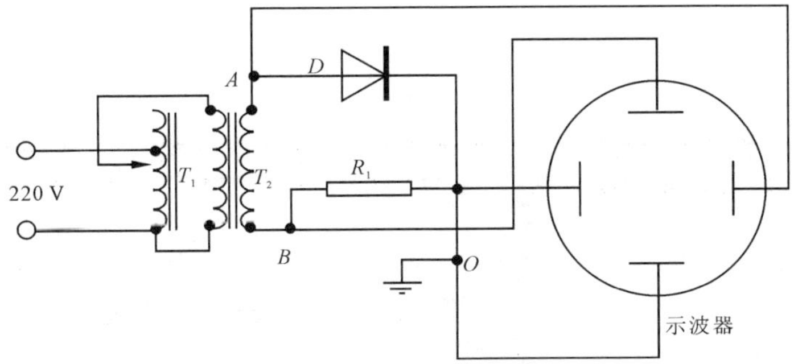

图 3-21　示波管测二极管特性曲线线路

实验时，AB 间是交流电压，也就是 AO 间用交流电压。实验的线路如图 3-21所示，其中 T_1 是调压变压器，初级接交流 220 V，次级输出可以从 0 V 连续调到 250 V。T_2 是隔离变压器，因为交流电 220 V 有一端是 0 电位(接地)，而 A、B 两端都不为 0 电位(接地)，所以不能将调压变压器直接与 AB 连接。若示波器 x 轴加正向电压，光点向右偏移，y 轴加正向电压，光点向上偏转，实际测得二极管的 V-I 曲线将如图 3-22 所示。这是因为当 V_D 为正时，代表电流的电压 V_R 对地为负，所以第四象限为正向特性，第二象限为反向特性。为对图形进行定量研究，还需对 x 轴和 y 轴定标，即先测定 x 轴方向和 y 轴方向单位长度位移所代表的电压，进而求得 V、I。这是得到伏安特性曲线的前提。在示波器上可观察到其特性曲线如图 3-23 所示。

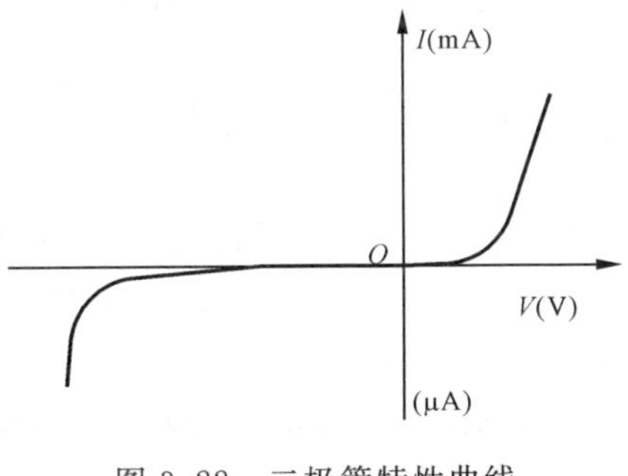

图 3-22　二极管特性曲线

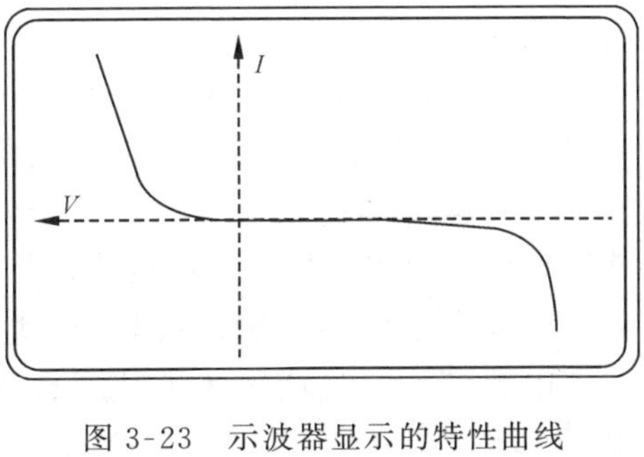

图 3-23　示波器显示的特性曲线

实验仪器

GOS-620 双踪示波器一台，SFG-1013 函数信号发生器一台，ZWT-Ⅱ整流滤波稳压波形仪一台，导线若干。

1. GOS-620 双踪示波器

GOS-620 双踪示波器面板如图 3-24 所示，面板上各控制键的作用说明如下。

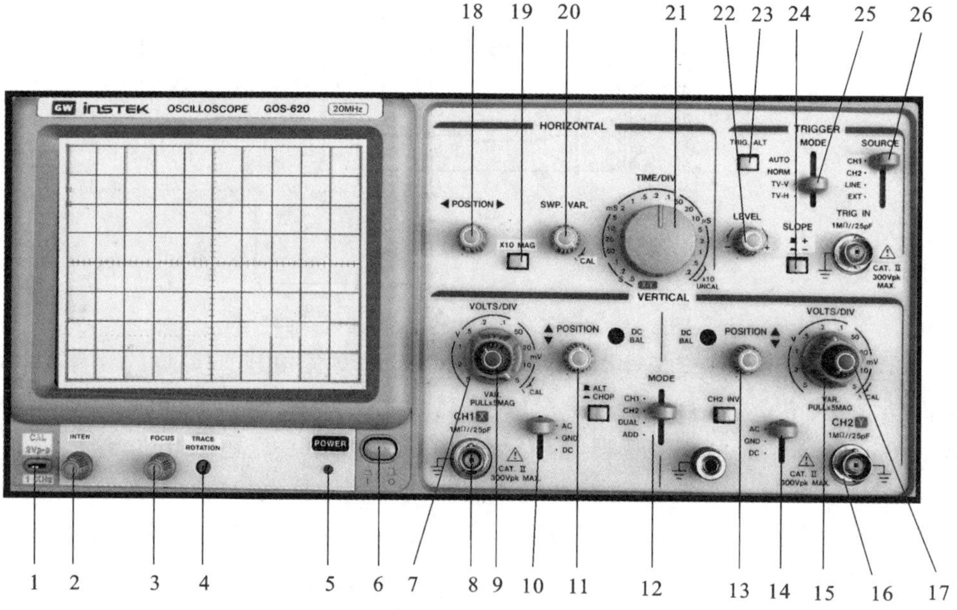

图 3-24　GOS-620 型双踪示波器面板图

①输出端子 1：可输出一个电压幅度为 $2V_{p-p}$、频率为 1 kHz 的方波，用以校正测试棒及检查垂直偏向的灵敏度。

②轨迹及光点亮度控制钮 2：控制轨迹及光点亮度，接通电源之前，可将旋钮旋至居中位置。

③轨迹聚焦调整钮 3：用轨迹及光点亮度控制钮 2 将亮度调节到合适的程度，然后调节本旋钮可使光迹达到最清晰的程度。

④光迹旋转按钮 4：由于磁场作用，光迹在水平方向会有轻微倾斜，调节光迹旋转按钮可使光迹与水平刻度线平行。

⑤电源指示灯 5：电源接通时指示灯亮。

⑥电源主开关 6：压下此钮可接通电源，电源指示灯发亮；再次按起时，电源切断，按钮凸起。

⑦垂直衰减选择钮 7、15：以此钮选择 CH1 及 CH2 的输入信号衰减幅度，范围为 5 mV/div 5 V/div，共 10 档。

⑧CH1(x)输入端 8：CH1 的垂直输入端；在 x-y 模式中，为 x 轴的信号输入端。

⑨灵敏度微调控制旋纽 9、17：至少可调到显示值的 2/5，在 CAL 位置时，灵敏度即为档位显示值；当此旋钮拉出时(×5 MAG 状态)，垂直放大器灵敏度增加 5 倍。

⑩输入信号耦合选择开关 10、14：

AC(交流)——垂直输入信号电容耦合，截止直流或极低频信号输入；

GND(接地)——按下此键则隔离信号输入，并将垂直衰减器输入端接地，使之产生一个零电压参考信号；

DC(直流)——垂直输入信号直流耦合，AC 与 DC 信号一起输入放大器。

⑪轨迹及光点的垂直位置调整钮 11、13：调节光迹在屏幕中的垂直位置。

⑫CH1 及 CH2 选择垂直操作开关 12：

CH1——设定本示波器以 CH1 单一频道方式工作。

CH2——设定本示波器以 CH2 单一频道方式工作。

DUAL——设定本示波器以 CH1 及 CH2 双频道方式工作，此时并可切换 ALT/CHOP 模式来显示两轨迹。

ADD——用以显示 CH1 及 CH2 的相加信号，当 CH2 INV 键为压下状态时，即可显示 CH1 及 CH2 的相减信号。

⑬CH2(y)输入端 16：CH2 的垂直输入端，在 x-y 模式中，为 y 轴的信号输入端。

⑭轨迹及光点的水平位置调整钮 18：调节光迹在屏幕中的水平位置。

⑮水平放大键 19：按下此键可将扫描放大 10 倍。

⑯扫描时间可变控制钮 20：若按下 SWP. UNCAL 键，并旋转此控制钮，扫描时间至少可延长为指示数值的 2.5 倍；该键若未压下时，则指示数值将被校准。

⑰扫描时间选择钮 21：扫描范围为 0.2～ 0.5 μs/div，共 20 个档位；旋至 x-y 可设定为 x-y 模式。

⑱触发准位调整钮 22：旋转此钮以同步波形，并设定该波形的起始点。将旋钮向“＋”方向旋转，触发准位会向上移；将旋钮向“－”方向旋转，则触发准位向下移。

⑲触发源交替设定键 23：当 CH1 及 CH2 选择垂直操作开关 12 在 DUAL 或 ADD 位置，且 SOURCE 选择器置于 CH1 或 CH2 位置时，按下此键，本仪器即会自动设定 CH1 与 CH2 的输入信号以交替方式轮流作为内部触发信号源。

⑳触发斜率选择键 24：凸起时为正斜率触发，当信号正向通过触发准位时进行触发；压下时为负斜率触发，当信号负向通过触发准位时进行触发。

㉑触发模式选择开关 25：

AUTO——当没有触发信号或触发信号的频率小于 25 Hz 时，扫描会自动产生；

NORM——当没有触发信号时，扫描将处于预备状态，屏幕上不会显示任何轨迹，本功能主要用于观察频率不超过 25 Hz 的信号；

TV-V——用于观测电视讯号的垂直画面讯号；

TV-H——用于观测电视讯号的水平画面讯号。

㉒内部触发源信号及外部 EXT TRIG. IN 输入信号选择器 26：

CH1——当 CH1 及 CH2 选择垂直操作开关 12 在 DUAL 或 ADD 位置时，以 CH1 输入端的信号作为内部触发源；

CH2——当 CH1 及 CH2 选择垂直操作开关 12 在 DUAL 或 ADD 位置时，以 CH2 输入端的信号作为内部触发源；

LINE——将 AC 电源线频率作为触发信号；

EXT——将 TRIG. IN 端子输入的信号作为外部触发信号源。

2. SFG-1013 函数信号发生器

SFG-1013 函数信号发生器可以产生频率为 0.1 Hz～3 MHz 的正弦波和方波，或 0.1 Hz～1 MHz 的三角波，输出电压为－5 V～5 V。其面板配置如图 3-25。

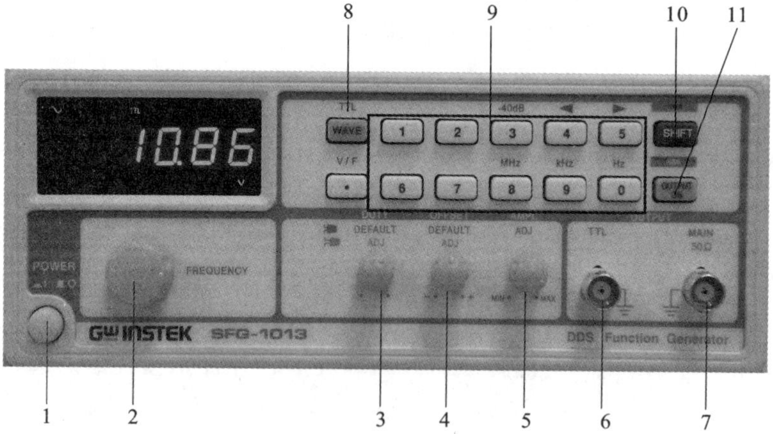

图 3-25　SFG-1013 函数信号发生器面板图

1—开关按钮；2—频率调节旋钮；3—占空比调整旋钮；4—DC 偏置调整旋钮；5—幅度调整旋钮；6—TTL 输出；7—信号输出；8—波形切换/TTL 脉冲信号输出；9—数字输入区域；10—上档键；11—输出控制键

SFG-1013 函数信号发生器使用方法如下：

①按下 POWER 按钮，打开电源。

②按下 OUTPUT 输出键，LED 亮，打开信号输出。

③选择波形，重复按下 WAVE 键就会在显示器上显示相应的波形符号，直到显示所需的波形。

④设置频率，使用数字键直接输入波形频率。只要直接按相应的数字键＋SHIFT＋频率单位键就可直接设置所需的频率。

⑤调整频率：如果仪器当前设置的频率与所需频率相差不大时，可通过频率调节旋钮调整到所需要的频率。按 SHIFT 键＋左（右）光标键，使光标左（右）移至需调整的位，旋转频率旋钮即可调整该位的数值。逆时针旋转频率旋钮减小频率，顺时针旋转频率旋钮增大频率。

⑥观察幅度：按卜 SHIFT ＋V/F 键，会显示电压幅度（振幅），重复此操作，则返回至频率显示。

⑦调整输出信号幅度：顺时针旋转幅度调节旋钮，增大幅度；逆时针旋转此旋钮，减小幅度。

⑧－40 dB 衰减：按下 SHIFT 按钮，再按键盘区域 3（－40 dB），输出将会衰减 －40 dB，并且显示屏上的－40 dB 指示灯将会亮。

⑨设置偏置：能够对正弦波、方波、三角波增加或减少偏移量，从而改变波形的电压偏移量（偏置的设定不适用于 TTL 输出）。拉出偏移量旋钮打开偏移量的设置，顺时针旋转此按钮增大偏移量，逆时针旋转此按钮减小偏移量。

⑩调节占空比（方波）：拉出占空比旋钮，顺时针旋转增大占空比，逆时针旋转减小占空比，初始值设置为 50％。占空比设定不适用于正弦波与三角波。

3. ZWT-Ⅱ整流滤波稳压波形仪

ZWT-Ⅱ整流滤波稳压波形仪通过一个变压器将 220 V 的市电变成 12V 的低压电。次级的中间抽头接地，两端分别接整流二级管，通过滤波和稳压管可获得稳定的输出电压。其电路如图 3-26 所示。开关 K_1 合上后，在铜裸线 1、5 之间可取 6V 的交流电压，在铜裸线 2、5 之间可取全波整流（此时开关 K_2 合上）或半波整流（此时开关 K_2 断开）后的直流电压，在铜裸线 3、5 之间可取通过滤波（此时开关 K_3 合上）的直流电压，在铜裸线 4、5 之间可取通过稳压（此时开关 K_4 合上）后的直流电压。

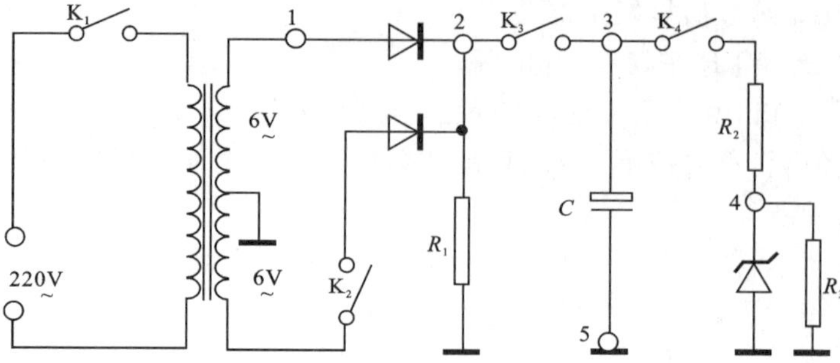

图 3-26 ZWT-Ⅱ整流滤波稳压波形仪线路图

实验步骤

1. 使用练习

(1)开机前准备工作

了解示波器面板上各功能键的作用,并把它们调节到如下位置:

轨迹及光点亮度控制钮 2 居中;

轨迹聚焦调整钮 3 居中;

输入信号耦合选择开关 10、14 选"DC";

轨迹及光点的垂直位置调整钮 11、13 居中;

轨迹及光点的水平位置调整钮 18 居中;

水平放大键 19 弹出;

CH1 及 CH2 选择垂直操作开关 12 选"CH1";

触发模式选择开关 25 自动;

内部触发源信号及外部 EXT TRIG. IN 输入信号选择器 26 选"CH1";

触发准位调整钮 22 居中;

扫描时间选择钮 21 调到 0.5 ms/div;

触发源交替设定键 23、触发斜率选择键 24 均弹出。

(2)辉度与聚焦的调节

接通电源,电源指示灯亮,待示波管灯丝预热后,约 15 s 荧光屏上呈现一条水平的扫描线。如无扫描线,调节轨迹及光点的水平位置调整钮 18 和轨迹及光点的垂直位置调整钮 11、13,使扫描线处于荧光屏中部位置。调节轨迹及光点亮度控制钮 2,观察光斑亮度的变化,最后调至亮度适中。调节轨迹聚焦调整钮 3,观察光迹的粗细,并结合轨迹及光点亮度控制钮 2,使光迹最细。

(3)扫描观察

拨动 CH1 及 CH2 选择垂直操作开关 12,将垂直方式选 CH1,将输入信号耦合选择开关 10 置 AC,或 DC;将 SFG-1013 函数信号发生器输出的正弦波信号接入 CH1(x)输入端 8,旋转垂直衰减选择钮 7,以选择适当的偏转因数,使波形大小适中。旋转扫描时间选择钮 21 与扫描时间可变控制钮 20,观察波形的变化。

2.用李萨茹图形测量市电的频率

将整流滤波稳压波形仪中变压器的次级(图 3-26 中铜裸线 1、5)接入 CH2(y)输入端 16,将垂直方式选 CH2,调垂直衰减选择钮 15 及灵敏度微调控制旋纽 17,调扫描时间选择钮 21 及扫描时间可变控制钮 20,使市电波形稳定。

将垂直方式重新调回 CH1,将输入信号耦合选择开关 10 置于 AC,或 DC。示波器荧光屏上出现 CH1 先前的扫描波形线。

调 SFG-1013 函数信号发生器使其输出的正弦波信号约为 50 Hz。旋转垂直衰减选择钮 7 及灵敏度微调控制旋纽 9 以选择适当的偏转因数,使波形大小适中。

将扫描时间选择钮 21 调到 x-y 模式,此时从 SFG-1013 函数信号发生器输入的正弦波成为 x 方向的偏转信号,从整流滤波稳压波形仪输入的市电波形成为 y 方向的偏转信号,荧光屏上应出现椭圆形的李萨茹图形。微调 SFG-1013 函数信号发生器的输出频率,使李萨茹图形稳定,读出信号发生器的输出频率值。

改变(逐渐增加)SFG-1013 函数信号发生器的输出频率,使李萨茹图形变化,相继在约 75 Hz 处与约 100 Hz 处出现稳定的李萨茹图形,相继读出信号发生器的输出频率值。

在原始数据表格中定性地画出相应的李萨茹图形,记录相应的 SFG-1013 函数信号发生器的输出频率值。

3.用示波器测 ZWT-Ⅱ整流滤波稳压波形仪的输出电压

(1)用示波器上标准方波信号校准 y 轴偏转因数(V/div)与扫描时基因数(Time/div)

将灵敏度微调控制旋纽 9 顺时针旋到底(即关闭),将扫描时间可变控制钮 20 顺时针旋转到底(即关闭),将垂直衰减选择钮 7 旋至 0.5 V/div,将扫描时间选择钮 21 旋至 0.5 ms/div。

将有鱼嘴夹的导线接在 CH1(x)输入端 8 上,鱼嘴夹导线的正极夹在输出端子 1 上,将示波器内产生的标准方波信号输入。此标准方波信号的频率为 1 kHz,峰值为 2 V。此时示波器荧光屏的方波信号的高度为 4 格,水平方向一周期的宽度为 2 格。

(2)测整流滤波稳压波形仪的输出电压

将输入信号耦合选择开关 10 置于 GND(接地),此时示波器荧光屏上出现 CH1 的扫描直线。

调轨迹及光点的垂直位置调整钮 11,使扫描线与屏幕最下方示波器黑线重叠。

将灵敏度微调控制旋纽 9 顺时针旋到底(即关闭),垂直衰减选择钮 7 旋至 1 V/div。输入信号耦合选择开关 10 置 DC(直流)。

开整流滤波稳压波形仪电源,将整流滤波稳压波形仪的输出端接入 CH1(x)输入端 8,此时示波器荧光屏上 CH1 的扫描直线向上移动。如扫描直线移出荧光屏,或移动的距离太小,可将垂直衰减选择钮 7 的档次改变使扫描线移动适当,但不可调灵敏度微调控制旋纽 9。记下移动的距离,算出电压值。

注意事项

(1)为延长示波管寿命和防止示波管损坏,不要使示波管上扫描线成为一亮点的时间过长和亮度过亮。

(2)不要频繁地、过急地扭转各旋钮。

(3)不要将开关和旋钮强行旋转、死拉硬拧,以免损坏各旋钮和示波器。

原始数据表格

1. 用李萨茹图形测民用交流电的频率

表 3-13　民用交流电的频率

$N_x:N_y$	1 : 1	2 : 3	1 : 2
李萨茹图形			
信号发生器频率(Hz)			

2. 测 ZWT-Ⅱ整流滤波稳压波形仪的输出电压

标准方波信号峰峰值________V。

表 3-14　ZWT-Ⅱ整流滤波稳压波形仪的输出电压

方波信号校准偏转因数(V/div)		测整流滤波盒的输出电压	
示波器衰减开关挡次 S_0		示波器衰减开关挡次 S	
荧光屏上方波高度(格)y_0		扫描直线向上移动的格数 y	

数据处理

(1)画出市电信号与从信号发生器输入的信号合成的李萨茹图形,算出市电频率值。

由式(3-27)得

$$\nu_y = (N_x/N_y)\nu_x$$

取平均得市电频率为

$$\nu = \overline{\nu_y} = \frac{1}{n}\sum_{i=1}^{n}\nu_{yi}$$

(2)算出用示波器测 ZWT-Ⅱ整流滤波稳压波形仪的输出电压

$$U = [(S/S_0)(y/y_0)]U_0 = [(S/S_0)(y/y_{p-p})]V_{p-p}$$

预习思考题

(1)示波器是好的,但荧光屏上不出现图像,试分析出现这种现象的原因。

(2)扫描速率转换开关上标出的是扫描时基因数,如何测定扫描波的频率?如果荧光屏上显示出一个完整波形,但图像向右缓慢移动,扫描波频率比被测信号频率高还是低?你能用实验确定吗?

(3)如何使李萨茹图形稳定?不稳定时对结果有何影响?

实验后思考题

(1)能否用示波器通过测拍频测市电的频率,为什么?

(2)在不引起仪器损坏的前提下,若被测信号幅度太大,在屏幕上看到什么图形?

(3)如果图形不稳定,总是向左或向右移动,该如何调节?

3.5　用霍耳效应测磁场

磁场是一种物质形态,描述磁场的主要物理量是磁感应强度矢量。磁场的测量,即磁感应强度的测量是根据磁场与物质相互作用的规律,利用传感器把它转换成易于测量的物理量来进行的。例如,根据电磁感应原理,测量置于磁场中"探测线圈"输出的感应电动势;根据霍耳效应,测量置于磁场中的霍耳片的霍耳电压;根据磁致旋光效应,测量光通过置于磁场中介质后偏振面的旋转角等。然后再根据被测量与磁场的关系,定出磁场的方向和大小。本实验采用霍耳效应测磁场。

实验目的

(1)学习霍耳效应的原理,学会测量霍耳电压的方法;
(2)掌握用霍耳元件测量磁感应强度的基本方法;
(3)掌握减少或消除已定系统误差的方法。

实验原理

1. 霍耳效应

将载流导体置于图 3-27 所示的磁场中。导体长为 l、宽为 b、厚为 d,外磁场 $\boldsymbol{B}$ 沿 z 轴方向。若导体中的电流为 I,流向沿 x 方向,且垂直于 $\boldsymbol{B}$,则在垂直于 $\boldsymbol{B}$ 和 I,即沿 y 方向,产生一个横向电势差 V_{H},这一现象称霍耳效应,其横向电势差 V_{H} 称霍耳电压。

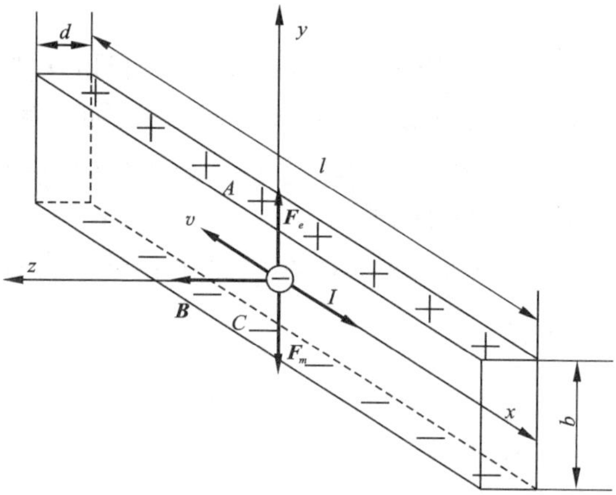

图 3-27 霍耳效应

设有一横向磁场 $\boldsymbol{B}$ 作用于导体中以速度 $\boldsymbol{v}$ 运动的载流子(其电荷为 q)上,速度 $\boldsymbol{v}$ 的方向平行于 x 轴。当载流子为正载流子时,速度 $\boldsymbol{v}$ 沿 x 轴正向;当载流子为负载流子时,速度 $\boldsymbol{v}$ 沿 x 轴负向,如图 3-27 所示。则磁场对运动载流子的作用力(洛伦兹力)为

$$\boldsymbol{F}_m = q(\boldsymbol{v} \times \boldsymbol{B}) \tag{3-30}$$

当载流子为正载流子时,因速度 $\boldsymbol{v}$ 沿 x 轴正向,则 $\boldsymbol{v} \times \boldsymbol{B}$ 沿 y 轴负向,故洛伦兹力 $\boldsymbol{F}_m$ 也沿 y 轴负向;当载流子为负载流子时,因速度 $\boldsymbol{v}$ 沿 x 轴负向,则 $\boldsymbol{v} \times \boldsymbol{B}$ 沿 y 轴正向,但洛伦兹力 $\boldsymbol{F}_m$ 因载流子为负使得式(3-30)右边出现负号的缘故却仍然沿 y 轴负向,如图 3-27 所示。这就得出结论:在电流流向与磁场方向不变的情况下,不论正载流子,还是负载流子,受力的方向均相同。洛伦兹力 $\boldsymbol{F}_m$ 使

载流子运动方向发生偏转，被推向导体下侧，使该侧产生电荷积累；而上侧，则产生相反电荷的积累，从而在导体的两侧沿 y 轴建立起电场 $\boldsymbol{E}_{\mathrm{H}}$，两侧产生霍耳电压 $V_{\mathrm{H}}=\boldsymbol{E}_{\mathrm{H}}b$。当载流子为正载流子时，下侧积累正电荷，上侧积累负电荷，电场 $\boldsymbol{E}_{\mathrm{H}}$ 方向沿 y 轴正向，霍耳电压 V_{H} 下侧高（为正），上侧低（为负）；当载流子为负载流子时，下侧积累负电荷，上侧积累正电荷，电场 $\boldsymbol{E}_{\mathrm{H}}$ 方向沿 y 轴负向，霍耳电压 V_{H} 上侧高（为正），下侧低（为负）。这就说明，在电流流向与磁场方向已知的情况下，通过霍耳电压 V_{H} 的正负，可以判断载流子的类型，即可确定载流子是 N 型载流子（电子），还是 P 型载流子（空穴）。

2. 霍耳系数与霍耳灵敏度

载流子在霍耳电场中同样受到一个电场力

$$\boldsymbol{F}_{e}=q\boldsymbol{E}_{\mathrm{H}}$$

方向与洛伦兹力 $\boldsymbol{F}_{m}$ 的方向相反。在动平衡时，合力为零，则

$$\boldsymbol{F}_{m}=-\boldsymbol{F}_{\mathrm{e}}$$

即

$$qvB=qE_{\mathrm{H}}=qV_{\mathrm{H}}/b$$

所以有

$$V_{\mathrm{H}}=vBb \tag{3-31}$$

而通过导体电流的大小为

$$I=nqvbd$$

式中，n 为导体中载流子的浓度（即导体单位体积中的载流子数），则

$$v=I/(nqbd) \tag{3-32}$$

将式(3-32)代入式(3-31)，则

$$V_{\mathrm{H}}=\frac{IbB}{nqbd}=\frac{IB}{nqd}=\frac{1}{nq}IB\,\frac{1}{d} \tag{3-33}$$

式中，$1/(nq)$ 称霍耳系数，记为

$$R_{\mathrm{H}}=1/(nq) \tag{3-34}$$

于是霍耳电压为

$$V_{\mathrm{H}}=R_{\mathrm{H}}IB/d \tag{3-35}$$

由式(3-34)可知：霍耳系数与载流子（电子或空穴）的浓度成反比。由于金属中电子浓度远远大于半导体中载流子浓度，所以由式(3-35)可知金属中霍耳效应甚微。

考虑到某一材料的霍耳元件，在工作电流 I 和外加磁场 $\boldsymbol{B}$ 一定的情况下，它所产生的霍耳电压的大小，与其厚度成反比，所以往往采用减小 d 的办法，以提高测量霍尔电压的灵敏度。令

$$K_H = R_H/d$$

则

$$V_H = K_H IB \tag{3-36}$$

式中，K_H为霍耳元件的霍耳灵敏度，V/(A·T)。它表示通过霍耳元件的单位工作电流，在单位磁感应强度作用下所产生的霍耳电压。

用同种材料制成的霍耳元件有相同的霍耳系数，但纵使用相同的材料制成的霍耳元件，由于元件厚薄的微小差异，也会使得不同的霍耳元件有不同的霍耳灵敏度。

3. 在霍耳电压测量中的附加电势

(1)不等位电势

由于霍耳元件材料本身的不均匀，制造元件时几何对称性上的误差，霍耳电压输出端 A、C 两点不可能对称地焊在元件两侧，因此当工作电流流过元件时，即使不加磁场，在电极 A、C 间也会产生一个电位差，称不等位电位差 V_O，即 $V_O = Ir$（r 是沿 x 轴方向 A、C 间的电阻）。V_O的正负只与电流 I 的方向有关，而与外加磁场 $\boldsymbol{B}$ 的方向无关。

(2)爱廷豪森电势

由于霍耳元件内载流子的速度服从统计分布，有快有慢，它们在磁场中受到的作用力不相等，速度大的绕大圆轨道运动，速度小的绕小圆轨道运动，导致霍尔元件内载流子沿 y 轴方向按速度大小分布开来，致使 A、C 两面上分别积聚速度大小不同的载流子，载流子的动能在积聚平面上转化为热能，使 A、C 两面的温升不同，因而造成 y 方向上 A、C 两面的温度差。加上霍耳元件上 A、C 两电极和元件的材料不同，结果在 A、C 间产生温差电势 V_E，这一现象称爱廷豪森效应。V_E称为爱廷豪森电势，$V_E \propto IB$。V_E 的正负和大小与 I、$\boldsymbol{B}$ 的方向和大小有关。

(3)能斯脱电势

由于元件工作电流的两个引线焊点与元件的接触电阻不等，当工作电流通过时产生不同的焦耳热（其焦耳热与 I^2 成正比），引起两电极间的温度差，这一温度差同样在 x 方向产生温差电势，继而产生温差电流 I'。温差电流 I'在外加磁场的作用下，在 A、C 两面产生附加电势 V_N，这一现象称能斯脱效应。V_N称能斯脱电势，$V_N = I'B$。V_N的正负与 $\boldsymbol{B}$ 的方向有关，因 I'只与接触电阻和 I^2 有关，故 V_N的正负与 I 的方向无关。

(4)里纪-勒杜克电势

温差电流 I'在外加磁场的作用下，如同爱廷豪森效应一样，在 A、C 两侧产生温差，此温差又将在 y 方向产生附加温差电势 V_R，这一现象称里纪-勒杜克效应。V_R称里纪-勒杜克电势，$V_R \propto I'T$。V_R的正负只与 $\boldsymbol{B}$ 的方向有关。

由上所述可得出附加电势与工作电流 I 和磁场 $\boldsymbol{B}$ 的关系：

V_O的正负只与 I 的方向有关。

V_E的正负与 I 和 $\boldsymbol{B}$ 的方向都有关。

V_N的正负只与 $\boldsymbol{B}$ 的方向有关。

V_R的正负只与 $\boldsymbol{B}$ 的方向有关。

由于以上四种附加电势的存在，测量霍耳电压时，将造成很大的系统误差，但利用上述关系，改变工作电流 I 和磁场 $\boldsymbol{B}$ 的方向，可以减少和消除这些附加电势的影响。

当 $\boldsymbol{B}$ 和 I 的大小为某一定值时，保持 $\boldsymbol{B}$ 和 I 的方向不变，第一次测得 A、C 两端的电压为

$$V_1 = V_H + V_O + V_E + V_N + V_R \quad (+B, +I) \tag{3-37}$$

保持 $\boldsymbol{B}$、I 的大小不变，改变 I 的方向，第二次测得 A、C 两端的电压为

$$V_2 = -V_H - V_O - V_E + V_N + V_R$$

或

$$-V_2 = V_H + V_O + V_E - V_N - V_R \quad (+B, -I) \tag{3-38}$$

保持 $\boldsymbol{B}$、I 的大小不变，改变 $\boldsymbol{B}$ 的方向，第三次测得 A、C 两端的电压为

$$V_3 = -V_H + V_O - V_E - V_N - V_R$$

即

$$-V_3 = V_H - V_O + V_E + V_N + V_R \quad (-B, +I) \tag{3-39}$$

保持 $\boldsymbol{B}$、I 的大小不变，改变 $\boldsymbol{B}$ 和 I 的方向，第四次测得 A、C 两端的电压为

$$V_4 = V_H - V_O + V_E - V_N - V_R \quad (-B, -I) \tag{3-40}$$

将式(3-37)、式(3-38)、式(3-39)、式(3-40)相加，得

$$V_1 - V_2 - V_3 + V_4 = 4(V_H + V_E)$$

于是有

$$V_H = (1/4)(V_1 - V_2 - V_3 + V_4) - V_E$$

这样处理，除了爱廷豪森电势外，其他电势都被消除。考虑到 V_E一般比 V_H小得多，可略去，则有

$$V_H = (1/4)(V_1 - V_2 - V_3 + V_4) \tag{3-41}$$

实际测量时 V_2 与 V_3 相对 V_1 与 V_4是负的，故有

$$V_H = (|V_1| + |V_2| + |V_3| + |V_4|)/4 \tag{3-42}$$

4. 用霍耳效应测磁场

由式(3-36)可知

$$B = V_H/(K_H I) \tag{3-43}$$

测出了霍耳电压 V_H 和工作电流 I，知道了霍耳片的霍耳灵敏度 K_H，就可以算出所测磁场的磁感应强度。本实验就是以此来测磁场的。

实验仪器

HL-CF 型霍耳效应测试仪(含霍耳效应实验装置与霍耳效应测试仪)，导线若干。

HL-CF 型霍耳效应测试仪由霍耳效应实验装置(包含霍耳元件、霍耳元件移动装置、电磁铁及 3 个换向开关)与霍耳效应测试仪(包含霍耳元件工作电流电源、测量霍耳电压的毫伏表及电磁铁励磁电流电源)，其线路示意图如图 3-28 所示。

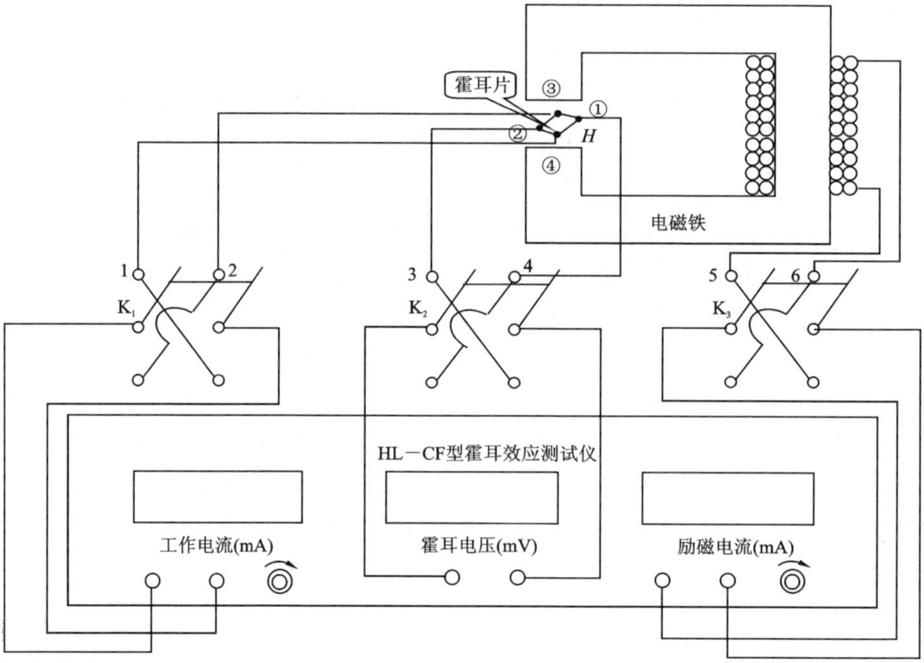

图 3-28 霍耳效应测试装置电路示意图

1. 霍耳效应实验装置

(1)霍耳元件 H

霍耳元件 H 是由硅单晶经过硅平面工艺制成的磁电转换元件，元件尺寸为 4 mm×4 mm×0.2 mm。霍耳元件 H 胶合在绝缘衬板上，它有 4 条引出导线，其中两条引出导线接工作电流电源，霍耳元件 H 提供工作电流，另两条引出导线将霍耳元件的霍耳电压引出进行测试。这 4 条引出导线焊接在绝缘板上，焊接点以①、②、③、④在图 3-28 中标出。焊接点③、④接工作电流，焊接点①、②接霍耳电压测试表。绝缘衬板上的 4 条引出导线从上往下排列的顺序依次是①、③、②、④。实验时按图 3-28 接到仪器换向开关上。

霍耳元件的灵敏度一般在 10.0 V/(A·T)左右。温度变化时，霍耳灵敏度也略有变化，这主要是由于不同温度下半导体中载流子浓度不同所造成的。

(2)霍耳元件移动装置

霍耳元件移动装置示意图如图 3-29 所示，它由水平移尺 M 和竖直移尺 N 组成。霍耳元件在水平移尺 M 和竖直移尺 N 的带动下，可以方便地在电磁铁的缝隙中改变位置。

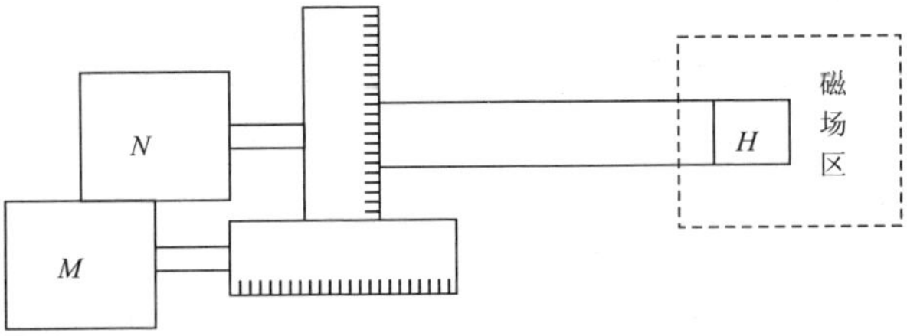

图 3-29　霍耳元件移动装置

(3)电磁铁

电磁铁采用冷轧电工钢带制成铁芯，线圈用高强度漆包线多层密绕，层间绝缘，导线的绕向即励磁电流的方向已标明在线圈上，可确定磁场方向。电磁铁的间隙为霍耳效应实验提供磁场。当接线柱 5 接励磁电流电源正极，接线柱 6 接励磁电流电源负极时，电磁铁线圈内的磁场垂直指向实验者，故插霍耳片的电磁铁缝隙处的磁场背离实验者向里，即图 3-29 所示的磁场区磁场的方向垂直纸面向里。

(4)换向开关

霍耳效应实验装置有 3 个换向开关，可以很方便地改变工作电流 I、电磁铁缝隙内的磁场 $\boldsymbol{B}$ 和霍耳电场 $\boldsymbol{E}_H$ 的方向。

2. 霍耳效应测试仪

霍耳效应测试仪将电磁铁励磁电流电源及对应的数字电流表、霍耳元件工作电流电源及对应的数字电流表以及测量霍耳电压的毫伏表做成一个整体放在同一箱子内。

电磁铁励磁电流电源为电磁铁线圈提供励磁电流 I_B，励磁电流 I_B 通过调节旋钮可在 0～1000 mA 范围内连续可调，数字电流表显示励磁电流的大小。

霍耳元件工作电流电源为霍耳元件 H 提供工作电流 I，工作电流 I 通过调节旋钮可在0～10.00 mA范围内连续可调，数字电流表显示工作电流的大小。

直流数字毫伏表测量霍耳片的电压，测量范围为 0～19.99 mV。

实验步骤

(1)将所有开关置于断开的位置，将霍耳片置于电磁铁缝隙中心位置处，按图 3-28 接好线路。线路未经教师检查，不得做实验。

(2)调整各部分电路至备用状态。

①先合上 K_1，接通霍耳片工作电流。通过调节旋钮调工作电流 I，使霍耳片的工作电流 I 为 10.00 mA。再将开关反向合上，看工作电流有无变化，拨动活动开关，使其接触良好。调完后，断开 K_1。

②再合上 K_3，接通电磁铁励磁电流，通过调节旋钮调励磁电流 I_B，使电磁铁励磁电流$I_B=500$ mA。然后将开关反向合上，看励磁电流有无变化，也拨动活动开关，使其接触良好。调完后，也断开 K_3。

(3)确定霍耳元件载流子类型。

①先合 K_1、K_3 两个换向开关，检查电流指示是否维持原状。如果电流发生了变化，则应调回到原来的值。再合 K_2 换向开关，从数字毫伏表上读取霍耳电压值(注意电压的正负)；将换向开关 K_2 反向，从数字毫伏表上读取霍耳电压值(也注意电压的正负)，看前后两次测得的霍耳电压的绝对值是否相等。

②记下处于平衡状态的分别接入工作电流、霍耳电压和励磁电流的 3 个换向开关 K_1、K_2、K_3 的 6 个接线柱的正负极性，填入相应表格中，再断开 K_1、K_2、K_3，以此判断霍耳元件载流子的类型。

(4)磁铁缝隙中的磁场 $\boldsymbol{B}$ 与电磁铁上线圈内电流 I_B的关系。

①合 K_1，调工作电流 I，使 $I=10.00$ mA。

②合 K_3，调励磁电流，使 I_B分别为 0 mA，100 mA，200 mA，300 mA，400 mA，500 mA，600 mA，700 mA，800 mA，900 mA，1000 mA。

③对应每一个励磁电流 I_B，分别测出$(+B,+I)$、$(+B,-I)$、$(-B,-I)$、$(-B,+I)$所对应的霍耳电压 V_H的值，填入相应的表格中。

④从实验室获取霍耳元件的霍耳灵敏度 K_H。

注意事项

(1)霍耳元件是易损元件，必须防止霍耳元件受到挤压、扭曲和碰撞等，以免损坏元件而无法使用。

(2)实验前应检查电磁铁和霍耳元件二维移动尺是否松动，应紧固后使用。

(3)记录数据时，为了不使电磁铁过热，一般应断开励磁电流的换向开关。

(4)励磁电流换向时，应将电流调到 100 mA 以下。

(5)在对励磁电流和工作电流换向后，应再次对励磁电流和工作电流进行调整，使其与换向前的值相同。

原始数据表格

1. 判断载流子类型

为方便填写数据，我们规定移尺 M 向右移动的方向为 x 轴正向，移尺 N 向上移动的方向为 y 轴正向，垂直纸面向外为 z 轴正向。

工作电流表量程__________ mA，分度值__________ mA，霍耳片电流 $I=$__________ mA；

励磁电流表量程__________ mA，分度值__________ mA，励磁电流 $I_B=$__________ mA；

霍耳电压表量程__________ mV，分度值__________ mV，霍耳电压=__________ mV。

表 3-15 载流子类型

<table>
<tr><td>接线柱类别</td><td colspan="2">工作电流 I
输入端</td><td colspan="2">霍耳电压 V_H
输出端</td><td colspan="2">励磁电流 I_B
输入端</td><td rowspan="5">在一幅图中表示 $\boldsymbol{v}$、$\boldsymbol{B}$、$\boldsymbol{F}_m$、$\boldsymbol{E}_H$ 的矢量关系图 $\boldsymbol{F}_m=q\,\boldsymbol{v}\times\boldsymbol{B}$ $\boldsymbol{E}_H=-\boldsymbol{v}\times\boldsymbol{B}$</td></tr>
<tr><td>接线柱编号</td><td>1</td><td>2</td><td>3</td><td>4</td><td>5</td><td>6</td></tr>
<tr><td>正负极性</td><td></td><td></td><td></td><td></td><td></td><td></td></tr>
<tr><td colspan="7">用 i、j、k 及“+”、“−”表示 I、$\boldsymbol{E}_H$、$\boldsymbol{B}$ 的方向</td></tr>
<tr><td colspan="2">I 流向：</td><td colspan="3">$\boldsymbol{E}_H$ 方向：</td><td colspan="2">$\boldsymbol{B}$ 方向：</td></tr>
</table>

2. 测 B 与 I_B 的关系

霍耳元件灵敏度 $K_H=$______ V/(A·T)

表 3-16 B 与 I_B 的关系

<table>
<tr><td colspan="2">测量次数</td><td>1</td><td>2</td><td>3</td><td>4</td><td>5</td><td>6</td><td>7</td><td>8</td><td>9</td><td>10</td><td>11</td></tr>
<tr><td colspan="2">励磁电流 I_B(mA)</td><td>0</td><td>100</td><td>200</td><td>300</td><td>400</td><td>500</td><td>600</td><td>700</td><td>800</td><td>900</td><td>1000</td></tr>
<tr><td rowspan="5">霍耳电压 V_H (mV)</td><td>$V_1(+B,+I)$</td><td></td><td></td><td></td><td></td><td></td><td></td><td></td><td></td><td></td><td></td><td></td></tr>
<tr><td>$V_2(+B,-I)$</td><td></td><td></td><td></td><td></td><td></td><td></td><td></td><td></td><td></td><td></td><td></td></tr>
<tr><td>$V_3(-B,+I)$</td><td></td><td></td><td></td><td></td><td></td><td></td><td></td><td></td><td></td><td></td><td></td></tr>
<tr><td>$V_4(-B,-I)$</td><td></td><td></td><td></td><td></td><td></td><td></td><td></td><td></td><td></td><td></td><td></td></tr>
<tr><td>$V_H=(\lvert V_1\rvert+\lvert V_2\rvert+\lvert V_3\rvert+\lvert V_4\rvert)/4$</td><td></td><td></td><td></td><td></td><td></td><td></td><td></td><td></td><td></td><td></td><td></td></tr>
</table>

数据处理

1. 确定载流子类型

依据实验中 6 接线柱的正负极性，判断霍耳片中载流子是 N 型（电子导电），还是 P 型（空穴导电）。

2. 确定电磁铁缝隙中的磁场 $\boldsymbol{B}$ 最大值的位置

写出电磁铁缝隙中磁场 $\boldsymbol{B}$ 最大值的位置对应 M 移尺与 N 移尺的读数。

3. 确定 B 与 I_B 的关系

(1)算出 $B=V_H/(IK_H)$；

(2)列出 $B\text{-}I_B$ 的最后数据表格；

(3)在直角坐标纸上作出 $B\text{-}I_B$ 曲线，并分析该曲线的特点。

预习思考题

(1)如何判断霍耳元件的载流子是电子还是空穴？

(2)换向开关是怎样使电流换向的？电路中为什么要用 3 个换向开关 K_1、K_2、K_3？是否可以不用换向开关 K_2 而直接测得霍耳电压？

(3)在测霍耳电压 V_1、V_2、V_3、V_4 时，为什么必须使工作电流和励磁电流保持恒定不变？

(4)如何判定霍耳电压 V_1、V_2、V_3、V_4 的正负值？

实验后思考题

(1)若霍耳片的法线方向和磁场方向不一致，对测量结果有何影响？为什么？

(2)怎样测定霍耳元件的灵敏度？怎样确定霍耳元件的霍耳系数？

(3)利用霍耳效应是否可以测量交变电流的磁场？

3.6 用数字电位器研究元件伏安特性

数字电位器是一种用数字信号控制其滑动端位置，从而改变接入电路的电阻值大小的变阻器。与机械式变阻器相比，数字电位器具有可编程改变滑动端位置、无机械磨损、耐震动、噪声小、寿命长等优点，数字电位器使得传统的调音、调光等功能，实现数字化、高品质控制，在产品的高精度、自动化控制领域有着广泛的应用。

电路一般可包括电源、控制电路和测量电路三部分。测量电路是事先根据实验方法确定好的，可以把它等效为一个负载；根据负载所要求的电压 U 和电流 I，确定电源；负载和电源都确定后，就可以安排控制电路，使负载能获得所需电压和电流的变化。控制电路有制流和分压两种最基本接法，两种接法的性能和特点可由调节特性、调节范围、灵敏度（细调程度）来表征。借助数字电位器调节特性及应用实验仪，可帮助学生了解数字电位器分压和限流的两种电路的调节性能和灵敏度，测量非线性元件的伏安特性。

实验目的

(1)了解数字电位器的工作原理及其调节特性和灵敏度的概念；

(2)掌握数字电位器的分压和限流电路的连接方法及其特点；

(3)掌握数字电位器分压（限流）特性曲线和分压（限流）灵敏度曲线的测量方法；

(4)学习利用数字电位器进行控制电路的设计，实现负载电压、电流的线性调节；

(5)掌握非线性元件伏安特性曲线的测量方法；

(6)进一步掌握用图像法处理数据的能力；

实验仪器

DHSR-A 数字电位器调节特性及应用实验仪

实验原理

1. X9C 系列数字电位器的工作原理

X9C 系列数字电位器由两大部分组成，一部分是数字控制电路，另一部分是电阻网络，图 3-30 所示是其内部结构。数字电位器的数字控制部分包括加减计数器、译码电路、保存与恢复控制电路和不挥发存储器等四个数字电路模块。利用串入、并出的加/减计数器在输入脉冲和控制信号的控制下可实现加/减计数，计数器把累计的数据直接提供给译码电路控制开关阵列，同时也将数据传送给内部存储器保存下来。当外部计数脉冲信号停止或片选信号无效后，译码电路的输出端只有一个有效，于是只选择一个 MOS 管导通。数字电位器的电阻网络部分由 99 个相同电阻组成，这些电阻的每两个之间的连接点上均有一个 MOS 开关管作为开关，开关管导通时就把电位器的中间抽头连接在该点上。设 R_W 起始点在 R_L 端，则当 R_W 点向上移动时，R_W 点与 R_L 端之间的电阻 R_{WL} 由下式计算

$$R_{WL} = nr + r_{MOS} \tag{3-44}$$

式中，r_{MOS} 是滑臂电阻，即为模拟开关的导通电阻，通常 $r_{MOS} \leqslant 100$，典型值为

40 Ω；n 是 R_W 到 R_L 之间的串联电阻个数，又称为台阶位置；r 是电阻网络中每个电阻的标称值。忽略 r_{MOS} 对 R_{WL} 的影响时，R_W 点与 R_L 端之间的电阻 R_{WL} 由下式计算

$$R_{WL} = nr \tag{3-45}$$

X9C104 是 X9C102/103/104/503 系列中的一种型号，它的电阻范围为40 Ω～100 k Ω，最大工作电流为 3 mA，标称电阻约为 r=1010 Ω。

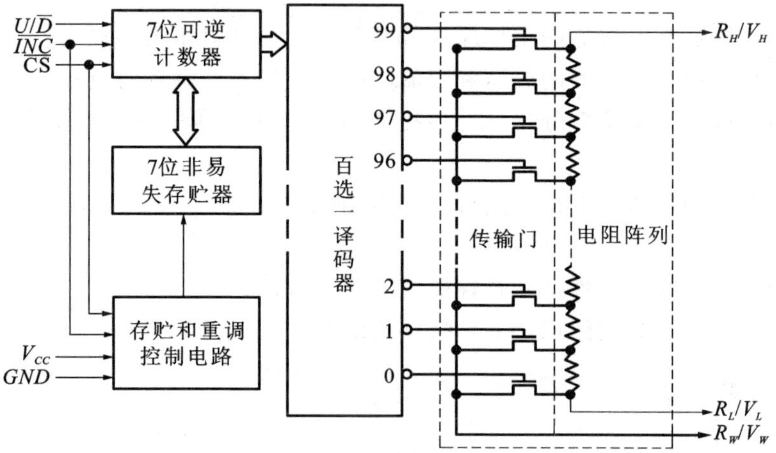

图 3-30　X9C 系列数字电位器的内部结构

2. 数字电位器的分压电路

如图 3-31 所示，图中 R_L 端电位最低，R_H 端电位最高，R_L、R_W 间的分压大小 U 随滑动端 R_W 的位置变化而改变。分压器的安全位置是将 R_W 滑至 R_L 端，这时分压值为零。

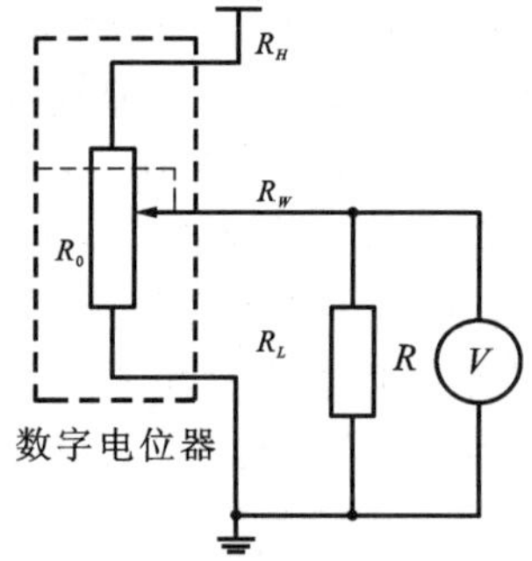

图 3-31　数字电位器分压电路

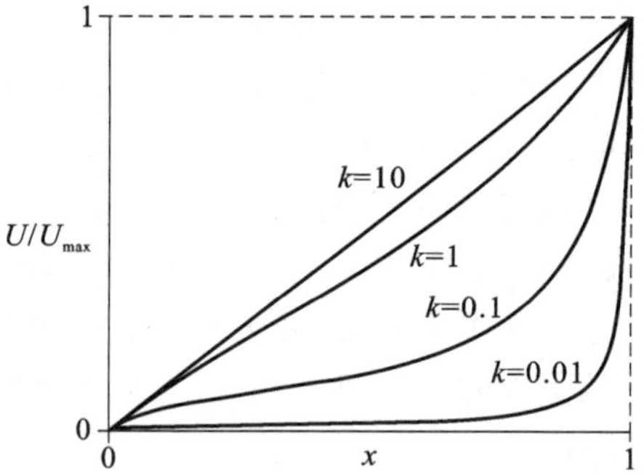

图 3-32　分压特性曲线

(1)分压特性曲线的测量原理

如图 3-31 所示，数字电压表的内阻大到可以忽略它对电路的影响（相当于断路），那么第 n 台阶负载 R 两端的电压 U_n 为：

$$U_n = \frac{R_{WL}R}{R_0R_{WL} - R_{WL}^2 + RR_0}E \tag{3-46}$$

式(3-46)中，R_{WL} 表示数字电位器的滑动端 R_W 与低电压端 R_L 之间的电阻，令 $U_{max} = E$，引进参数 $x = \frac{R_{WL}}{R_0} \approx \frac{n}{99}$，$x$ 为滑动端 R_W 的相对位置，$k = \frac{R}{R_0}$，k 称为电路特征系数，则有

$$\frac{U_n}{U_{max}} = \frac{xk}{x + k - x^2} \tag{3-47}$$

令第 n 台阶相对电压为 $Y_{Vn} = U_n/U_{max}$，对于不同的 k 值，x 与 Y_{Vn} 的关系为分压特性曲线。实验中只需测量不同台位置的 U_n，即可计算出第 n 台阶位置的相对位置 x 和 Y_{Vn}，从而绘制出分压特性曲线如图 3-32 所示。

(2) 分压灵敏度曲线的测量原理

数字电位器本身也是一个位置传感器，传感器输出的相对变化量 $\Delta U_n/U_{max}$ 或 $\Delta I_n/I_{max}$ 与引起该变化量的输入变化量 Δx 之比称为灵敏度，它表征传感器对输入量变化的反应能力。细调程度是指控制元件在某处有最小变化时，引起负载上电压或电流的最小相对改变量，该最小相对改变量越小，该处细调程度就越好。由于数字电位器只能按整数台阶移动，故第 n 台阶位置处的最小变化量为从 $n-1$ 台阶变化到 $n+1$ 台阶时 x 增量，即 $\Delta x = (n+1)/99 - (n-1)/99 = 2/99$。显然滑动端在 x 处电压或电流的最小相对变化量越小，其灵敏度就越低，细调程度就越好；反之亦然。对式(3-47)微分后，整理可得

$$\frac{\Delta U_n}{U_{max}\Delta x} = \frac{k^2 + kx^2}{(x + k - x^2)^2} \tag{3-48}$$

式(3-48)中 $\Delta U_n = U_{n+1} - U_{n-1}$，令分压灵敏度 $S_{Vn} = \Delta U / U_{max}/\Delta x$，则对于不同的 k 值，x 与 S_{Vn} 的关系为分压灵敏度曲线。实验中只需测量不同台位位置的 ΔU_n，即可计算出第 n 台阶位置的相对位置 x 和电压灵敏度 S_{Vn}，从而绘制出分压灵敏度曲线如图 3-33 所示。

3. 数字电位器的限流电路

如图 3-34 所示，图中 R_W 端在 R_L 端时，R_0 电阻最大，电路中电流最小；R_W 端在 R_H 端时，R_0 电阻最小，电路中电流最大。流过 R_0 的电流 I 随滑动端 R_W 的位置变化而改变。限流器的安全位置是将 R_W 滑至 R_L 端，这时回路电流值最小。

(1)限流特性曲线的测量原理

数字电流表的内阻小到可以忽略它对电路的影响（相当于短路），那么第 n

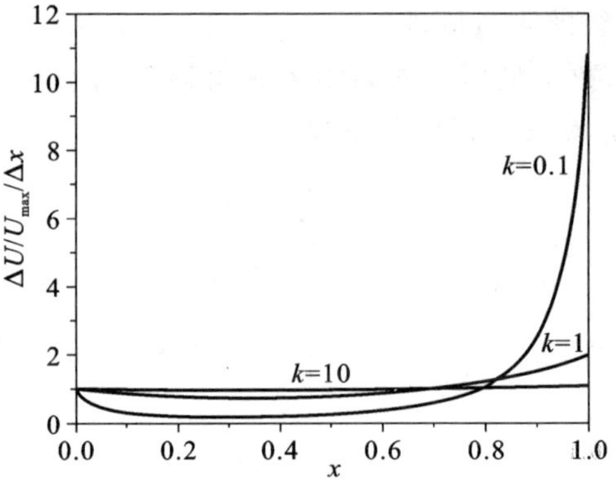

图 3-33　分压灵敏度曲线

台阶时流过负载 R 的电流为：

$$I_n = \frac{E}{R_{HW} + R} = \frac{E}{R_0 - R_{WL} + R} \tag{3-49}$$

式(3-49)中，R_{HW} 表示数字电位器的高电压端 R_H 与滑动端 R_W 之间的电阻，R_{WL} 表示数字电位器的滑动端 R_W 与低电压端 R_L 之间的电阻，令 $I_{\max} = \frac{E}{R}$，引进参数 $x = \frac{R_{WL}}{R_0} \approx \frac{n}{99}$，$k = \frac{R}{R_0}$，则有

$$\frac{I_n}{I_{\max}} = \frac{k}{k + 1 - x} \tag{3-50}$$

令第 n 台阶相对电流为 $Y_{In} = I_n / I_{\max}$，对于不同的 k 值，x 与 Y_{In} 的关系为限流特性曲线。实验中只需测量不同台位置的 I_n，即可计算出第 n 台阶位置的相对位置 x 和 Y_{In}，从而绘制出限流特性曲线如图(3-35)所示。

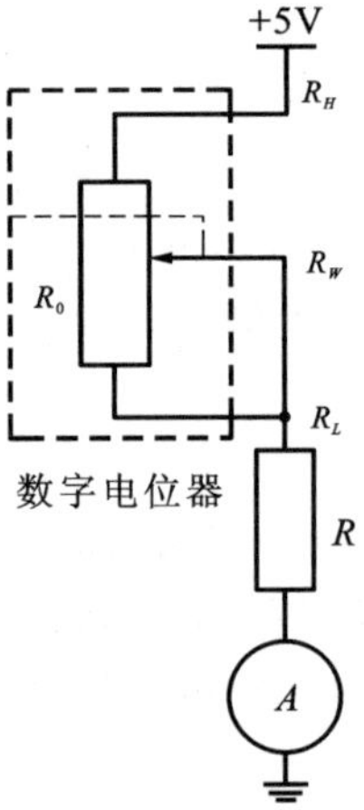

图 3-34　限流电路

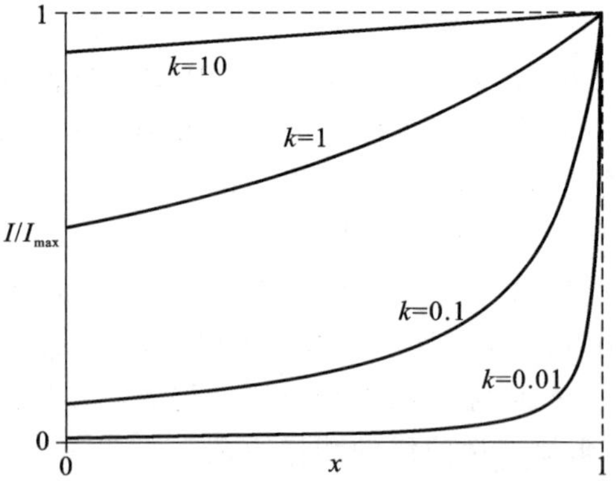

图 3-35　限流特性曲线

(2)限流灵敏度曲线的测量原理

对式(3-50)微分后,整理可得

$$\frac{\Delta I_n}{I_{\max}\Delta x}=\frac{k}{(k+1-x)^2} \tag{3-51}$$

令限流灵敏度为 $S_{In}=\Delta I_n/I_{\max}/\Delta x$,则对于不同的 k 值,x 与 S_{In} 的关系为限流灵敏度曲线。实验中只需测量不同台位位置的 ΔI_n 即可计算出第 n 台阶位置的相对位置 x 和电流灵敏度 S_{In},从而绘制出限流灵敏度曲线如图 3-36 所示。

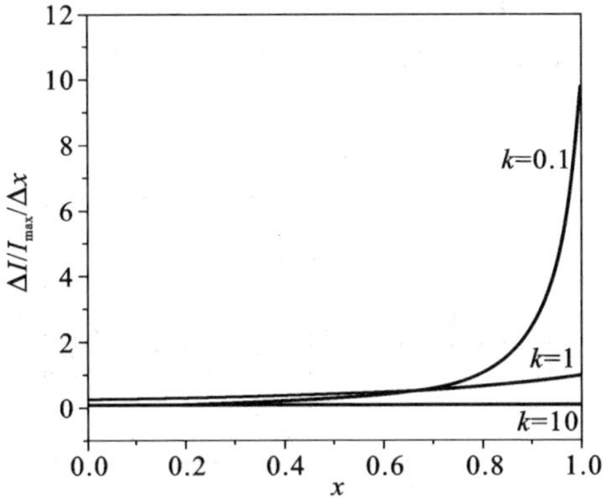

图 3-36　限流灵敏度曲线

4. 数字电位器的应用

(1)负载电压线性调节电路的设计

X9C104 数字电位器总电阻为 $R_0=100\ \mathrm{k\Omega}$,由于一般负载等效直流电阻较小(如红色 LED 正常发光时等效直流负载阻值约 2 V/20 mA=100 Ω),由分压特性曲线可知,若直接控制负载,必将使分压电路的调节性能很差。电压跟随器实质是电压串联负反馈电路,它具有输入电阻大(10 MΩ 以上),输出电阻小的特点。数字电位器的分压信号接到电压跟随电路的输入端,由于电压跟随电路的输入电阻远大于 X9C104 的总电阻,所以电压跟随电路的同相输入端的电压信号与数字电位器的滑动端 R_W 具有良好的线性调节性能。另外,电压跟随电路的输出电阻远小于负载电阻,因此负载电压近似等于电压跟随器的输出电压。

图 3-37 是负载电压线性调节电路,该电路中负载为实际负载 R_{XL} 与限流电阻 R_{CL} 之和,电路由数字电位器分压电路与电压跟随电路构成。使用场效应管 IRF640 作为运放 LM358 的扩流电路,由于场效应管 IRF640 为压控电流源器件,栅极电流几乎为 0,即使流过负载的电流大于 500 mA,栅极电流远小于 LM358 运放的最大驱动电流 20 mA,所以运放能一直工作在线性区,运放的同

相输入端电压能跟随输出到场效应管的源极，即场效应管 IRF640 的源极 S 对地电压 U_S 与数字电位器的台阶位置 n 近似成正比。R_1 和 R_2 构成输入保护电路，防止运放工作于非线性区时，流过数字电位器的电流大于 3 mA 而烧掉数字电位器；限流电阻 R_{CL} 可控制流过非线性负载（比如二极管）的最大电流，当非线性负载工作电压小于 5 V 时，可引入限流电阻 R_{CL}。假设非线性负载最大功率时工作电压为 U_L、电流为 I_L，则限流电阻 R_{CL} 的设计值可按 $R_{CL}=(5-U_L)/I_L$ 估算。比如：稳压二极管正向工作最大功率时的工作电压 $U_L=0.9$ V，电流 $I_L=260$ mA，则限流电阻 $R_{CL}=15.77\ \Omega$，可取 15 Ω/3 W 的大功率电阻作为其限流电阻。运用该电路可测量稳压二极管、LED 二极管、PTC 热敏电阻等非线性负载的伏安特性曲线，测量电路具有良好的电压线性调节功能。

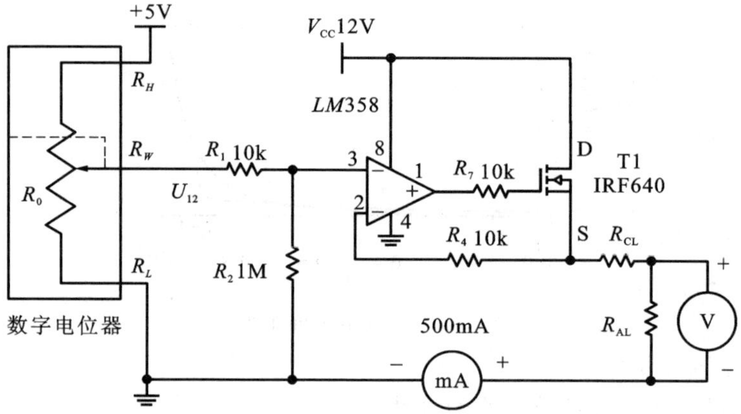

图 3-37　负载电压线性调节电路

(2)负载电流线性调节电路的设计

由于 X9C104 数字电位器的最大工作电流为 3 mA，一般不使用数字电位器的限流电路来调节电流，另外根据数字电位器限流电路的特点可知，数字电位器的限流电路在整个调节范围内线性可调时，电流的调节范围将会变窄，然而分压电路的调节范围不变。因此借助电子技术中 V-I 变换电路，将线性可调的电压信号线性地变换为电流信号，使负载输出电流与调节台阶呈线性关系，从而实现负载电流线性调节。

图 3-38 是负载电流线性调节电路。该电路由数字电位器分压电路与 V-I 变换电路构成。由以上电压跟随电路的分析，可知场效应管 IRF640 的源极 S 对地电压 U_S 与数字电位器的台阶位置 n 近似成正比，又采样电阻 R_{SR} 阻值不变且 $I_D=I_S$，因此负载电流 I_L 与数字电位器的台数 n 近似成正比。即 $I_L=k\times n$，k 为常数。假设非线性负载最大功率时工作电流为 I_L，则采样电阻 R_{SR} 的设计值

可按 $R_{SR} = 5/I_L$ 式估算。比如：小灯泡最大功率时的工作电流 $I_L = 350$ mA，则限流电阻 $R_{CL} = 14.3\ \Omega$，可取 15 Ω/3 W 的大功率电阻作为其采样电阻。运用该电路可测量小灯泡、NTC 热敏电阻等非线性负载的伏安特性曲线，测量电路具有良好的电流线性调节功能。一般发光器件（如 LED，钨丝灯等）的发光强度（亮度）与通过电流近似呈线性关系，因此该电路可实现发光器件亮度的线性调节功能。

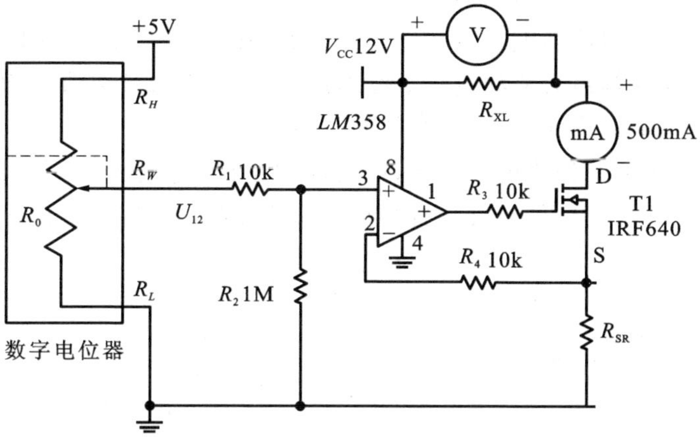

图 3-38 负载电流线性调节电路

（3）直流钨丝小灯泡的伏安特性

钨丝灯泡是利用电流的热效应制成，其工作原理是，当电流通过灯丝（材料一般为钨丝熔点 3000 ℃以上）时产生热量，当温度达到 2000 ℃以上时，就会发出可见光。由于节能灯、荧光灯发出的光内含较多的紫外线，对人的视力有影响，而钨丝灯发出的光类似于太阳光，包含的紫外线比较少，更适合于青少年读书学习的照明用。直流钨丝小灯泡是一个受电压、温度影响的非线性元件，其钨丝电阻随温度变化关系为：

$$R(T) = R_0[1 + \alpha(T - T_0)] \tag{3-52}$$

其中，α 为金属钨丝的电阻温度系数，$\alpha = 0.0045\ ℃^{-1}$；R_0 为钨丝小灯泡 0℃ 的电阻；$T_0 = 0$ ℃，T 为钨丝的实际温度。

（4）热敏电阻的伏安特性

半导体材料的电阻率受温度影响时变化很大，热敏电阻即利用这种性质制成的温度敏感器件。热敏电阻按其温度特性可分为负温度系数热敏电阻（简称 NTC）和正温度系数热敏电阻（PTC）。热敏电阻的伏安特性是指表示加在其两端的电压和通过的电流，在热敏电阻和周围介质热平衡（即加在元件上的电功率和耗散功率相等)时的互相关系。

图 3-39 为负温度系数热敏电阻的伏安特性曲线,在电流较小时,热敏电阻遵循欧姆定律。当电流增大到一定值时,电压达到最大值 U_{max}。如电流继续增大,由于热敏电阻本身温度升高,开始出现负阻特性,虽电流增大,但电阻值却减小,端电压下降。图 3-40 正温度系数热敏电阻的伏安特性曲线,曲线的起始段为直线,其斜率的倒数与热敏电阻在此环境温度下的阻值相等,这是由于热敏电阻电流较小时,耗散功率引起的温升可以忽略不计的缘故。当热敏电阻的耗散功率继续增加时,阻体温度超过环境温度,引起阻值增大,曲线开始弯曲。当电压增加时,电流达到最大值如电压继续增加,由温升引起的阻值的增加将超过电压增加的速度,电流反而减小,曲线斜率开始变负。

热敏电阻作为一种热敏传感器,广泛应用于仪器仪表的温度、液位、流速等检测以及温度补偿、恒压、延时、保护、自动增益控制等电路的电路元件。

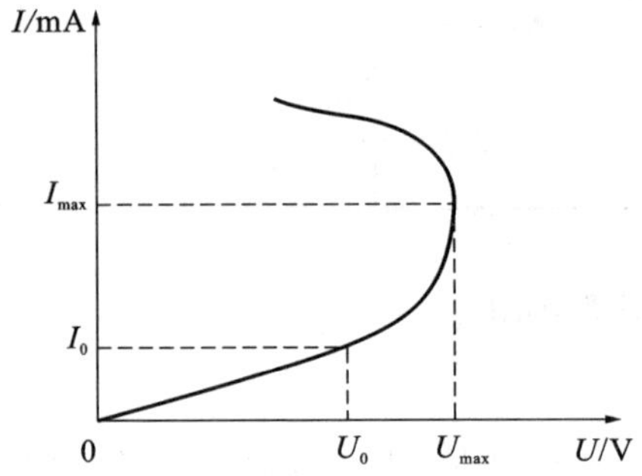

图 3-39　NTC 热敏电阻的伏安曲线

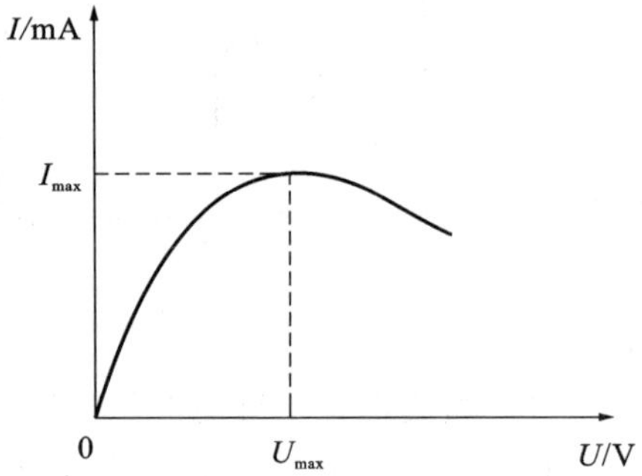

图 3-40　PTC 热敏电阻的伏安曲线

实验内容

(1)数字电位器分压特性曲线和分压灵敏度曲线的测定。

(2)数字电位器限流特性曲线和限流灵敏度曲线的测量。

(3)利用负载电流线性调节电路,实现小灯泡伏安特性曲线的测量。

(4)分别利用负载电流线性调节电路和负载电压线性调节电路,实现 PTC、NTC 热敏电阻的伏安特性曲线的测量。

(5)测量稳压二极管的正向、反向伏安特性。

实验方法与步骤

1. 数字电位器分压特性曲线和分压灵敏度曲线的测定

(1)负载电阻 R 取 10 kΩ 时,在 DHSR-A 型数字电位器调节特性及应用实验仪按图 3-31 连接好线路，打开 220 V 电源开关。

(2)通过控制键盘分别测出数字电位器滑动端 R_W 位于 0,20,40,60,80,98 台阶位置时,负载两端电压 U_n 和电压增量 $\Delta U_n = U_{n+1} - U_{n-1}$ 的原始数据,按表 3-17 记录原始数据。

(3)更换负载电阻 R 为 100 kΩ,重复步骤(2),完成负载为 100 kΩ 分压特性曲线和分压灵敏度曲线原始数据测量。

2. 数字电位器限流特性曲线和限流灵敏度曲线的测量

负载电阻 R 取 10 kΩ、100 kΩ、1000 Ω 时按图 3-34,在 DHSR-A 型数字电位器调节特性及应用实验仪连接好线路,电流表量程选择 500 μA，打开 220 V 电源开关。

通过实验仪面板控制键盘,改变数字电位器 R_L 与 R_W 之间台阶数,然后记录对应台阶时电流表的读数,实现限流特性数据的手动测量和记录;按表 3-18 记录原始数据。

3. 小灯泡(2.5V/0.3A)伏安特性的测量

(1)利用 DHSR-A 型数字电位器调节特性及应用实验仪,按图 3-41 连接好线路,其中限流电阻 R_{CL} 取 15 Ω/3 W,小灯泡的参数为 2.5 V/0.3 A,电流表量程选择 500 mA，打开 220 V 电源开关。

(2)通过实验仪面板控制键盘,改变数字电位器 R_L 与 R_W 之间台阶数,然后记录对应台阶时电压表、电流表的读数。按表 3-19 记录原始数据。

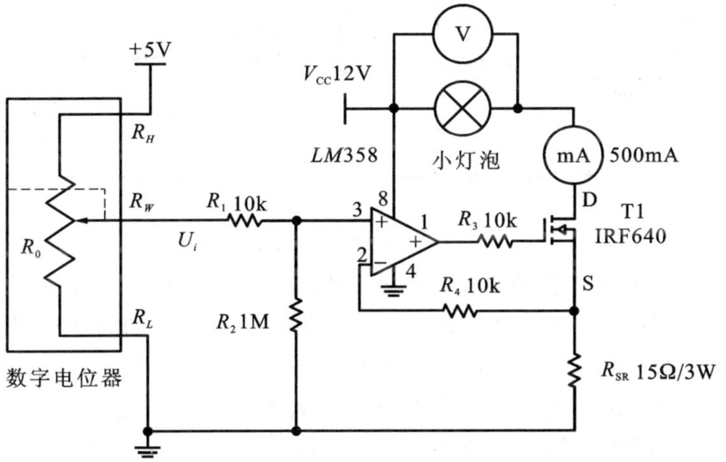

图 3-41　小灯泡伏安特性实验连线图

4. PTC 和 NTC 伏安特性的测量

(1)利用 DHSR-A 型数字电位器调节特性及应用实验仪,按图 3-42、图 3-43

连接好线路，电流表量程选择 500 mA，打开 220 V 电源开关。

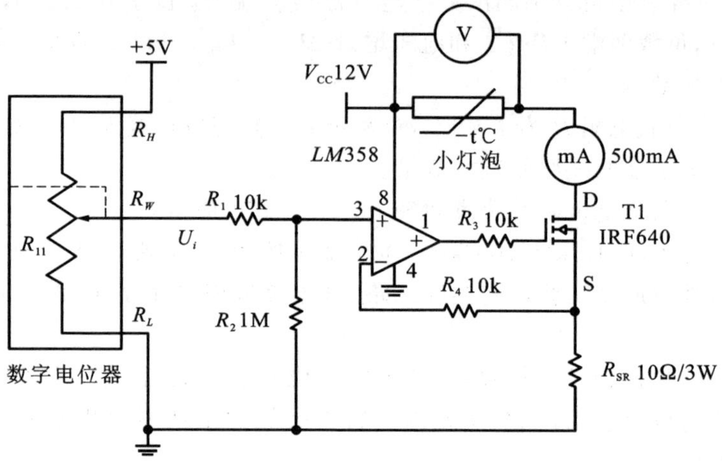

图 3-42 NTC 伏安特性实验连线图

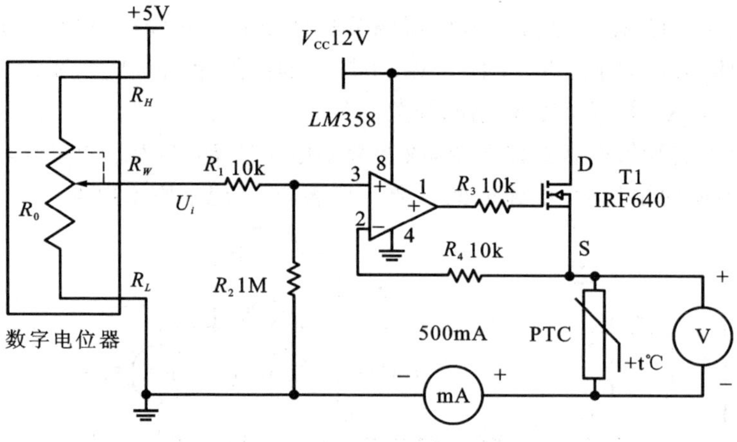

图 3-43 PTC 伏安特性实验连线图

通过实验仪面板控制键盘，改变数字电位器 R_L 与 R_W 之间台阶数，每次改变时间间隔一定（如 20 s），然后记录对应台阶时电压表、电流表的读数。

5. 稳压二极管的正向、反向伏安特性的测量（选做）

（1）利用 DHSR-A 型数字电位器调节特性及应用实验仪，按图 3-44(a)连接好线路，其中限流电阻 R_{CL} 取 15 Ω/3 W，二极管选取 1N4728A 稳压管，电流表量程选择 500 mA，打开 220 V 电源开关。

（2）通过实验仪面板控制键盘，改变数字电位器 R_L 与 R_W 之间台阶数，然后记录对应台阶时电压表、电流表的读数。同样操作可以按图 3-44(b)测量反向伏安特性。

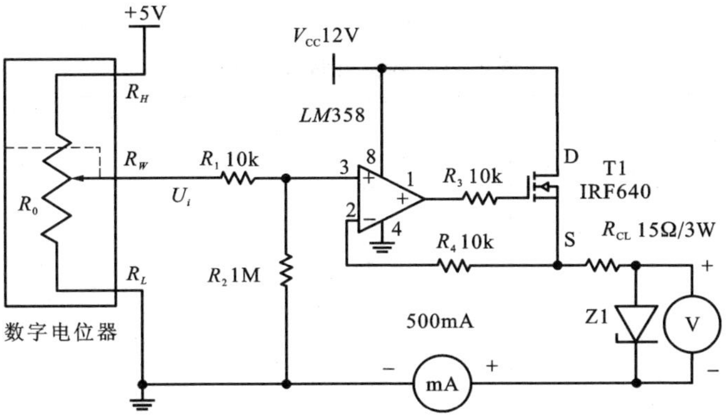

(a)

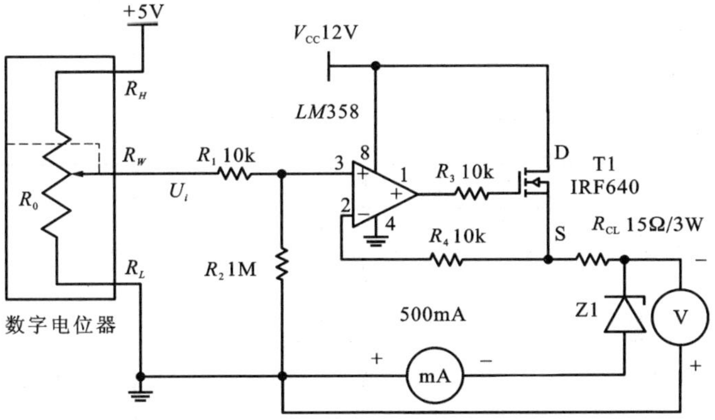

(b)

图 3-44　稳压二极管正、反向伏安特性实验连线图

(a)正向;(b)反向

原始数据表格

1. 分压电路的调节特性与灵敏度

表 3-17　分压电路的调节特性与灵敏度原始数据

n/台阶位置		1	20	40	60	80	98
R_L=10 kΩ	U_n/V						
	U_{n+1}/V						
	U_{n-1}/V						
R_L=100 kΩ	U_n/V						
	U_{n+1}/V						
	U_{n-1}/V						

2. 限流电路的调节特性与灵敏度

表 3-18 限流电路实验数据

台阶位置 n	电流表读数 $I/\mu A$			台阶位置 n	电流表读数 $I/\mu A$		
	$R=10\ k\Omega$	$R=100\ k\Omega$	$R=1000\ k\Omega$		$R=10\ k\Omega$	$R=100\ k\Omega$	$R=1000\ k\Omega$
0				51			
1				59			
2				60			
9				61			
10				69			
11				70			
19				71			
20				79			
21				80			
29				81			
30				89			
31				90			
39				91			
40				97			
41				98			
49				99			
50							

3. 小灯泡伏安特性实验数据：

表 3-19 小灯泡伏安特性实验数据（室内温度 $T_R=$________）：

n/台阶	U/V	I/mA	R/Ω	n/台阶	U/V	I/mA	R/Ω
10				55			
15				60			
20				65			
25				70			
30				75			
35				80			
40				85			
45				90			
50				95			

4. NTC 和 PTC 伏安特性的测量

表 3-20　NTC 和 PTC 伏安特性数据

	NTC			PTC		
n/台阶	U/V	I/mA	R/Ω	U/V	I/mA	R/Ω
10						
20						
30						
40						
50						
60						
70						
80						
90						
99						

数据处理

1. 数字电位器分压特性曲线和分压灵敏度曲线的测定

根据表 3-17 测得的负载分别为 10 kΩ 和 100 kΩ 时的分压特性和分压灵敏度的原始数据；得到表 3-21 分压特性曲线和分压灵敏度曲线的整理数据；以 U_n/U_{max} 为纵轴，x 为横轴，绘制出的分压特性曲线和分压灵敏度曲线。

表 3-21　分压电路的调节特性与灵敏度整理数据

x/相对位置							
$R_L=10$ kΩ	$Y_{Vn}=U_n/U_{max}$						
	$S_{Vn}=\Delta U_n/U_{max}/\Delta x$						
$R_L=100$ kΩ	$Y_{Vn}=U_n/U_{max}$						
	$S_{Vn}=\Delta U_n/U_{max}/\Delta x$						

2. 数字电位器限流特性曲线和限流灵敏度曲线

由整理好的数据，绘制出限流特性曲线 $I/I_{max}-x$ 和限流灵敏度曲线 $\Delta I/I_{max}/\Delta x-x$。

表 3-22　限流特性数据

相对台阶 x	I/I_{max}		
	$R=10\ k\Omega$	$R=100\ k\Omega$	$R=1000\ k\Omega$

表 3-23　限流灵敏度数据

相对台阶 x	$\Delta I/I_{max}/\Delta x$		
	$R=10\ k\Omega$	$R=100\ k\Omega$	$R=1000\ k\Omega$

3. 小灯泡伏安特性曲线的测量

根据表 3-19，绘制小灯泡伏安特性曲线。

（1）验证实验电路负载电流的线性调节特性

由绘制小灯电流 I 与 n 线性拟合，说明该电路负载电流随调节台阶之间是否线性特性，相关系数是否达到 3 个 9。

（2）说明小灯泡电阻的非线性

由绘制小灯泡 R-U 关系，并说明小灯泡电阻具有非线性。

（3）估算小灯泡额定工作电压下钨丝温度

根据低压直流小灯泡灯钨丝电阻随温度变化公式估算出小灯泡额定工作电

压下钨丝温度：$R(T)=R_0(1+\alpha\times(T-T_0))$，其中 α 为金属钨丝的电阻温度系数 $\alpha=0.0045$ ℃$^{-1}$，R_0 为钨丝小灯泡0 ℃的电阻，$T_0=0$ ℃，T 为钨丝的实际温度。

4. NTC 和 PTC 伏安特性的测量

(1)分别绘制 NTC 热敏电阻和 PTC 热敏电阻的 U-I 图；

(2)分别绘制 NTC 热敏电阻 I-R 图和 PTC 热敏电阻的 U-R 图；

(3)讨论 NTC 和 PTC 热敏电阻的特点。

4 光学实验

4.1 光学实验的一般知识

4.1.1 光学元件和仪器的保护

光学元件，如透镜、棱镜、反射镜、光栅等，大多数是用光学玻璃制成的，对其光学性能，如折射率、反射率、透射率等都有一定的要求，而它们的机械性能和化学性能都很差，若使用和维护不当，如摔坏、磨损、污损、发霉、腐蚀等均会降低其光学性能，甚至损坏报废。为了安全使用光学元件和仪器，必须遵守以下规则：

(1)必须在了解仪器的操作和使用方法后方可使用仪器。

(2)轻拿轻放，勿使仪器或光学元件受到冲击或振动，特别要防止摔落。不使用的光学元件应随时装入专用盒内，并放在桌子的内侧或其他指定位置。

(3)不准用手触摸光学元件的(光学)表面。须用手拿光学元件时，只能接触其磨砂面、边缘、上下底面等非光学表面。

(4)光学表面上如果有灰尘，应用专用的干燥脱脂软毛笔轻轻拭去，或用橡皮球吹掉，不得用手擦拭或用嘴吹气，以免出现污痕或溅上唾液。

(5)光学表面上若有轻微的污痕或指印，用清洁的镜头纸轻轻拭去，但不能加压擦拭，不准用手帕、纸片等擦拭。若表面有较严重的污痕和指印，应交给实验人员作特殊的清洁处理(例如，用丙酮或酒精清洗等)。所有镀膜面均不能触碰或擦拭。

(6)调整光学仪器时，要耐心细致，需一边观察一边调整，动作要轻、慢，严禁野蛮操作。

(7)仪器用毕应放回箱(盒)内或加罩，防止灰尘沾污。

4.1.2 消视差

要测准物体的大小，必须将量度标尺与被测物体紧靠在一起，处于同一平面，如果标度尺远离被测物体，读数将随眼睛的位置不同而有所改变，这就是视差，如图 4-1 所示。光学实验中经常要测量像的位置和大小，其待测像往往是看得见而摸不着的，怎样才能判断标尺(叉丝)和待测像是紧靠在一起(即处于同一平面)的呢？这就要利用“视差”现象。如果待测像和叉丝未调到同一平面，当上下左右晃动眼睛时，叉丝与像将有相对位移，出现“视差”。边调节像面位置或叉丝位置，边微微晃动眼睛观察，直到“视差”消失。此称之为“消视差”调节。“消视差”调节是光学实验中必不可少的操作步骤。

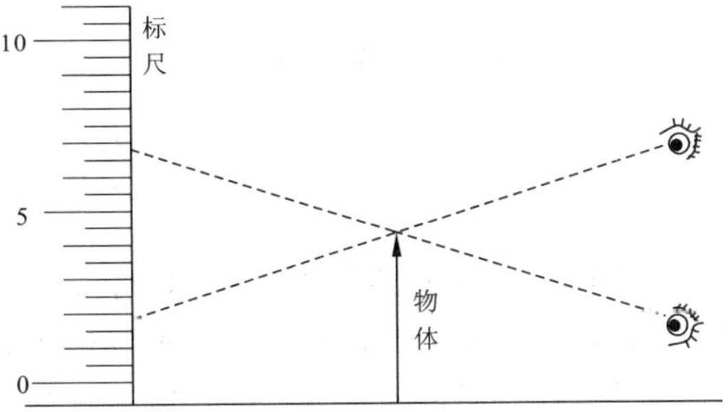

图 4-1　视差

4.1.3　同轴等高调节

光学实验中，经常要用一个或多个光学元件(透镜、测微目镜、双棱镜等)，为了获得好的像质或好的实验条件，必须使它们的光轴重合——同轴等高。同轴等高调节方法如下：

(1)粗调。将物和各光学元件靠拢在一起，调节它们的高低、左右位置，凭目测，使它们的中心大致在一条和导轨平行的直线上，元件平面与导轨垂直。这一步仅凭眼睛判断，称为粗调。

(2)细调。在粗调的基础上，再靠仪器或依成像规律来判断和调节，称为细调。不同的实验装置，其具体的调节方法也有所不同。下面介绍与单个凸透镜共轴的调节方法。

使物与凸透镜同轴，是指把物上的某一点(物点 B)调到透镜的主轴上。如图 4-2 所示，取物 AB 与屏间的距离 $L>4f$(f 为透镜的焦距)。将透镜沿光轴方向移到 O_1 和 O_2，分别在屏上成大像 A_1B_1 和小像 A_2B_2。物点 A 位于光轴上，物点 B 不在光轴上，两次所成像 B_1、B_2 也都不在光轴上(物点 B 在光轴上方，B_1、B_2 在光轴下方)，且不重合(B_1 在 B_2 下方)。小像的 B_2 点总比大像的 B_1 点更接近光轴。据此可知，欲将 B 调至光轴上，只需记住屏上大像上的 B_1 点及小像上 B_2 点的位置(可在屏上贴坐标纸用以记录位置)，调节透镜的高低左右，使 B_1 向 B_2 靠拢并稍超过(称“大像追小像”)，反复调节几次，逐步逼近，直到 B_1 和 B_2 重合，物点 B 便与透镜同轴了。

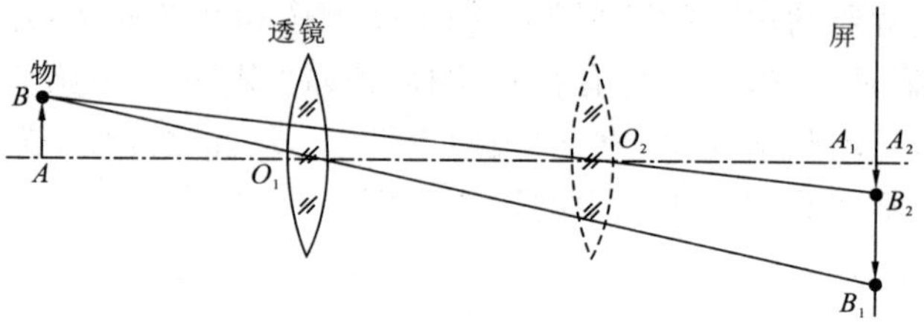

图 4-2　同轴等高调节

4.2　等厚干涉——牛顿环、劈尖

利用透明薄膜上下表面对入射光的依次反射，光将分解成具有一定光程差的几部分，它们在相遇时发生干涉。上下表面反射光在相遇处的光程差 δ 取决于入射光的入射角 i 与反射处薄膜的厚度 e。考虑到一般情况下透明薄膜两边的介质的折射率相同，于是上下表面反射光的光程差为

$$\delta = 2e\sqrt{n_2^2 - n_1^2\sin^2 i} + \lambda/2 \tag{4-1}$$

式中，n_1、n_2 分别为入射介质与透明薄膜的折射率；$\lambda/2$ 是某界面的反射光在该处如满足相位突变的条件时所产生的半波损失。

当以平行光入射时，两束反射光在相遇处的光程差取决于反射处薄膜的厚度 e。同一级干涉条纹所对应的薄膜厚度相同，故称为等厚干涉。

借助于等厚干涉，可以测量透镜的曲率半径、微小的角度、微小的长度和厚度，检查工件加工表面的光洁度和平整度等。

实验目的

(1)练习用等厚干涉法测量透镜的曲率半径及微小夹角；

(2)学习正确使用测量显微镜。

实验原理

1. 用牛顿环干涉原理测量透镜的曲率半径

将一曲率半径很大的平凸透镜的凸面放在一块平板玻璃上，在透镜的凸面与平板玻璃片之间形成空气薄膜，如图 4-3(a)所示，离接触点 O 等距离的膜层厚度相同。显然，等厚层点的轨迹是以 O 为圆心的一簇同心圆。

设凸透镜凸面的曲率半径为 R，离接触点 O 任一距离 r 处的空气层厚度为 e，则由图 4-3(a)的几何关系可知：

$$R^2 = (R-e)^2 + r^2$$

因为 R 一般具有数十厘米乃至数米的数量级，而 e 最大不超过毫米级，即 $R \gg e$。故可略去二级小量 e^2。于是由上式近似得 $2Re=r^2$，故有

$$e = r^2/(2R) \tag{4-2}$$

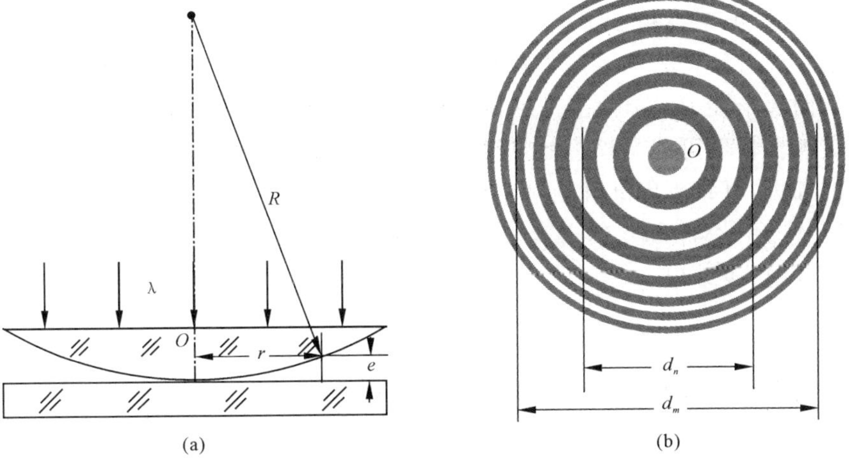

图 4-3 牛顿环干涉装置及干涉条纹示意

当波长为 λ 的平行光束垂直射向凸透镜与平面镜夹的空气膜时，由空气膜上表面和下表面反射的光所产生的光程差为

$$\delta = 2e + \lambda/2 \tag{4-3}$$

式中，$\lambda/2$ 是光在平板玻璃上反射时，发生半波损失而产生的附加光程差。当光程差 δ 为半波长的奇数倍时，发生相消干涉，形成暗条纹。由式(4-3)可知，第 m 级暗条纹应满足

$$\delta_m = 2e_m + \lambda/2 = (2m+1)\lambda/2 \quad (m = 0,1,2,\cdots) \tag{4-4}$$

当光程 δ 为半波长的偶数倍时，发生相长干涉，形成明条纹。由式(4-4)可知，第 m 级明条纹应满足

$$\delta_m = 2e_m + \lambda/2 = (2m)\lambda/2 = m\lambda \quad (m = 0,1,2,\cdots) \tag{4-5}$$

由于从透镜中心向外，空气层的厚度 e 逐渐增加，这样就交替地满足明条纹和暗条纹的条件，凡厚度相同的各点处在同一条干涉圆环上。所以可以看到一组明暗相间的同心圆环条纹——牛顿环，如图 4-3(b)所示。

因为暗环易于观测，实验中常以暗环为测试对象，将式(4-2)代入式(4-4)，将第 m 级条纹的半径写成 r_m，对应空气层厚度写成 e_m，于是

$$\delta_m = 2[r_m^2/(2R)] + \lambda/2 = r_m^2/R + \lambda/2 = (2m+1)\lambda/2 \quad (m = 0,1,2,\cdots)$$

有

$$r_m^2/R = m\lambda \quad (m = 0,1,2,\cdots) \tag{4-6}$$

可得第 m 级暗环半径为

$$r_m = \sqrt{mR\lambda} \quad (m = 0,1,2,\cdots) \tag{4-7}$$

可见 r_m 与 m 的平方根成正比。故由圆心往外，干涉级次愈大环纹愈密、愈细。

从式(4-7)可知，如果测得环纹的半径 r_m，知道了波长 λ，就可以算出凸透镜凸面的曲率半径 R。但由于玻璃的弹性形变以及接触处不干净的因素，平凸透镜与玻璃平板不可能是理想的点接触，所以牛顿环中央不是一点，而是一个很不规则的圆斑，以致难以准确地判定环纹的干涉级次 m。因此，我们往往用测量某两个暗环的半径 r_m 和 r_n 的平方差来计算 R。

由式(4-7)可得

$$R = \frac{r_m^2 - r_n^2}{(m-n)\lambda}$$

用环纹的直径 d 代替半径 r，于是上式可写作

$$R = \frac{d_m^2 - d_n^2}{4(m-n)\lambda} \tag{4-8}$$

式中，m、n 为正整数，且 $m>n$。

2. 用劈尖干涉原理测微小长度

将两块光学玻璃平板叠在一起，在一端插入一薄片(或细丝等)，则在两玻璃板之间形成一劈尖形空气膜。如图 4-4(a)所示。当用单色光垂直照射时，劈尖形空气膜上下表面的两束反射光发生干涉，其光程差为

$$\delta = 2e + \lambda/2$$

产生的干涉条纹是一簇与玻璃交接线平行的等间隔的明暗相间的干涉条纹，如图 4-4(b)所示。

显然产生暗条纹的条件为

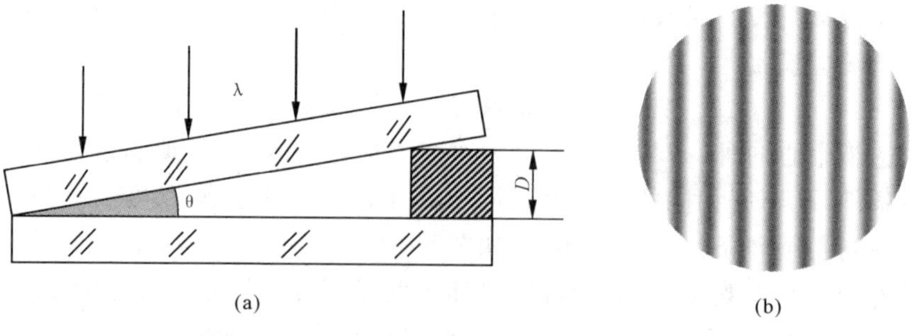

图 4-4　劈尖干涉装置及干涉条纹示意图

$$\delta_m = 2e_m + \lambda/2 = (2m+1)\lambda/2 \quad (m = 0,1,2,\cdots)$$

设从两玻璃交接线到所夹薄片(或细丝等)处的暗条纹数为 n,有

$$\delta_n = 2D + \lambda/2 = (2n+1)\lambda/2$$

则可知薄片(或细丝等)的厚度 D 为

$$D = n\lambda/2 \tag{4-9}$$

由式(4-9)可知,当波长已知时,数出薄片至劈尖棱边出现的干涉条纹数 n,即可算得相应的薄片厚度 D。对于光波的叠加,最亮的位置不易找到,故实验中是测量暗纹的读数。在测薄片(或细丝等)的厚度时,通常用测量显微镜,在显微镜中数干涉条纹数 n。一般 n 较大,为避免数数出现差错,可先测出某长度 Δx 内的干涉条纹数 Δn,得出单位长度内的干涉条纹数 $\Delta n/\Delta x$。若薄片与劈尖棱边的距离为 L,则薄片至劈尖棱边出现的干涉条纹数为 $n=L\Delta n/\Delta x$,代入式(4-9),得到薄片的厚度

$$D = n\lambda/2 = (L\Delta n/\Delta x)\lambda/2 = L\lambda\Delta n/(2\Delta x) \tag{4-10}$$

式(4-10)便是实验公式。可见,只要测得在 Δx 长度区间的条纹数 Δn 及劈尖棱边到薄片的距离 L,就可算得薄片的厚度 D。

这也是测微小夹角的原理。设两个光学表面间的夹角 θ,如图 4-4 中两光学玻璃内侧表面间的夹角为 θ,设某长度 Δx 内的干涉条纹数 Δn,对应 Δx 两端干涉条纹的级次分别为 k 和 $k+n$。这两干涉条纹数对应的光程差分别是

$$\delta_k = 2e_k + \lambda/2 = 2x_k\theta + \lambda/2 = (2k+1)\lambda/2$$

$$\delta_{k+n} = 2e_{k+n} + \lambda/2 = 2x_{k+n}\theta + \lambda/2 = [2(k+n)+1]\lambda/2$$

上两式是在角 θ 很小(一般是分或秒的数量级)的前提下,才有 $e_k = x_k\sin\theta = x_k\tan\theta = x_k\theta$ 这样的结果而得出的。下式减上式,有

$$2(x_{k+n} - x_k)\theta = 2\Delta x\theta = n\lambda$$

于是得两光学表面间的夹角 θ 为

$$\theta = \frac{n\lambda}{2\Delta x} \tag{4-11}$$

可见,只要测得某长度区间 Δx 内的干涉条纹数 Δn,就可算出两光学表面间的夹角 θ。

实验仪器

J-50 型测量显微镜一台,钠光灯及其电源一套(两人共用),牛顿环装置一套,劈尖装置一套。

1. J-50 型测量显微镜

(1)测量显微镜的结构

显微镜的光路如图 4-5 所示。物体 AB 靠近物镜 L_1 的焦点 F_1 的外侧，由 AB 发出的光线经物镜后形成放大的倒立实像 $A'B'$，$A'B'$ 位于目镜 L_2 焦点 F_2 的内侧且紧靠 L_2 的焦点 F_2。于是，再通过目镜形成一位于人眼明视距离处的放大虚像 $A''B''$。显微镜的视角放大率为物镜的线放大率与目镜的视角放大率的乘积。根据不同的测量要求，读数显微镜的量程、分度值和视角放大率等可以有不同规格。实验室所用的 J-50 型读数显微镜，其结构是在前述测微目镜的接头套筒上接一个装有线放大率为 1 的物镜镜筒。

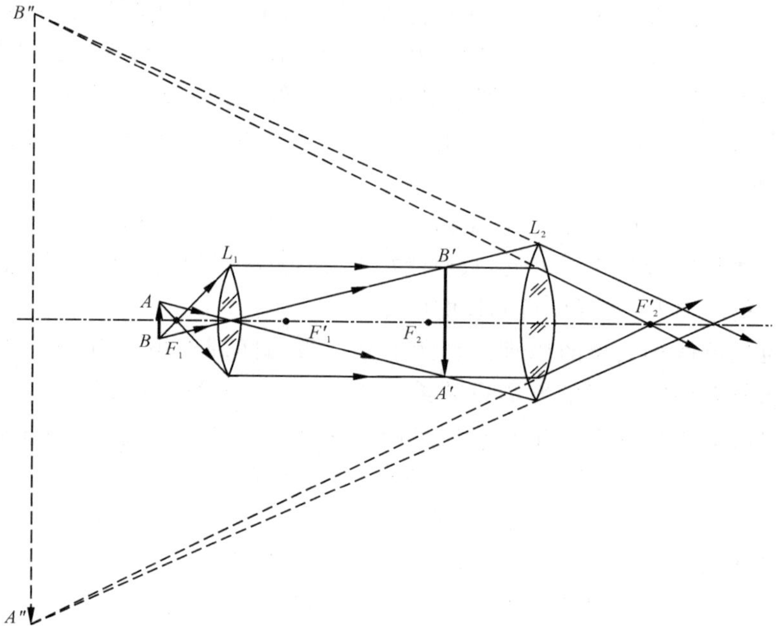

图 4-5　显微镜光路

显微镜通常起放大物体的作用。而测量显微镜(放大倍数略小)除放大物体外，还能测量物体的大小，它主要是用来精确测量那些微小的或不能用夹持仪器(游标卡尺、螺旋测微器等)测量的物体的大小，例如，毛细管的内径、金属杆的线膨胀量、狭缝宽度等。

J-50 型测量显微镜如图 4-6 所示。目镜 2 安插在棱镜座 3 的目镜套筒内，旋转目镜筒，观察者可对镜筒内的"十"字叉丝调焦，目镜止动螺钉 1 可以用来固定目镜的位置，棱镜座能够转动，以便改变观察方位，物镜 5 直接旋在镜筒 4 上，组合成显微镜主体。45°玻璃镜 6 套在物镜 5 上，目的是在做牛顿环和劈尖干涉实验时，将正面射来的单色光反射到牛顿环或劈尖装置上，产生干涉，干涉条纹又可以透过 45°玻璃镜 6 进入显微镜视场而进行测量。转动调焦手轮 15 可使显微镜上下升降进行调焦。支架 13 插在立柱 10 内，并可在立柱 10 内沿竖直轴转动；支架 13 还可借助旋转手柄 11 紧固在立柱 10 的适当位置上；松开紧固手轮 14(在图的背面)，支架 13 可以前后移动，移动到适当位置后，再通过旋紧紧固手轮得以固定。旋转测微鼓轮 12 可使镜筒 5 沿 x 轴向左右移动。测微鼓轮周边上刻线将圆周分成 100 等份，每格相对应的移动量为 0.01 mm，其读数方法和螺旋测微计相似。

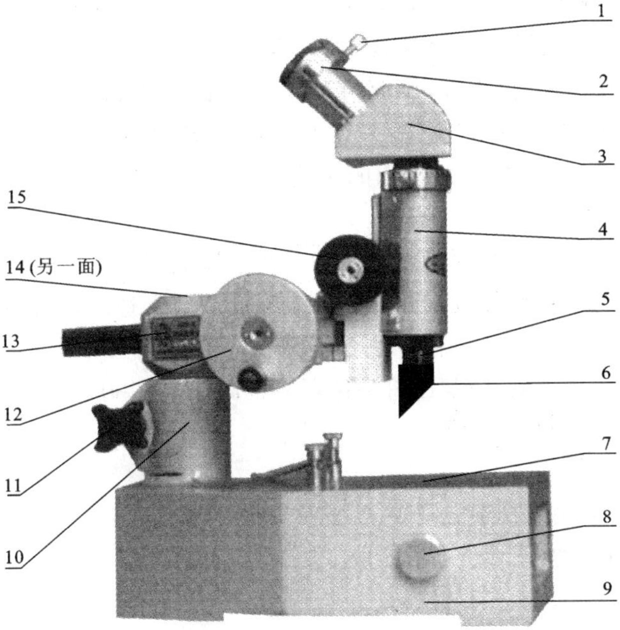

图 4-6 测量显微镜

1—目镜止动螺钉；2—目镜；3—棱镜座；4—镜筒；5—物镜；6—45°玻璃镜；7—工作台；8—反光镜转动手轮；9—底座；10—立柱；11—紧固手轮；12—测微鼓轮；13—支架；14—紧固手轮；15—调焦手轮

(2)测量显微镜的使用方法

测量前先调节目镜与分划板间的距离。因为每个人眼睛的焦距不同，眼睛与目镜组成的新“目镜”的焦距也不同，所以必须调节目镜与分划板间的距离，即对人眼调焦。调焦好坏的标准是能否看清分划板上的黑色“十”字叉丝线，“十”字叉丝线看得越细越清楚越好。然后再调节整个显微镜与被测物的距离，即物镜与被测物之间的距离，看清楚物体，并要求无视差，其标准是人眼在镜筒口上下、左右晃动时，被测物与黑色的“十”字叉丝线无位移。长度的测量仍须利用测微目镜上的读数装置，这是因为物镜的作用只是把待测物转换成 1∶1 的实像以叠合在目镜的分划板上而已。实验室常用的读数显微镜,分度值是 0.01 mm,量程为 50 mm。毫米标尺(主尺)位于镜筒之外并与其光轴垂直。转动读数鼓轮时,镜筒即铅直地沿标尺移动。因此,目镜镜筒内不附有读数装置,只是在紧挨焦面的内侧固定一块有"十"字准线的分划板。旋转读数鼓轮,可使目镜分划板上的准线依次对准被测物像的两端,两读数之差即为待测线度。

测量牛顿环与劈尖的干涉条纹时,将干涉装置牢靠地安置在测量工作台上后,利用调焦手轮将物镜自下而上移动(注意:将物镜由上而下进行调焦,会使物镜碰到待测物,造成损坏),直到视场清晰,使目镜中"十"字叉丝与被测原始基准(包括点、线、面)的像相重合,设此时 x 轴的示值为初读数 x_0;然后旋转测微鼓轮,移动视场,再使目镜中"十"字叉丝与被测距离的另一基准的像相重合,记下 x 轴的示值 x_i,x_i-x_0 便是两点间的距离或线长。

2. 牛顿环装置

组成牛顿环装置的平面镜与凸透镜装在金属支架内,金属支架的三个螺丝可以调节平面镜与凸透镜的接触方位。三个螺丝调节合适时,平面镜与凸透镜的接触点在镜子的中央。为了不使个别学生调节不合适时三个螺丝拧得过紧而把牛顿环装置中的镜片压破,教师已将牛顿环装置调好,学生切不可再拧三个螺丝。

实验步骤

1. 用牛顿环测量透镜的曲率半径

(1)开钠光灯电源,预热 15 min。

(2)按图 4-7 所示安置仪器。

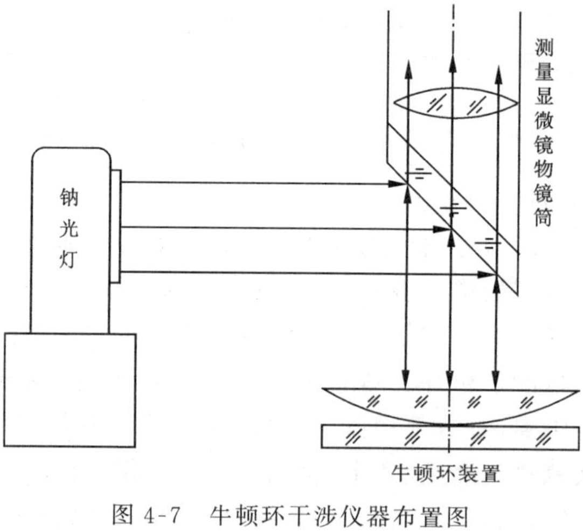

图 4-7 牛顿环干涉仪器布置图

(3)转动测微鼓轮，让读数指针指在标尺的中部，使显微镜筒向两边都有足够的移动空间。

(4)转动测量显微镜物镜筒，使其与水平成45°角的斜面的进光孔正对着钠光灯出光孔，以便位于物镜镜筒口的玻璃片将来自钠光灯的光反射到牛顿环装置上。

(5)旋转目镜，看清"十"字叉丝线；旋转目镜筒，使一准线与标尺垂直，另一准线与标尺平行。

(6)转动调焦手轮，先使物镜向下接近牛顿环镜片，同时人眼在外监视，不让45°玻璃镜筒触碰压碎玻璃片；再反向转动调焦手轮缓慢提起显微镜筒，人眼在显微镜内观察，对显微镜仔细调焦(见上面测量显微镜的使用方法)，并调整光源与显微镜的相对位置以及牛顿环在载物台上的位置。除了能看清干涉条纹外还必须满足：显微镜的视场有足够的亮度；干涉图样与"十"字叉丝都能看清，不存在视差；并且当显微镜的载物台左右移动时，使牛顿环的中心尽量在"十"字叉丝的水平线上移动，垂直准线始终能与圆环相切。

(7)测量牛顿环直径，计算透镜的曲率半径。

转动测微鼓轮，在载物台上的牛顿环装置随之作水平方向移动。当垂直准线与圆心左边的第 m 级暗纹相切时，记下读数为 L_m，与圆心右边的同级暗纹相切时，记下读数为 L'_m，则第 m 级环纹的直径为

$$d_m = | L'_m - L_m | \tag{4-12}$$

可选择测第11～15环的直径为 d_n，第21～25环的直径为 d_m，依次记下欲测的各级环纹在圆心两侧与"十"字叉丝的垂直线相切的读数，求出各级牛顿环的直径，然后代入式(4-8)计算透镜的曲率半径 R。

在旋转测微鼓轮移动显微镜镜筒的测量过程中，必须顺着一个方向旋转测微鼓轮，防止倒转，这是因为显微镜镜筒的水平移动是靠转动测微鼓轮带动丝杆实现的，由于丝杆与螺母套筒之间存在着间隙，在开始反向转动鼓轮时，可能没有立即带动显微镜镜筒移动，而此时鼓轮上的读数却有了改变，因而引起较大的测量误差(迈克尔逊干涉仪的读数系统也存在这个问题)。在开始反向转动鼓轮后显微镜镜筒刚要开始动作之前，鼓轮所转过的量为回空量，又叫螺距差。实验要在回空量确实证明已经消除的情况下，方可进行。建议由干涉环中心左侧 $m=30$ 的环纹开始，向右边移动载物台，使"十"字叉丝的垂直线依次与 $m=25$，24，…，12，11环纹相切，记下相应的读数 L_{25}，L_{24}，…，L_{12}，L_{11}，越过中心后逐次递增干涉级，并测出圆心右侧的相应读数 L'_{11}，L'_{12}，…，L'_{24}，L'_{25}。中心两侧对应环纹的读数之差便为该级环纹的直径。同级环纹的切点相对中心应对称。

2. 用劈尖干涉法测微小角度

(1)将劈尖置于显微镜载物台上。仿照步骤1中的(1)～(6)，调节后能看清干涉条纹。

(2)调整劈尖装置，使干涉条纹与“十”字叉丝的垂直线平行。

(3)从某暗纹开始，记下此时读数显微镜的读数 x_1；然后每数一条，记下读数显微镜的读数，直到第五条，即记下5个读数显微镜的读数 x_1、x_2、x_3、x_4、x_5。此后数到21、22、23、24、25，记下对应读数显微镜的读数 x_{21}、x_{22}、x_{23}、x_{24}、x_{25}。算出20个条纹的宽度 $\Delta x_{20}=x_{20+i}-x_i$。

(4)用式(4-11)计算微小角度 θ。

注意事项

(1)寻找干涉条纹时，一定要先转动调焦手轮，在人眼的监视下使物镜向下接近牛顿环镜片，不让45°玻璃镜筒压碎玻璃片，然后再反向转动调焦手轮缓慢提起显微镜筒对显微镜仔细调焦。

(2)测量过程中不容许测微鼓轮倒转。

原始数据表格

(1)用牛顿环测凸透镜凸面的曲率半径。

已知钠黄光的波长为 $\lambda=589.3$ nm

测量显微镜量程________mm，分度值________mm。

表4-1　凸透镜凸面的曲率半径

暗纹级次		L_i(mm)	L'_i(mm)	$d_i=\lvert L'_i-L_i\rvert$(mm)	d_i^2(mm²)	$\Delta d^2=d_m^2-d_n^2$(mm²)
m	25					
	24					
	23					
	22					
	21					
n	15					
	14					$\overline{\Delta d^2}=$
	13					$S_{\overline{\Delta d^2}}=$
	12					
	11					

(2)用劈尖干涉法测微小角度的表格自拟。

数据处理

1. 用牛顿环测凸透镜凸面的曲率半径(用逐差法处理数据)

(1)求 $\Delta d^2=d_m^2-d_n^2$ 的平均值$\overline{\Delta d^2}$及不确定度 $\Delta(\Delta d^2)$

其中 B 分量按以下方式处理:

因 $\Delta d^2=d_m^2-d_n^2$,两边微分(微分号 d 用 δ 代替),有

$$\delta(\Delta d^2)=2d_m\delta d_m-2d_n\delta d_n$$

$$\Delta(\Delta d^2)_{仪}=[4d_m^2(\Delta d_{m仪})^2+4d_n^2(\Delta d_{n仪})^2]^{1/2}$$

而 $\Delta d_{m仪}=\Delta d_{n仪}=0.005$ mm,将 d_m^2 用$\overline{d_m^2}$代替,d_n^2 用$\overline{d_n^2}$代替,求得 $\Delta(\Delta d^2)_{仪}$,从而得出

$$\Delta_B(\Delta d^2)=\Delta_{仪}(\Delta d^2)$$

本来由于条纹不细锐,造成了数 m、n 数时发生偏差,对于 m、n 的不确定度,一般取 $\Delta m=\Delta n>0.1$。但在这儿不考虑,只认为 m、n 是准确的;钠光波长 λ 由实验室给出,也认为是准确的。

所得数据填入表 4-2。

表 4-2　Δd^2 的平均值$\overline{\Delta d^2}$及不确定度 $\Delta(\Delta d^2)$　　单位:mm^2

$\overline{\Delta d^2}$	$S_{\overline{\Delta d^2}}$	t 值(无单位)	$\Delta_A(\Delta d^2)$	$\Delta_{仪}(\Delta d^2)$	$\Delta_B(\Delta d^2)$	$\Delta(\Delta d^2)$

其中

$$\overline{\Delta d^2}=\frac{1}{n}\sum_{i=1}^{n}(\Delta d_i^2)$$

$$S_{\overline{\Delta d^2}}=\sqrt{\sum_{i=1}^{n}[(\Delta d_i^2)-\overline{\Delta d^2}]^2/[n(n-1)]}$$

$$\Delta_A(\Delta d^2)=tS_{\overline{\Delta d^2}}$$

$$\Delta(\Delta d^2)=\sqrt{[\Delta_A(\Delta d^2)]^2+[\Delta_B(\Delta d^2)]^2}$$

(2)用公式

$$R=\frac{d_m^2-d_n^2}{4(m-n)\lambda}=\Delta(d^2)/[4(m-n)\lambda]$$

$$\Delta R=\Delta(\Delta d^2)/[4(m-n)\lambda]$$

求出 $\overline{R}$,并求出其不确定度 ΔR。写出结果表达式 $R=\overline{R}\pm\Delta R$。

2. 测劈尖顶角 θ

仿上面的方法求劈尖顶角 θ 及其不确定度 $\Delta\theta$,并写出结果表达式 $\theta=\bar{\theta}\pm\Delta\theta$。

预习思考题

(1)写出正确使用测量显微镜的几点要求。

(2)实验中为什么不用式(4-7)测透镜的曲率半径?

(3)如果牛顿环没有变形,中心条纹是什么形状?是明纹还是暗纹?

(4)如果改变空气劈尖的角度,使其增大,条纹如何变化?棱边处条纹是明还是暗?

实验后思考题

(1)牛顿环和劈尖的实验为什么要用单色光?若用复色光照明会出现什么现象?

(2)使用钠光灯应该注意哪些问题?(可参看使用说明书。)

(3)使用测量显微镜测微小长度时,为什么只许显微镜镜筒向一个方向移动,即实验过程中,测微鼓轮不能倒转?

(4)为什么说显微镜测量的是实际的长度,而不是显微镜内放大了的线度?如果改变显微镜筒的放大倍率,是否会影响测量结果?

4.3 用分光计测棱镜的顶角和折射率

折射率是物质材料的一个重要光学参数,它不仅与材料的组成有关,而且还是波长的函数,所以测定折射率是十分重要的。

实验目的

(1)继续学习分光计的结构原理,调节和使用分光计的方法;

(2)测量棱镜的顶角;

(3)观察复色光的色散现象;

(4)用最小偏向角法测定棱镜的折射率。

实验原理

1. 测棱镜顶角

(1)自准法。将三棱镜置于已经调好的分光仪的载物台上,调载物台使棱镜的两侧面 AB 与 AC 平行于分光计主轴。让望远镜先后垂直对准顶角 A 的两个侧面 AB 与 AC。设望远镜转过的角度为 φ,如图 4-8 所示。由几何关系可得顶角 A 的值为

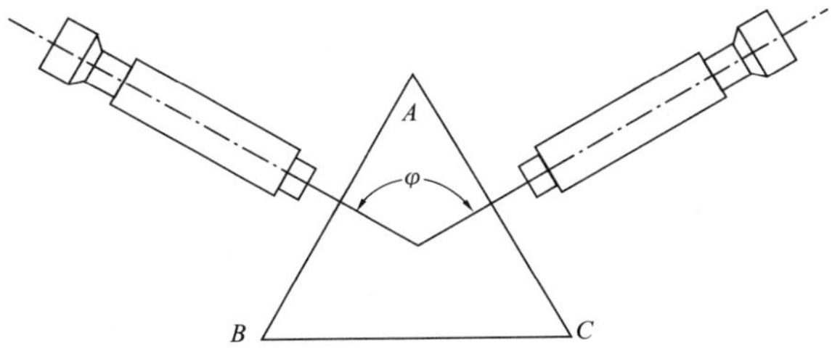

图 4-8　自准法测棱镜顶角

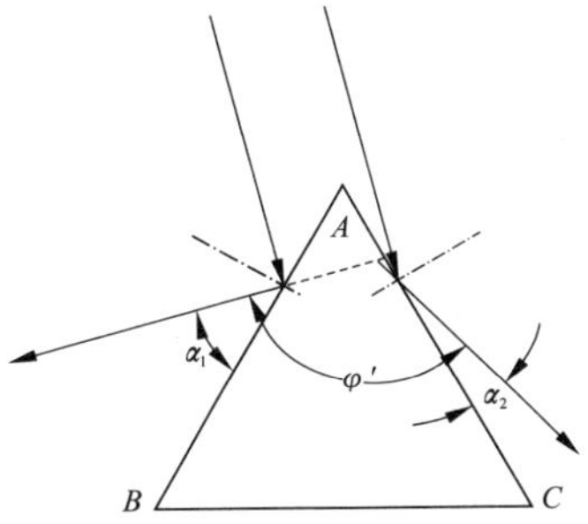

图 4-9　反射法测棱镜顶角

$$A = \pi - \varphi \tag{4-13}$$

(2)反射法。将三棱镜置于已经调好的分光仪载物台上，调载物台使棱镜的两侧面 AB 与 AC 平行于分光计主轴。让棱镜顶角对准平行光管，使部分平行光由 AB 面反射，另一部分平行光由 AC 面反射，转动望远镜测出此二反射光的夹角 φ'，如图 4-9 所示。由几何关系知

$$\varphi' = A + \alpha_1 + \alpha_2$$

$$A = \alpha_1 + \alpha_2$$

其中 α_1、α_2 为反射线与棱镜侧面的夹角，故有

$$A = \varphi'/2 \tag{4-14}$$

2. 测棱镜玻璃的折射率

我们用的方法是通过测最小偏向角来测棱镜玻璃的折射率 n。如图 4-10 所示，ON 与$O'N'$分别为两折射面的法线，光线 PO 经待测棱镜两次折射后沿 $O'P'$方向射出，出射线 $O'P'$与入射线 PO 的夹角 δ 为偏向角。根据图中的几何关系可得 δ 与顶角 A 分别是

$$\delta = (i_1 - i'_1) + (i'_2 - i_2)$$

$$A = i'_1 + i_2$$

有

$$\delta = (i_1 + i'_2) - A \tag{4-15}$$

对于给定的棱镜，顶角是固定的，则 δ 随 i_1 和 i'_2而变化，而 i'_2依次与 i_2、i'_1和 i_1 相关，因此，i'_2归根结底是 i_1 的函数，偏向角 δ 也就仅随 i_1 而变化。可以证明当 $i'_2=i_1$ 时，δ 有一极小值 $\delta_{\min}$(称为最小偏向角)。证明如下：

为求 δ 的极值，令 $\mathrm{d}\delta/\mathrm{d}i_1=0$，则由式(4-15)得

$$0 = \frac{\mathrm{d}\delta}{\mathrm{d}i_1} = 1 + \frac{\mathrm{d}i'_2}{\mathrm{d}i_1}$$

$$\frac{\mathrm{d}i'_2}{\mathrm{d}i_1} = -1$$

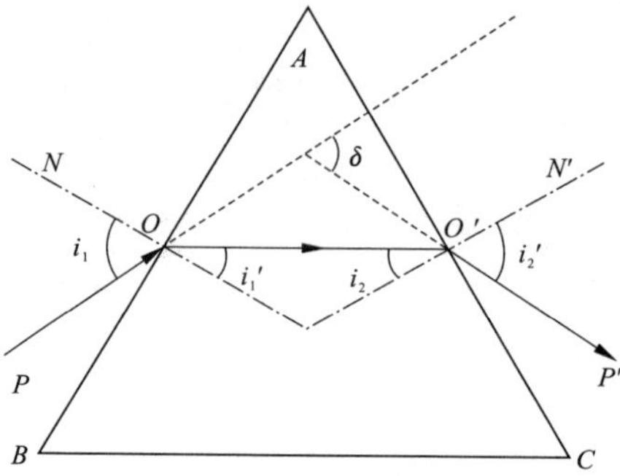

图 4-10　入射光在棱镜中的折射

再利用 $A=i_1'+i_2$ 和两折射面处的折射条件：

$$\sin i_1 = n\sin i_1' \qquad n\sin i_2 = \sin i_2' \tag{4-16}$$

对式 $A=i_1'+i_2$ 和式(4-16)两边微分，得

$$0 = \mathrm{d}i_1' + \mathrm{d}i_2,\quad \cos i_1 \mathrm{d}i_1 = n\cos i_1' \mathrm{d}i_1',\quad n\cos i_2 \mathrm{d}i_2 = \cos i_2' \mathrm{d}i_2'$$

有

$$\mathrm{d}i_2/\mathrm{d}i_1' = -1,\quad \mathrm{d}i_1'/\mathrm{d}i_1 = \cos i_1/(n\cos i_1'),\quad \mathrm{d}i_2'/\mathrm{d}i_2 = n\cos i_2/\cos i_2'$$

因

$$\frac{\mathrm{d}i_2'}{\mathrm{d}i_1} = \frac{\mathrm{d}i_2'}{\mathrm{d}i_2}\cdot\frac{\mathrm{d}i_2}{\mathrm{d}i_1'}\cdot\frac{\mathrm{d}i_1'}{\mathrm{d}i_1}$$

有

$$-1 = \frac{n\cos i_2}{\cos i_2'}\cdot(-1)\cdot\frac{\cos i_1}{n\cos i_1'}$$

于是得

$$\begin{aligned}1 &= \frac{\cos i_2}{\cos i_2'}\cdot\frac{\cos i_1}{\cos i_1'} = \frac{\cos i_2\ \sqrt{1-\sin^2 i_1}}{\cos i_1'\sqrt{1-\sin^2 i_2'}}\\ &= \frac{\cos i_2\ \sqrt{1-n^2\sin^2 i_1'}}{\cos i_1'\sqrt{1-n^2\sin^2 i_2}} = \frac{\sqrt{\sec^2 i_1' - n^2\tan^2 i_1'}}{\sqrt{\sec^2 i_2 - n^2\tan^2 i_2}}\\ &= \frac{\sqrt{1+\tan^2 i_1' - n^2\tan^2 i_1'}}{\sqrt{1+\tan^2 i_2 - n^2\tan^2 i_2}} = \frac{\sqrt{1+(1-n^2)\tan^2 i_1'}}{\sqrt{1+(1-n^2)\tan^2 i_2}}\end{aligned}$$

得

$$\tan i_1' = \tan i_2$$

而在棱镜折射的情况下 i_1' 和 i_2 均小于 $\pi/2$，故 $i_1'=i_2$。则由式(4-16)，得到 $i_1=i_2'$，可见 δ 取极值 $\delta_{\min}$ 时，有

$$i_1' = i_2 \quad 或 \quad i_1 = i_2'$$

显然，这时入射光和出射光的方向相对于棱镜顶角是对称的。将以上结果代入式(4-15)，得

$$\delta_{\min} = 2i_1 - A \tag{4-17}$$

或

$$i_1 = \frac{1}{2}(\delta_{\min} + A)$$

而 $A = i_1' + i_2 = 2i_1'$，得 $i_1' = A/2$。于是棱镜对某单色光的折射率 n 为

$$n = \frac{\sin i_1}{\sin i_1'} = \frac{\sin \dfrac{\delta_{\min} + A}{2}}{\sin \dfrac{A}{2}} \tag{4-18}$$

可见，只要测出棱镜的顶角 A 和最小偏向角 $\delta_{\min}$ 后，就能按照式(4-18)算出棱镜的折射率 n 。

透明材料的折射率是光波波长的函数。同一材料的棱镜对不同波长的光具有不同的折射率，所以当复色光经棱镜折射后，不同波长的光将因偏向角不同而分开，故棱镜常作为摄谱仪或类似仪器的分光元件。

实验要求测定棱镜对汞灯的绿光($\lambda_1 = 546.1$ nm)和黄光($\lambda_2 = 577.0$ nm)两种波长光的折射率。

实验仪器

JJY 型分光计一台，平行平镜一个，三棱镜一个，汞灯及电源一套。

(请实验者务必仔细耐心地学习仪器的使用，否则实验将无法进行。)

1. 分光计的结构

分光计是用来精确测量入射光与出射光之间偏转角度的一种仪器，用它可以测量折射率、色散率、光波波长等。分光计的基本部件和调节原理与其他复杂的光学仪器(例如摄谱仪、单色仪等)有许多相似之处，学习和使用分光计可为今后使用精密的光学仪器打下良好的基础。分光计装置精密，结构复杂，调节要求高，对初学者有一定的难度。但只要注意了基本结构和测量光路，严格按调节步骤耐心进行调节，定能较好地达到要求。

分光计主要由平行光管、自准直望远镜(与游标盘相连)和载物平台(与主分度盘相连)三部分组成，其中除平行光管被固定外，其他两部分均可绕仪器竖直中心轴转动。

不同型号的分光计在结构上虽有所不同，但其主要组成部分却相似。JJY 型分光计如图 4-11 所示。

(1)分光计采用的是自准望远镜，望远镜中常用的自准目镜有高斯目镜和阿

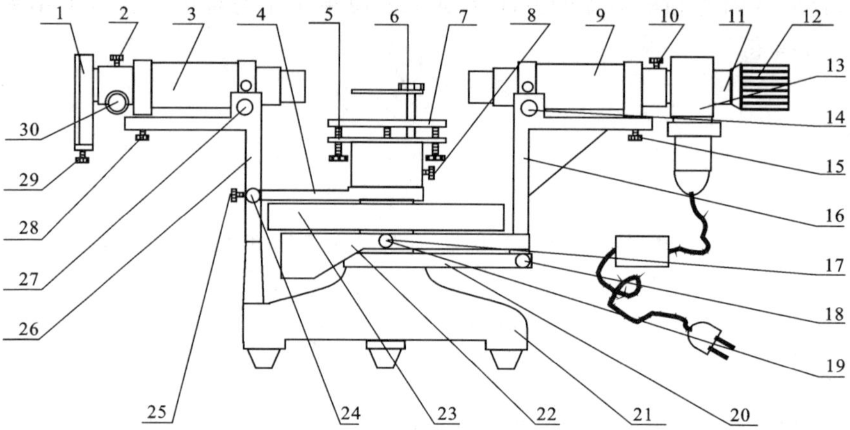

图 4-11 分光计

1—狭缝装置；2—(侧面)狭缝装置锁紧螺钉；3—平行光管；4—制动架 B；5—载物台调平螺钉；6—载物台上夹物装置；7—载物台；8—载物台锁紧螺钉；9—望远镜；10—(侧面)目镜锁紧螺钉；11—阿贝式自准直目镜；12—目镜调焦手轮；13—“十”字丝照明装置；14—望远镜方位调节螺钉；15—望远镜水平调节螺钉；16—支撑臂；17—转座与度盘止动螺钉(背面)；18—望远镜微调螺钉；19—望远镜止动螺钉；20—制动架 A；21—底座；22—转座；23—度盘与游标盘；24—游标盘微调螺钉；25—游标盘止动螺钉；26—立柱；27—平行光管方位调节螺钉；28—平行光管光轴水平调节螺钉；29—狭缝宽度调节螺钉；30—调焦手轮

贝目镜两种。本实验用的 JJY 型分光计使用的是阿贝目镜。望远镜中的物镜、叉丝分划板和目镜分别装在 3 个套筒中，彼此可以相对滑动以便调节，如图 4-12所示。中间一个套筒装分划板，其上刻有双“十”字“$\ddagger$”形叉丝，分划板下方与小棱镜的一个直角面紧贴，在这个直角面上刻有一个绿“十”字形透光孔，套筒上正对棱镜的另一直角面处开有小孔并装一小灯。小灯的光进入小孔后经小棱镜照亮“十”形孔。如果孔平面正好处在物镜的焦面上，从孔发出的光经物镜后成一平行光束。如果前方有一平面镜将这束光反射回来，再经物镜成像于焦平面上，那么从目镜中可以同时看到双“十”字“$\ddagger$”形叉丝与绿“十”字形孔的反射像，并且不应有视差。这就是自准法调节望远镜适合观察平行光的原理。如果望远镜的光轴与平面镜的法线平行，在目镜里看到的“十”形孔像应与双“十”字“$\ddagger$”形叉丝的上交点重合。(为什么?)

如图 4-11 所示，阿贝式自准直望远镜 9 安装在支撑臂 16 上，支撑臂与转座 22 固定在一起，并套在 23 中的度盘上，当松开止动螺钉 19 时，转座与度盘可作相对转动；当旋紧止动螺钉 19 时，转座与度盘一起旋转，亦即望远镜与度盘一起旋转。旋紧制动架 A 20 与底座 21 上的止动螺钉 17(在图4-11中与望远镜止动螺钉 19 正对着的另一侧)时，借助制动架 A 末端上的调节螺钉 18 可以对望远

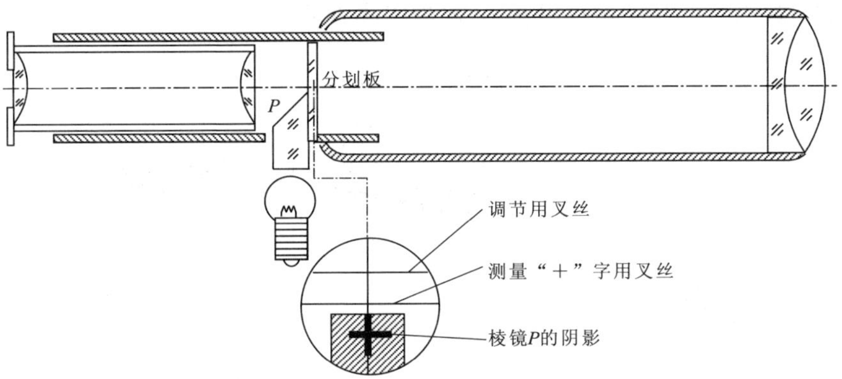

图 4-12　分光计望远镜结构示意图

镜进行微调(旋转)。望远镜系统光轴的水平(倾斜度)和方位可通过调节螺钉15、14 进行调节。

(2)平行光管(又称准直管)安装在与底座固定在一起的立柱 26 上,用来获得平行光束,它的一端装有消色差的复合准直物镜,另一端是套筒,套筒末端有一狭缝装置 1,狭缝的宽度可由螺丝 29 调节,调节范围为 0.02～2 mm。旋转调焦手轮 30 可前后移动套筒以改变狭缝和准直物镜之间的距离,当狭缝位于物镜的焦平面时,从狭缝入射的光束经准直物镜后成为平行光束。平行光管下方的螺钉 28 可用来调整平行光管的倾斜度,调节螺钉 27 用来对其光轴的方位进行微调。

(3)载物台 7 套在 23 的游标盘上并可绕中心轴旋转。旋转载物台锁紧螺钉8 和制动架B 4与游标盘的止动螺钉 25 时,借助立柱上的调节螺钉 24 可以对载物台进行微调(旋转)。放松载物台锁紧螺钉 8 时,可根据需要升高或降低载物台,调到所需位置后,再把锁紧螺钉 8 旋紧。载物台有三个调平螺钉 5,用来调节载物台面与旋转中心线的垂直。

(4)读数机构包括 22 中的度盘和游标盘,两者都套在中心轴上,中心轴固定于底座 21 的中央,度盘和游标盘可绕中心轴旋转,度盘下端有一推力轴承支撑,使之旋转轻便灵活。度盘上刻有 720 等份的刻线,每一格的分度为 30′,小于半度或过半度的数值则从游标上读出,游标上刻有 30 小格,其弧长与圆刻度盘上 29 个分格刻度相当,如图 4-13 所示。因此游标每一小格对应角度为 1′。游标的角度读数方法与游标卡尺的读数相似。整数度读度盘上的位于游标 0 刻度线(0′)前边且紧靠游标 0 刻度线的读数,度以下的分(′)读副尺(即游标)上的某刻度线与主尺某刻度线重合的那一刻度线的读数。图 4-14 标出了度(°)以下小于 30′(＜30′)的角度的读法,从图中可以看出,此角的读数是 10°16′;图 4-15 标出了度(°)以下大于 30′

(＞30′)的角度的读法，从图中可以看出，此角的读数是 76°47′。

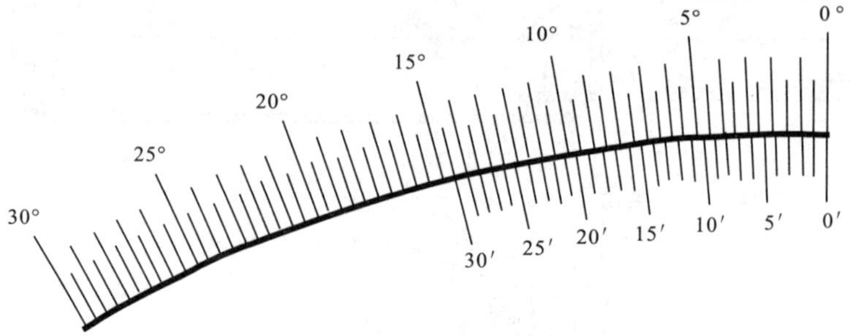

图 4-13　角度游标尺的分度

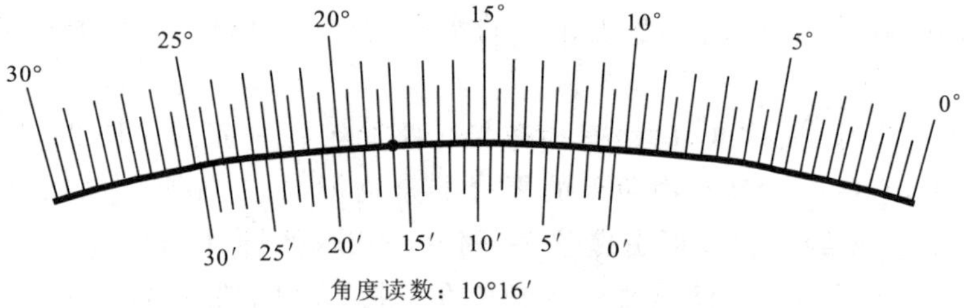

图 4-14　角度的分数小于 30′的读法

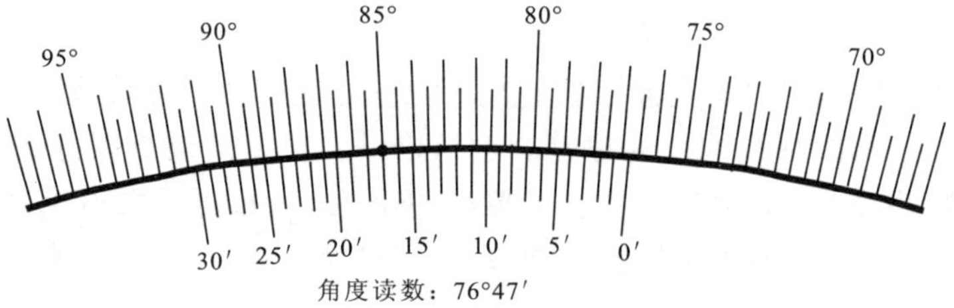

图 4-15　角度的分数大于 30′的读法

为了消除刻度圆盘中心轴线与分光计中心轴线之间由于制造带来的偏心差，在刻度盘同一直径的两端(相隔 180°)各装有一个游标。测量时，两个游标都应读数，然后算出每个游标两次读数的差，再取平均值。这个平均值即为望远镜(或载物台)所旋转过的角度，并消除了偏心差。

读数举例：

望远镜初始位置读数：

游标 a：335°5′；　　　　　　　　游标 b：155°02′。

望远镜转过 θ 角后位置读数：

游标 a：95°7′；　　　　　　　　　　游标 b：275°6′。

差数：

游标 a：360°+95°7′−335°5′=120°2′；游标 b：275°6′−155°2′=120°4′。

望远镜转过角度的平均值为

$$\theta = (120°2' + 120°4')/2 = 120°3'$$

2. 分光计的调节

为了准确测量角度，测量前应了解分光计上每个零件的作用及其调节功能。调节的主要目的是使望远镜能观察平行光，平行光管能发射平行光，望远镜和平行光管的光轴与仪器转动中心轴垂直。平行光管出射平行光与其光轴垂直分光计主轴是以望远镜对无穷远调焦和其光轴垂直分光计中心轴为基准来完成的。调节中最难的是望远镜光轴垂直分光计中心轴，如果搞不清调节原理与方法，即使用完 3 个学时的实验课也无法完成分光计的调节，所以分光计的调节应引起实验者的充分注意。

(1)望远镜对无穷远调焦

调焦的目的是使望远镜能观察平行光，这就要求望远镜的物镜能将无穷远的光会聚在测量用的分划板上，分划板位于人眼同望远镜目镜所组成的新"目镜"的焦面上。

①目镜调焦。其目的是使眼睛通过目镜能清楚地看到镜筒中分划板上的刻线。调节的方法是，先把调焦手轮 12 旋出，然后一边旋进，一边从镜中观察，直到分划板上的刻线清晰，如图 4-16 所示。调好以后，不要再旋动目镜。

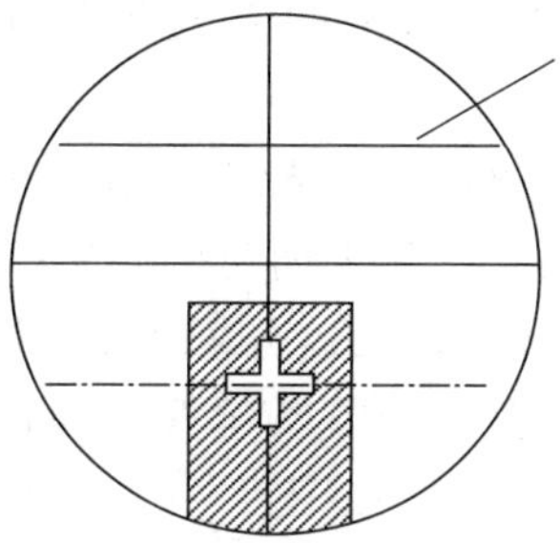

图 4-16　分划板

②物镜对无穷远调焦。其目的是使无穷远处的光经物镜后聚在分划板上，即使分划板在物镜的焦面上。其方法是采用自准法，让位于分划板处的光经物镜发射出去，经其法线与望远镜光轴重合的反射镜返回，当调节物镜与分划板的距离为物镜焦距时，反射回来的光便又会聚在分划板上。其具体步骤是：

a. 接通"十"字丝照明装置 13 的电源，即把与小灯(6.3 V)连接的变压器的电源插头插到插座上，将分划板照亮。

b. 把调望远镜光轴位置的调节螺钉 14、15 调到适中的位置。

c. 将平行平镜(有时往往用做实验的光栅代替)放在载物台上，为了调节的方便，使平行平镜的反射面与载物台的两个调平螺钉(图 4-17 中的 B_1 和 B_2)中心连线相垂直。平镜反射面对着望远镜物镜且与望远镜的光轴大致垂直。

d. 通过调节载物台的调平螺钉和转动载物台，使在平行平镜内的望远镜反

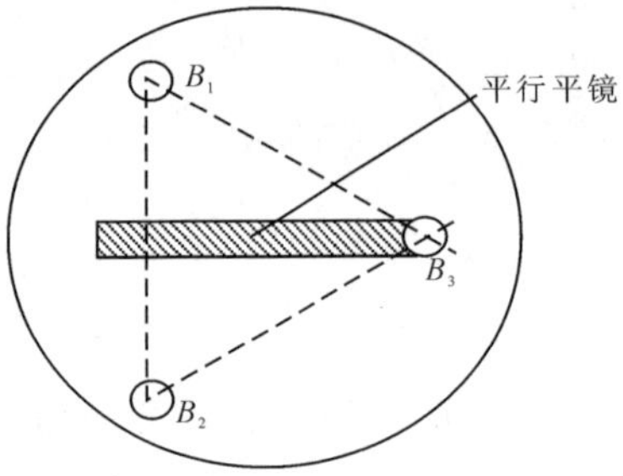

图 4-17　平行平镜放置法

射像和望远镜在一直线上。

e. 从目镜中观察，此时可以看到一亮斑，前后移动目镜套筒，即调节物镜与目镜套筒内分划板之间的距离，对望远镜进行调焦，使视场内出现清晰的绿色“十”字像（由平镜反射回的“十”字叉丝的像）。然后利用载物台上的调平螺钉 5 和载物台的旋转机构，把亮的绿色“十”字线调节到与分划板上方的调节叉丝（“╪”的上“十”字线）重合。往复移动目镜使绿色的“十”字像和调节叉丝无视差。

(2)调望远镜的光轴与分光计的中心轴垂直

平行光管和望远镜的光轴分别代表入射光和出射光的方向。为了测准角度，必须使它们的光轴与刻度盘平行，而刻度盘在制造时已垂直于分光计的中心轴，因此当望远镜的光轴与分光计中心轴垂直时，就达到了与刻度盘平行的要求。

假定望远镜的光轴与分光计的中心轴已经垂直，并且放在载物台上的平行平镜的两个反射表面与中心轴线平行（简写为望远镜已经“垂直”并且平行平镜已经“平行”），那么，分划板上的“十”字叉丝经平镜两个表面反射而得到的两个叉丝像就会与调节叉丝重合，如图 4-18 所示。如果望远镜光轴不“垂直”或者载物台上的平行平镜不“平行”就会发生经平镜反射回来的两个叉丝像至少有一个与调节叉丝不重合。因此，可以根据叉丝像在分划板上的位置来检验望远镜的“垂直”度与载物台上平行平镜的“平行”度。

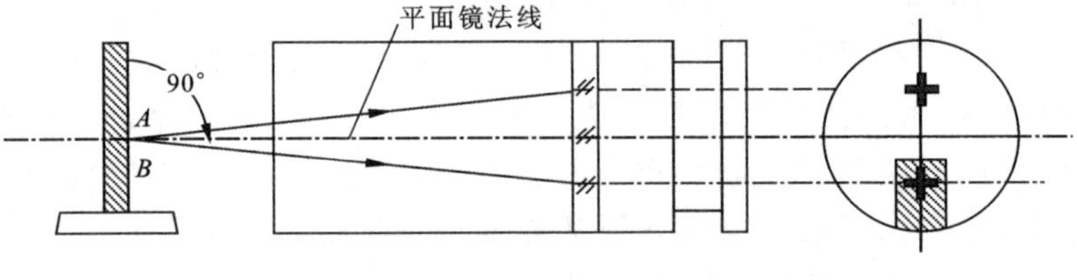

图 4-18　望远镜“垂直”，平行平镜“平行”时的“十”字叉丝像

通过转动望远镜或载物台极易使叉丝像的垂直线与调节叉丝的垂直线重合，需要调节的是使叉丝的水平线与调节叉丝的水平线相重合。

有两种情况会使叉丝的反射像与叉丝不重合：一是载物台上的平行平镜不“平行”；二是望远镜不“垂直”。

在第一种情况下，平行平镜倾斜，使叉丝的反射像偏离调节叉丝，如图 4-19

所示。平镜 A 面反射回的叉丝像位于调节叉丝的上方、距离调节叉丝横线 S'_1（取为“＋”）处；当载物台转过 180°以后，由 B 面反射的叉丝像在调节叉丝下方、距离调节叉丝横线 S''_1（取为“－”）处，且 $S'_1=-S''_1$。可见在平行平镜不“垂直”的情况下，水平叉丝的两个反射像分别在调节叉丝水平线的上方和下方，而且距离相等，呈对称分布。

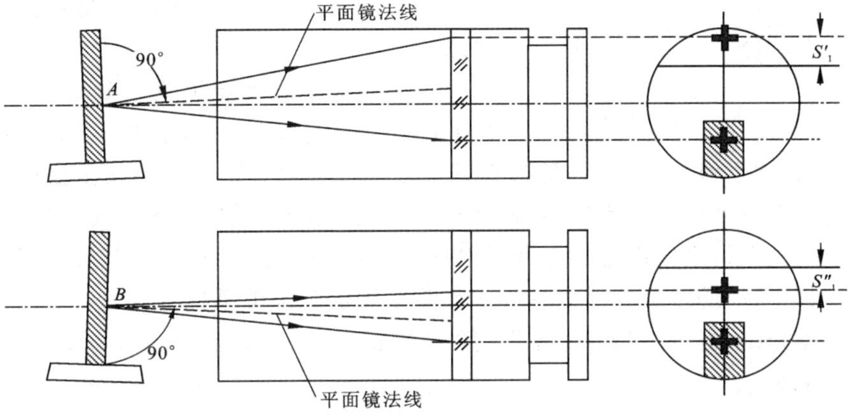

图 4-19　望远镜“垂直”，平行平镜不“平行”时的“十”字叉丝像

第二种情况：若平行平镜已与中心轴平行，叉丝像的偏离仅由望远镜的倾斜所产生，由图 4-20 可见，从 A、B 两个表面反射的水平叉丝像分布在调节叉丝的同一方，且 $S'_2=S''_2$。

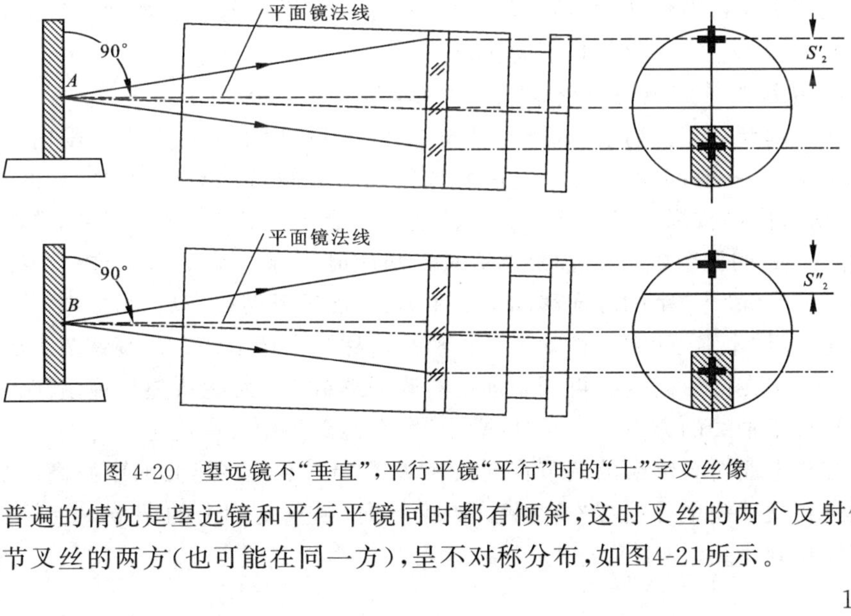

图 4-20　望远镜不“垂直”，平行平镜“平行”时的“十”字叉丝像

普遍的情况是望远镜和平行平镜同时都有倾斜，这时叉丝的两个反射像则在调节叉丝的两方（也可能在同一方），呈不对称分布，如图4-21所示。

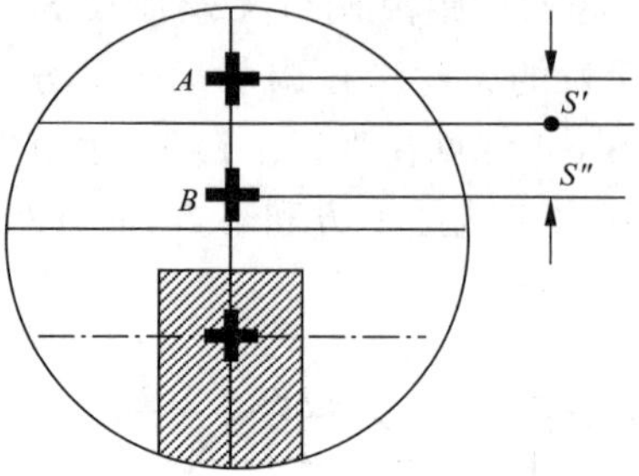

图 4-21 “十”字像不对称分布

根据上述分析，可得如下结论：两反射像对称于调节叉丝分布的因素是由平行平镜决定的，不对称因素是由望远镜决定的。由此，针对普遍情况，望远镜的“垂直”与平行平镜的“平行”的调节步骤如下：

①在望远镜视场里找两个绿“十”字叉丝像

设法在望远镜视场里找到分划板上经平行平镜两个反射面反射回来的绿“十”字叉丝像，即粗调望远镜“垂直”，这是调节望远镜“垂直”的关键。因为在多数情况下，望远镜与平行平镜都严重倾斜，而望远镜的视场又小，使得根本就无法在望远镜视场中找到平行平镜两个反射面反射回来的绿“十”字叉丝像，这就失去了调“垂直”与调“平行”的基准。所以这一步调节必须引起高度重视。

下面介绍几种能找到绿“十”字像的方法。

a. 目测法

在望远镜的侧面，反复转动载物台 180°，使平行平镜正对望远镜，人眼只看平行平镜侧面的棱与望远镜，并粗估其相互垂直。因平行平镜如图 4-17 放置，调节 B_1、B_2 处载物台调节螺钉 5 就可以以一个方向改变平行平镜的“平行”度；结合调节望远镜水平调节螺钉 15 直至用人眼仔细看望远镜与平行平镜两面都垂直。

当反复转动载物台 180°都认为望远镜与平行平镜两面都垂直以后，再在望远镜视场中通过慢慢转动载物台仔细寻找绿“十”字叉丝像。如此反复进行，直到两面的绿“十”字叉丝像找到为止。

b. 从镜筒外到镜筒内找绿“十”字叉丝法

让望远镜对着反射镜，人眼于镜筒外在反射镜内上下左右大范围内寻找绿“十”字叉丝(一般都能找到)，记住大致的位置。将载物台转动 180°，再于“筒外”反射镜内寻找绿“十”字叉丝。比较这两个绿“十”字叉丝的高度差，调载物台上 B_1、B_2 处的调节螺钉 5(注意调节时人眼应盯住绿“十”字)，将这一个绿“十”字向另一个绿“十”字的方向移动 1/2 距离(平面镜反转过来后，另一绿“十”字必然向这一绿“十”字的方向移动 1/2 距离)，这称为半调节法。反复调节直到认为此两“十”字在同一高度。再调望远镜的调平螺钉 15，使能从望远镜镜筒外面水平处平行于轴线的方向看去看到绿“十”字在镜筒的中心高度上。

结合上面对载物台的调节直到认为两绿“十”字丝在镜筒的中心高度处，然后慢慢在望远镜中寻找绿“十”字。如找不到，再重复如上的调节，直到两个绿“十”字找到为止。

c. 先后找绿“十”字叉丝法

先找一个绿“十”字叉丝。

让望远镜正对着光栅镜面，结合调望远镜的俯仰和微微转动载物台，人眼于望远镜内仔细寻找通过光栅镜面反射回来的绿“十”字叉丝像。因只找一个绿“十”字叉丝，一般都能找到。找到绿“十”字叉丝后，微微转动载物台或望远镜，将绿“十”字叉丝的竖直线与望远镜中分划板上调节叉丝（“≠”线）的竖直线重合。锁紧载物台的锁紧螺钉 8，将载物台与游标盘固结在一起。同时，准确记住游标对度盘的读数。

再找另一个绿“十”字叉丝。

借助游标对度盘的读数，将载物台准确转动 180°，此时从光栅另一个镜面反射回来的绿“十”字叉丝像一定在望远镜中分划板上调节叉丝（“≠”线）的竖直线上（当然可能稍稍有所偏离）。调望远镜的俯仰，就可以找到该绿“十”字叉丝。然后再用前面讲过的“半调节法”，就可以将两个绿“十”字叉丝调节到镜筒内的中心高度上。

可能还有其他更好的方法，请实验者自己去摸索。

②消除望远镜的不“垂直”度

观察由平镜 A 面反射的叉丝像，并准确估计像的水平叉丝偏离调节叉丝距离 S' 的大小，转动载物台 180°，观察由 B 面反射的叉丝像，并估计 S'' 的大小，见图 4-22(a)。然后调节望远镜的倾斜度，将从 B 面反射的叉丝像移至新的位置，使它与调节叉丝的间距 $S'_0=(S'-S'')/2$。则从 A 面反射的叉丝像与调节叉丝间距也改变为 $S''_0=(S'-S'')/2$。这时，两个表面的反射像分别位于调节叉丝的上方和下方，且距离相等，见图 4-22(b)，呈对称分布，此即消除了望远镜的倾斜，光轴就与中心轴垂直了。

③消除平行平镜的不“平行”度

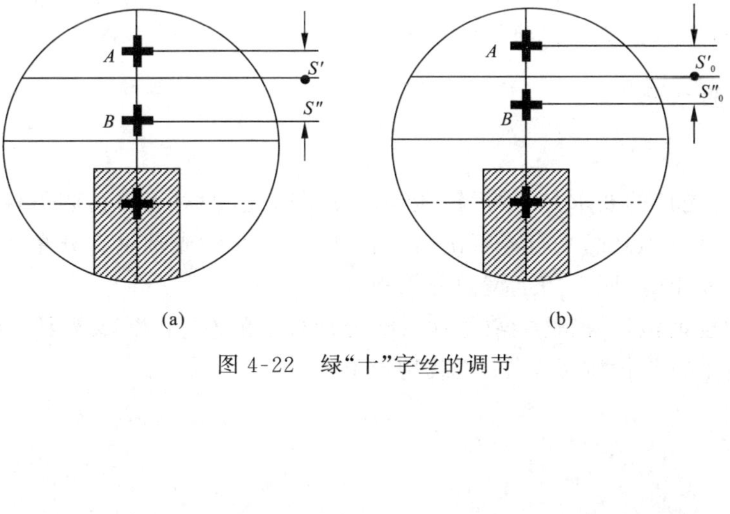

(a) (b)

图 4-22 绿“十”字丝的调节

调节载物台的水平度，使 $S''_0=0$，则 $S'_0=0$，即消除了由平行平镜倾斜引起的偏离。至此，望远镜光轴垂直中心轴，平行平镜平行中心轴的调节工作已告完成。

(3)将分划板"十"字叉丝调至水平和铅直位置

当载物台连同平行平镜相对于望远镜旋转时，观察"十"字叉丝的像(绿色)是否水平地移动，如果分划板的水平刻线与叉丝像的移动方向不平行，就须转动目镜，使绿色的叉丝像的移动方向与分划板刻线平行(注意不要破坏望远镜的调焦)，然后将目镜锁紧螺钉 10 拧紧。

(4)平行光管的调焦

平行光管调焦目的是把狭缝调整到平行光会聚到物镜的焦平面上，也就是平行光管对无穷远调焦。其步骤如下：

①关掉目镜上调节小灯的电源，打开狭缝 1，用漫射光照明狭缝，调节照亮狭缝光源的位置，使得在平行光管物镜的整个孔径上照明均匀。

②把平行光管的方向微调螺钉 27 调到适中的位置，将望远镜正对平行光管。在从望远镜目镜中观察的同时，调节望远镜方位微调螺钉 14(千万不要调动望远镜水平微调螺钉 15)和平行光管倾斜度调节螺钉 28，使狭缝位于视场中部。

③转动调焦手轮 30 以前后移动狭缝套筒，使狭缝清晰地成像在望远镜分划板平面上。

(5)调整平行光管的光轴垂直于旋转主轴(中心轴)

调整平行光管光轴的倾斜度调节螺钉 28，升高或降低狭缝像的位置，使狭缝像对称于目镜视场的中心，即白光条纹被望远镜视场中黑"十"叉丝下面的长横线均分。

(6)将平行光管狭缝调成垂直

旋转狭缝套筒，使狭缝与目镜分划板的垂直刻线平行(注意不要破坏平行光管的调焦)，然后将狭缝套筒的锁紧螺钉旋紧。

实验步骤

1. 调节分光计

调节分光计的要求是：望远镜能够接受平行光(即对无穷远调焦)；望远镜光轴垂直分光计中心轴；平行光管出射平行光；平行光管光轴垂直分光计中心轴。

(1)点亮小灯，照亮望远镜内分划板。

(2)调望远镜目镜，使能清楚地看清分划板上的双"十"字叉丝线"╪"。

(3)将平行平镜按图 4-17 置载物台上。

(4) 调载物台调平螺钉、望远镜调节螺钉，粗调望远镜与翻转载物台 180°前后位置的平行平镜垂直，并在望远镜视场内找到绿“十”字丝，调望远镜物镜使其清晰，具体过程见分光计的调节的相关内容。

(5)调载物台调平螺钉与望远镜的调节螺钉，使其在平行平镜翻转 180°前后的位置上反射回的绿“十”字丝与调节叉丝重合，且无视差(此条为精调望远镜光轴与分光计主轴垂直)。

(6)打开光源，调节光源位置均匀照亮平行光管上的狭缝。

(7)用望远镜接收平行光管的光，前后移动并稍稍转动平行光管的狭缝套筒，使狭缝清晰地成像在望远镜的分划板上，并与黑色叉丝线的竖直线重合(此条为使平行光管出射平行光)。

(8)调节平行光管的高低，使白色狭缝像被分划板上黑色叉丝水平线等分(此条为调节平行光管光轴垂直分光计中心轴)。

(9)调节平行光管与望远镜左右方位，用人眼看两者同轴。

2. 调节三棱镜两个光学面平行于分光计主轴

(1)取走平面镜，在载物台上放三棱镜，放置方式如图4-23所示，且使载物台中心尽可能接近顶角 A，压杆在非光学面一边，且使三棱镜的三条边分别平行于载物台调节螺钉与圆心 O 的连线，即垂直于载物台调节螺钉之间的连线。这样放置，在调节螺丝 a 时，整个棱镜将以调节螺钉 b、c 的连线为轴转动，由于 AB 面垂直 bc，故不会影响 AB 面与仪器主轴的相对关系。在调节螺丝 c 时，整个棱镜将以调节螺钉 a、b 的连线为轴转动，由于 AB 面垂直 bc，AC 面垂直 ab，故不会影响 BC 面与仪器主轴的相对关系。

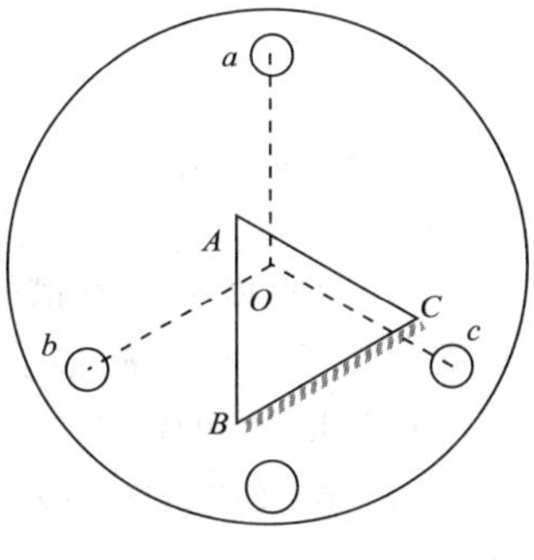

图 4-23　三棱镜放置法

(2)调节三棱镜 AB 面与 AC 面与分光计中心轴平行。在调整过程中只调载物台上调平螺丝 b、c，绝不可调动望远镜的调平螺钉与方位螺钉，先转动望远镜对准 AB 面，用自准法，调螺钉 c，使在望远镜视场中看到绿“十”字像并使之与分划板调节叉丝重合，即望远镜光轴与 AB 面垂直。再转动望远镜对准 AC 面，用同样的方法调节螺钉 b，使 AC 面与望远镜光轴垂直。反复检查两遍望远镜是否与 AB 面、AC 面垂直，若不垂直继续调 b、c 螺钉，直到都垂直为止。

3. 用自准法测棱镜顶角 A

分别读出望远镜对准 AB 与 AC 面(用自准法看清绿“十”字丝并与调节叉丝重合)时的两边游标盘对应的角度数，来回三次。

4. 用反射法求棱镜顶角

让棱镜顶角 A 对准平行光管，分别读出望远镜接收从 AB 面与 AC 面反射的从平光管中射出的平行光并成像在分划板叉丝的竖直线上时的度盘两边的读数，来回三次。

5. 测棱镜的最小偏向角 $\delta_{\min}$

(1)用汞灯照亮平行光管的狭缝，使平行光管出射平行光并与载物台上棱镜的一折射面(AC 面或 AB 面)的法线与平行光管轴线的夹角大约为 60°，如图 4-24 所示。

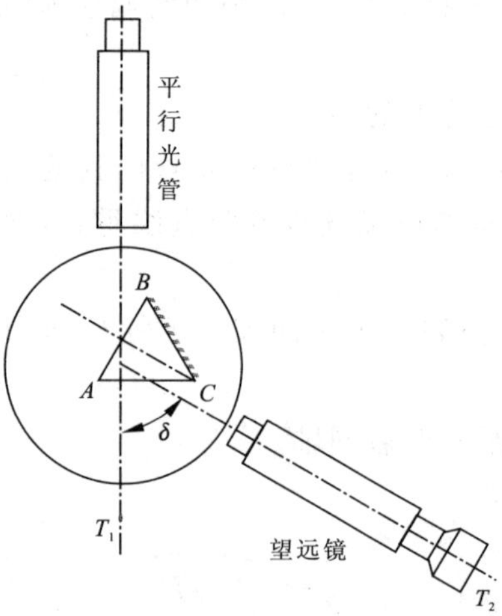

图 4-24　测最小偏向角

(2)观察偏向角的变化，根据折射定律判断折射光的出射方向。先用眼睛在此方向上观察，可看到几条平行的彩色谱线。注意在转动载物台时谱线的移动情况，观察偏向角的变化。选择偏向角减小的方向。缓慢转动载物台，使偏向角逐渐减小。继续沿这个方向转动载物台时，可看到谱线移至某一位置后将反向移动，这说明偏向角存在一个最小值。谱线移动方向发生逆转时的偏向角就是最小偏向角。

(3)用望远镜观察谱线。在细心转动载物台时，使望远镜始终跟踪谱线，并注意观察某一谱线的移动情况，在该谱线即将逆向移动时，旋紧止动螺钉 25(图 4-11)，利用微动螺钉 24 微调载物台，使谱线刚好位于最小偏向角的位置。

(4) 旋紧望远镜止动螺钉 17，用调节螺钉 18 对望远镜进行微调，使垂直叉丝对准谱线中央，从两个游标上可读出出射光的方位角，记为 T_2。

重复(3)、(4)的步骤，再测两次。

(5) 移去三棱镜，将望远镜对准平行光管，微调望远镜，使叉丝对准狭缝中央。在两游标上读出入射光线的方位角为 T_1。测三次。

(6) 按 $\delta_{\min}=T_2-T_1$ 计算最小偏向角，算出最小偏向角的平均值 $\bar{\delta}_{\min}$。

最后，将测得的顶角 A 和最小偏向角 $\delta_{\min}$ 代入式(4-18)，求得棱镜对某单色光(例如 $\lambda=546.1$ nm)的折射率。

重复上述步骤再测定棱镜对另一单色光($\lambda_2=577.0$ nm)的折射率。

注意事项

(1)分光计是较精密的光学仪器，不应在止动螺钉较紧时强行转动望远镜，也不要随意拧动狭缝。

(2)测量前务必检查止动螺钉是否锁紧。若未锁紧,则数据不可靠。

(3)测量前应调好游标盘的位置,使游标在测量过程中不被平行光管或望远镜挡住。

原始数据表格

1. 自准法测棱镜顶角

分光仪分度值________________。

表 4-3　自准法测棱镜顶角值

测量次数	1		2		3		望远镜方位夹角的平均值 $\overline{\varphi}$
	左游标	右游标	左游标	右游标	左游标	右游标	
望远镜左侧方位 T_L							
望远镜右侧方位 T_R							
望远镜方位夹角 φ							
两游标 φ 的平均值							

2. 反射法测棱镜顶角

分光仪分度值________________。

表 4-4　反射法测棱镜顶角值

测量次数	1		2		3		望远镜方位夹角的平均值 $\overline{\varphi'}$
	左游标	右游标	左游标	右游标	左游标	右游标	
望远镜左侧方位 T_L							
望远镜右侧方位 T_R							
望远镜方位夹角 φ'							
两游标 φ' 的平均值							

3. 测量最小偏向角

入射光波长 $\lambda=$__________ nm。

分光仪分度值__________。

表 4-5　最小偏向角

测量次数	1		2		3		望远镜方位夹角的平均值 $\overline{\delta}_{min}$
	左游标	右游标	左游标	右游标	左游标	右游标	
望远镜左侧方位 T_L							
望远镜右侧方位 T_R							
望远镜方位夹角 δ_{min}							
两游标 δ_{min} 的平均值							

数据处理

1. 自准法测棱镜顶角 A

(1)求 $\overline{\varphi}$、$S_{\overline{\varphi}}$、$\Delta\varphi=\sqrt{(\Delta_A\varphi)^2+(\Delta_B\varphi)^2}$;

(2)求 $\overline{A}=\pi-\overline{\varphi}$, $\Delta A=\Delta\varphi$;

(3)写出 $A=\overline{A}\pm\Delta A$。

2. 反射法测棱镜折射角 A

(1)求 $\overline{\varphi'}$、$S_{\overline{\varphi'}}$、$\Delta\varphi'=\sqrt{(\Delta_A\varphi')^2+(\Delta_B\varphi')^2}$;

(2)求 $\overline{A}=\overline{\varphi'}/2$, $\Delta A=\Delta\varphi'/2$;

(3)写出 $A=\overline{A}\pm\Delta A$。

3. 求棱镜玻璃的折射率

(1)$\overline{\delta_{\min}}$、$S_{\overline{\delta_{\min}}}$、$\Delta\delta_{\min}=\sqrt{(\Delta_A\delta_{\min})^2+(\Delta_B\delta_{\min})^2}$;

(2)求 $\overline{n}=\dfrac{\sin\dfrac{\overline{\delta_{\min}}+\overline{A}}{2}}{\sin\dfrac{\overline{A}}{2}}$;

(3)求 Δn

$$\ln n=\ln\sin\frac{\delta_{\min}+A}{2}-\ln\sin\frac{A}{2}$$

$$\frac{dn}{n}=\frac{\cos\dfrac{\delta_{\min}+A}{2}}{\sin\dfrac{\delta_{\min}+A}{2}}\left(\frac{d\delta_{\min}}{2}+\frac{dA}{2}\right)-\frac{\cos\dfrac{A}{2}}{\sin\dfrac{A}{2}}\cdot\frac{dA}{2}$$

$$=\cot\frac{\delta_{\min}+A}{2}\cdot\frac{d\delta_{\min}}{2}+\left(\cot\frac{\delta_{\min}+A}{2}-\cot\frac{A}{2}\right)\frac{dA}{2}$$

$$E_r=\sqrt{\left(\cot\frac{\delta_{\min}+A}{2}\right)^2\left(\frac{\Delta\delta_{\min}}{2}\right)^2+\left(\cot\frac{\delta_{\min}+A}{2}-\cot\frac{A}{2}\right)^2\left(\frac{\Delta A}{2}\right)^2}$$

$$\Delta n=E_r\overline{n}$$

写出

$$n=\overline{n}\pm\Delta n$$

预习思考题

(1)为什么当绿“十”字与望远镜分划板上调节叉丝重合时,望远镜光轴一定和平面镜垂直?

(2)当平面镜的一面对准望远镜,调节到望远镜分划板的调节叉丝与绿“十”

字重合，能否说明望远镜光轴一定垂直分光计中心轴？

(3)为什么测棱镜顶角和折射率时，望远镜和平行光管都要与棱镜的棱垂直，棱要与分光计主轴平行？

(4)在调节好望远镜光轴与分光计主轴垂直后，再调望远镜光轴垂直棱镜的棱时，即调棱与分光计主轴平行时，是否还要动望远镜的调平螺钉？如何调棱镜的棱与分光计主轴平行？

(5)怎样判断绿“十”字成像在分划板上？

实验后思考题

(1)通过实验，你认为自准法调节分光计关键在何处？

(2)用分光计测角度时，望远镜光轴与分光计主轴不垂直行不行？

(3)如何测最小偏向角？如何读数才保证最小偏向角测得准确？

(4)正式转动望远镜测角度之前，哪些部位固定不动？望远镜应和什么盘一起运动？

4.4 衍射光栅

光的衍射是光的波动性的一种表现，光栅是研究光的衍射的一种典型元件。由同一平面内的大量等宽等间距的平行狭缝所组成的光学元件称为衍射光栅。用于透射光衍射的称透射光栅，用于反射光衍射的称反射光栅。与棱镜相比，光栅是一种分辨本领很高的色散元件，它不仅用于光谱学，还广泛用于计量、光通信、信息处理等方面。过去，制作光栅是在精密的刻画机上用金刚钻在玻璃表面刻出许多平行等距刻痕做成母光栅。实验室中通常用的光栅是由母光栅复制而成的。20 世纪 60 年代以来，随着激光技术的发展，人们制造出了“全息光栅”。本实验通过测定光栅常数及光波波长，使实验者对光栅的特性以及光栅方程式成立的条件有进一步的了解。

实验目的

(1)学习分光计的使用和调整；

(2)学习用衍射光栅测定光波波长及光栅常数的原理和方法；

(3)加深理解光栅方程式成立的条件。

实验原理

当波长为 λ 的单色平行光线垂直射到光栅平面上，透过各狭缝的光线因衍射将向各个方向传播，同一方向的平行衍射光线经透镜会聚于焦平面（屏）上一点而发生衍射，如图 4-25 所示，由狭缝光源 S 经准直物镜 L_1 射出的平行光垂直照射到光栅 G 上，凡与光栅面法线成 θ 角的平行衍射光线被透镜 L_2 会聚于 P 点发生干涉。当 θ 满足光栅方程式

$$d\sin\theta = k\lambda \quad (k = 0, \pm 1, \pm 2, \pm 3, \cdots) \tag{4-19}$$

时，P 点将为一亮条纹。式中，θ 为衍射角；λ 为光波波长；d 为相邻狭缝中心间的距离，称为光栅常数。

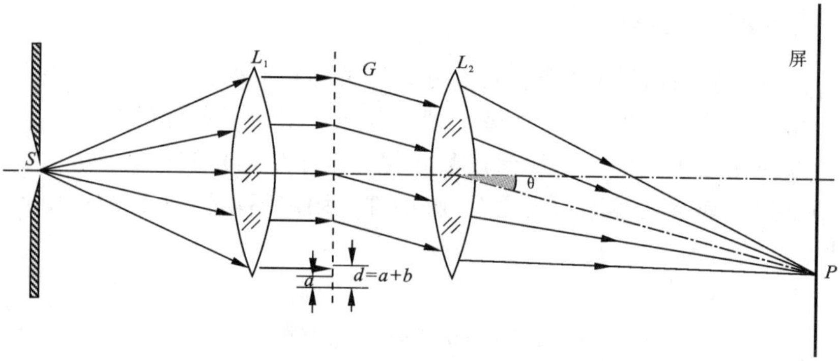

图 4-25　光栅衍射

因为衍射亮条纹实际上是光源狭缝的衍射像，为一条细锐的亮线，称为光谱线。当 $\theta=0$ 时，任何波长的光同时满足式(4-19)，亦即在 $\theta=0$ 的方向上，各种波长的光重叠在一起，形成明亮的零级谱线。其他级次的谱线对称地分布在零级谱线的两侧，如图 4-26 所示。如果光源包含几种不同的波长，那么同一级谱线对不同波长将有不同的衍射角，从而在不同的位置形成亮线，称为光谱线。图中 θ_1 为一级衍射角。

若已知光栅常数 d，测出各种波长谱线的衍射角，即可根据式(4-19)算得相应谱线的波长 λ

$$\lambda = d\sin\theta/k \quad (k = 0, \pm 1, \pm 2, \pm 3, \cdots) \tag{4-20}$$

或已知谱线的波长 λ，算出光栅常数 d

$$d = k\lambda/\sin\theta \quad (k = 0, \pm 1, \pm 2, \pm 3, \cdots) \tag{4-21}$$

“角色散”（或称“色散率”）和“分率本领”是表征光栅或棱镜分光性能的重要参数。角色散 D 表示单位波长间隔内两单色谱线之间的角间距，由式(4-19)对 λ 微分，得

$$d\cos\theta \mathrm{d}\theta/\mathrm{d}\lambda = k$$

可得光栅的角色散表达式为

$$D = \mathrm{d}\theta/\mathrm{d}\lambda = k/(d\cos\theta)$$

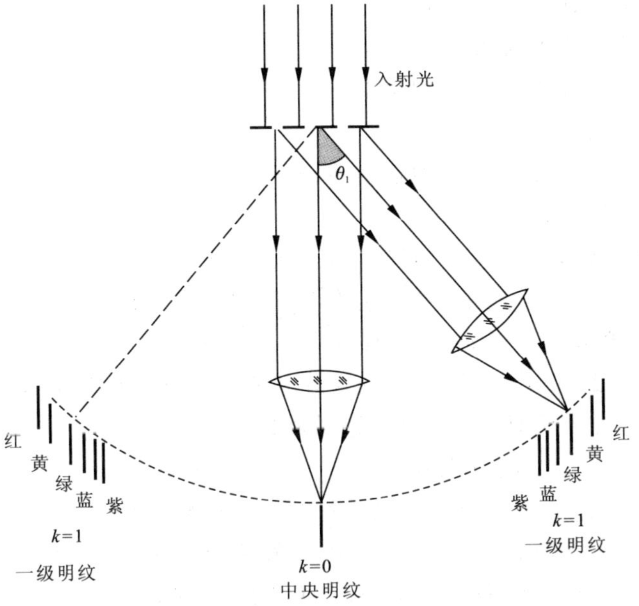

图 4-26　光栅衍射的光谱线分布

可见光栅常数愈小，角色散愈大，谱线的级次愈高，角色散也愈大。

“分辨本领”R 定义为两条刚可被分开的谱线的波长差 $\Delta\lambda$ 除该波长，即

$$R = \lambda/\Delta\lambda$$

由瑞利判据可推知，光栅的分辨本领为

$$R = kN$$

其中，N 为光栅的总刻痕(或狭缝)数，级次 k 一定时，光栅的分辨本领主要取决于狭缝的总数 N。对光谱仪而言，希望色散系统有较大的角色散和较高的分辨本领。

实验仪器

JJY 型分光计一台，汞灯一盏(用节能灯灯泡代替)，透射光栅一块，光栅座一个，读数电筒一支。(分光计结构及调节见 4.3 节用分光计测棱镜的顶角和折射率相关内容。)

实验步骤

要想用分光计准确测定经光栅衍射后衍射光的角度，必须使实验条件满足光栅方程式(4-19)，即

(1)平行光管出射平行光；

(2)入射光垂直光栅表面；

(3)平行光管狭缝与光栅刻痕平行；

(4)望远镜接收平行光；

(5)平行光管和望远镜光轴必须平行于度盘即垂直分光计中心轴。

所以本实验的步骤如下：

(1)将光栅放在光栅座上，轻轻旋紧螺钉以夹紧光栅(不要夹得太紧，以免夹碎光栅)。再按图 4-27 所示，将夹有光栅的光栅座设置在载物平台上(注意不能用手直接拿光栅表面)。用光栅平面代替平行平镜。

(2)用自准法与半调节法调节分光计载物台上 B_1、B_2 两螺钉与望远镜的俯仰，使从望远镜中看光栅两面反射回来的绿"十"字与"十"字叉丝中的调节叉丝("丰"的上横线)重合，此时光栅平面平行分光计主轴，望远镜垂直分光计主轴。

(3)开汞灯，转动望远镜，在望远镜中找到狭缝的像(白光条纹，即衍射光的零级条纹)。调节平行光管的有关螺丝，使狭缝像清晰，狭缝像平行望远镜中双"十"字叉丝竖直线，狭缝宽度合适，且被双"十"字叉丝中的下横线均分。此时，平行光管垂直分光计中心轴。

以上两条按 4.3 节关于分光计的介绍耐心细致地调试。

(4)调节光栅刻痕平行于平行光管狭缝。

绕分光计中心轴转动望远镜观察衍射光谱的分布情况，注意叉丝中点是否在各级衍射条纹的中央，如果不是，调节图 4-27 中的螺钉 B_3 予以修正，然后再重新检查光栅平面是否仍保持平行分光计中心轴，如果有了改变，就要重复以上步骤，直到满足要求为止。

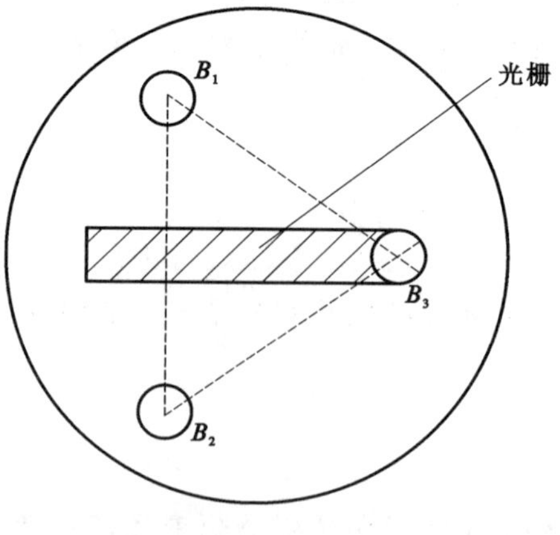

图 4-27　用光栅平面代替平行平镜放置法

(5)将白光条纹，绿“十”字，黑双“十”字叉丝调到重合时，锁紧载物台，使光栅不再转动。

(6)测定汞灯绿色谱线的第一级衍射角 θ_1，计算光栅常数 $d=a+b$。

绕分光计中心轴向左转动望远镜，使望远镜内双“十”字叉丝竖直线与 $k=-1$ 的绿色谱线相重合，记下此时左右游标的读数 $\theta'_{1左}$、$\theta'_{1右}$；再向右转动望远镜，使望远镜内双“十”字叉丝竖直线与 $k=1$ 的绿色谱线相重合，记下此时左右游标的读数 $\theta''_{1左}$、$\theta''_{1右}$。算出

$$\theta_{1左} = (\theta''_{1左} - \theta'_{1左})/2$$

$$\theta_{1右} = (\theta''_{1右} - \theta'_{1右})/2$$

往返重复三次取平均，代入式(4-21)计算光栅常数 d。

已知汞灯绿色谱线的波长为 546.1 nm。

(7)测定汞灯紫色、黄色谱线的第一、二级谱线的衍射角。再利用所测的光栅常数 d，计算其波长。

黄色谱线由两条靠得很近的谱线组成，测量时让“十”字叉丝的竖直线对准黄色双谱线的中央进行测量。

注意事项

(1)光栅是精密光学器件，严禁用手触摸刻痕，以免弄脏或损坏。

(2)氦灯是在高压下使用，请注意安全。

(3)平行光管的狭缝应对准光源，以保证有足够的光照射在光栅上，否则谱线不清楚。

原始数据表格

1. 测定光栅常数 $d=a+b$

入射光波长 $\lambda_0=$________ nm，选定谱线级次 $k=$________，分光计度盘分度值______。

表 4-6 方位角及衍射角

测量次数	1		2		3		
	左游标	右游标	左游标	右游标	左游标	右游标	$k=\pm1$ 时衍射主极大衍射角的平均值 θ_1
$k=-1$ 望远镜方位角							
$k=1$ 望远镜方位角							
$k=\pm1$ 两方位夹角 $2\theta_{1i}$							
$k=\pm1$ 主极大衍射角 θ_{1i}							
两游标的平均值 θ_1							

2. 测定汞灯蓝色、黄色谱线的波长

分光计度盘分度值________。

表 4-7　蓝色、黄色谱线波长

谱线颜色	蓝色				黄色			
谱线级次 k	1		2		1		2	
所读游标	左	右	左	右	左	右	左	右
$-k$ 望远镜方位角								
$+k$ 望远镜方位角								
两方位夹角 $2\theta_i$								
k 级主极大衍射角 θ_i								
两游标的平均值 θ								

数据处理

1. 测定光栅常数 $d=a+b$

(1)求绿光第一级谱线衍射角的平均值$\overline{\theta_1}$、$S_{\overline{\theta_1}}$、$\Delta_A\theta_1$、$\Delta_B\theta_1$、$\Delta\theta_1=[(\Delta_A\theta_1)^2+(\Delta_B\theta_1)^2]^{1/2}$。这里，已假定分光计的调节足够好，平行光管狭缝与光栅刻痕严格平行，在此情况下有$\Delta_B\theta_1=\Delta_{仪}\theta_1=1'$。计算中，最好化成弧度计算，所得数据填入表 4-8。

表 4-8　绿光第一级谱线衍射角　　单位：rad

$\overline{\theta}$	$S_{\overline{\theta}}$	t 值(无单位)	$\Delta_A\theta$	$\Delta_{仪}\theta$	$\Delta_B\theta$	$\Delta\theta$

其中

$$\overline{\theta}=\frac{1}{n}\sum_{i=1}^{n}\theta_i$$

$$S_{\overline{\theta}}=\sqrt{\sum_{i=1}^{n}(\theta_i-\overline{\theta})^2/[n(n-1)]}$$

$$\Delta_A\theta=tS_{\overline{\theta}}$$

$$\Delta\theta=\sqrt{(\Delta_A\theta)^2+(\Delta_B\theta)^2}$$

(2)求光栅常数 d

$$\overline{d}=k\lambda/\sin\overline{\theta_1}$$

$$\Delta d=k\lambda\Delta\theta\cos\theta_1/\sin^2\theta_1$$

$$d=\overline{d}\pm\Delta d$$

2. 测定汞灯蓝色、黄色谱线的波长

$$\lambda = d\sin\theta / k$$

(1)计算波长

紫色　　　$k=1, \lambda_{紫1}=$________ nm；$k=2, \lambda_{紫2}=$________ nm。

黄色　　　$k=1, \lambda_{黄1}=$________ nm；$k=2, \lambda_{黄2}=$________ nm。

(2)与标准波长(汞灯蓝光标准波长 $\lambda=435.8$ nm，黄光标准波长 $\lambda=577.0$ nm)比较，计算相对误差，并指出用光栅衍射测波长时，取 k 值大好还是小好。

预习思考题

(1)光栅方程式适用的条件是什么？

(2)为什么说转动载物台使光栅两表面对准望远镜，在望远镜分划板上看到绿"十"字与调节叉丝重合时，望远镜光轴垂直分光计中心轴，光栅平面平行分光计中心轴？

(3)只调到光栅平面平行分光计中心轴后，能否说明光栅刻痕平行分光计中心轴？

(4)如何调整平行光管与分光计中心轴垂直？判断的依据是什么？

实验后思考题

(1)图 4-25 中的透镜 L_1 和 L_2 对应于分光计中的哪两块透镜？

(2)光栅光谱和棱镜光谱有哪些不同之处？

(3)如果光栅刻痕不平行于狭缝，光谱线有何异常？如何调整光栅刻痕与狭缝平行？

4.5　迈克尔逊干涉仪的调整和使用

迈克尔逊干涉仪是 1881 年美国物理学家迈克尔逊与莫雷合作，为研究"以太"漂移实验而设计出来的精密光学仪器，该实验结果否定了以太的存在，促进了相对论的建立。此后，迈克尔逊又用它做了两个重要实验，首次系统地研究了光谱线的精细结构，并直接将光谱线的波长与标准米尺进行比较。后来人们还利用该干涉仪的原理，研制出各种专用的干涉仪，所以，学习迈克尔逊干涉仪的结构原理，训练对其调整的方法，考察它形成干涉条纹的特点，有利于培养我们严谨的科学作风、巧妙的实验技巧及耐心细致的工作态度。

实验目的

(1)熟悉迈克尔逊干涉仪的结构、调整和使用方法；

(2)通过实验观察，认识点光源等倾干涉和面光源等倾、等厚干涉的形成条件和条纹特点；

(3)用干涉条纹变化的特点，测定氦氖激光的波长。

实验原理

迈克尔逊干涉仪的简单光路如图4-28所示，从光源 S 发出的一束波长为 λ 的单色光照射到分光镜 G_1 上，将光束分为两部分，一部分从分光镜 G_1 的半透半反膜处反射，射向平面镜 M_1，另一部分从 G_1 透射，射向平面镜 M_2。因为 G_1 和全反射平面镜 M_1、M_2 均成45°角，M_1 与 M_2 又相互垂直，所以两束光均垂直射到 M_1、M_2 上。从 M_1 反射回来的光，透过半透半反膜 G_1，从 M_2 反射回来的光，再经半透半反膜 G_1 反射，二者汇集成一束光，产生干涉，我们在 E 处即可观察到干涉条纹。光路中另一平行平板玻璃 G_2 与 G_1 平行，其材料与厚度和 G_1 完全相同，以补偿两束光的光程差，称为补偿板。

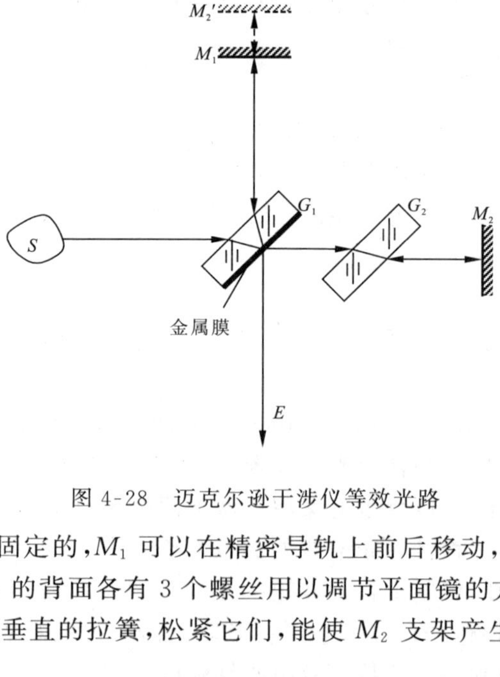

图 4-28　迈克尔逊干涉仪等效光路

反射镜 M_2 是固定的，M_1 可以在精密导轨上前后移动，以改变两束光之间的光程差。M_1、M_2 的背面各有3个螺丝用以调节平面镜的方位。M_2 的下方还附有两个方向相互垂直的拉簧，松紧它们，能使 M_2 支架产生微小变形，以便精确调节 M_2。

在图4-28的光路中，M_2' 是 M_2 被 G_1 半透半反膜反射所形成的虚像。对观察者而言，两相干光束等价于从 M_2' 和 M_1 反射而来。迈克尔逊干涉仪所产生的干涉条纹就如同 M_2' 和 M_1 之间的空气膜所产生的干涉条纹一样。如果 M_2' 和 M_1 平行，可视作入射介质与薄膜介质折射率相同的两表面平行的薄膜；如果 M_2' 和 M_1 不平行，可视作入射介质与薄膜介质折射率相同的两表面夹角恒定的楔形薄膜。

1. 单色点光源的非定域干涉条纹

如图 4-29 所示，M_1 平行 M_2' 且相距为 d。点光源 S 发出的一束光，对 M_1 来说，正如 S' 处发出的光一样，即 $SG_1 = S'G_1$。而对于在 E 处的观察者来说，由于 M_1 的镜面反射，S' 点的光源如同处于位置 S_1' 一样，即 $S_1'M_1 = M_1S'$。又由于半透半反膜 G_1 的作用，M_2 的位置如同处于 M_2' 的位置一样。同样对 E 处的观察者，点光源 S 如同处于 S_2' 的位置。所以 E 处的观察者所看到的干涉条纹，犹如虚光源 S_1'、S_2' 发出的球面波，它们在空间处处相干，把观察屏 E 放在空间不同位置处，都可以看到干涉条纹，所以这一干涉是非定域干涉。

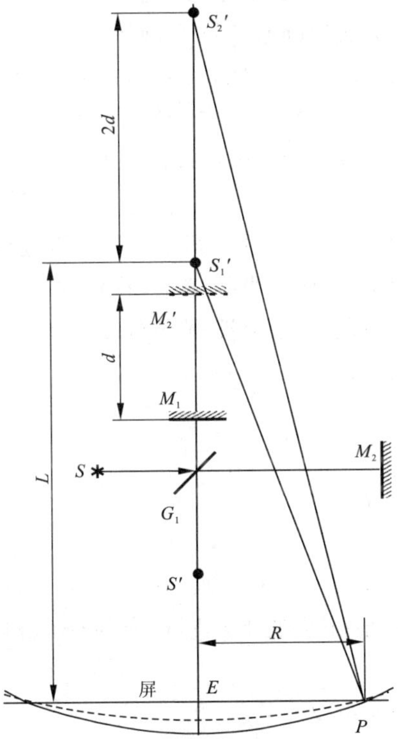

(a)

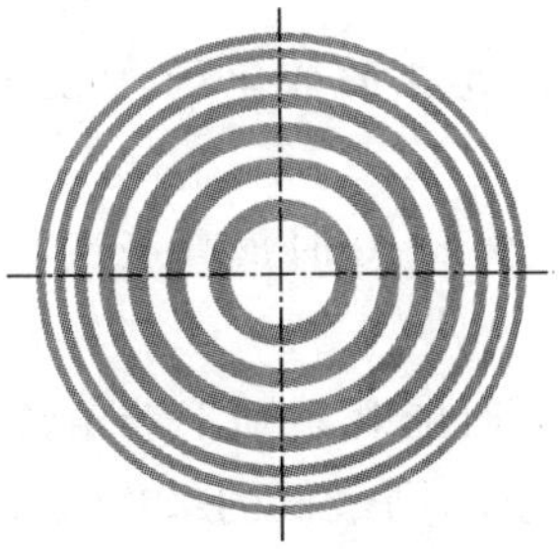
(b)

图 4-29　等倾干涉光路

如果把观察屏放在垂直于 S_1'、S_2'连线的位置上，屏面垂直于 S_1'、S_2'的连线，则可以看到一组同心圆，而圆心就是 S_1'、S_2'连线与屏面的交点 E。由于同一级干涉条纹上各点对虚光源 S_1'、S_2'的倾角相同，所以这一干涉条纹，又称为点光源等倾干涉条纹。

设在屏上有一点 P，它离中心 E 点的距离为 R，E 距两虚点光源 S_1'、S_2'的距离分别为 L 和 $L+2d$，则两光束在 P 点的光程差为

$$\delta = \sqrt{(L+2d)^2+R^2} - \sqrt{L^2+R^2}$$

当 $L \gg d$ 时，展开上式并略去 d^2/L^2，则有

$$\delta = 2Ld/\sqrt{L^2+R^2} = 2d\cos\varphi \tag{4-22}$$

式中，φ 是干涉圆条纹的角半径，所以亮纹条件为：

$$2d\cos\varphi = k\lambda \tag{4-23}$$

由式(4-22)可见点光源非定域等倾干涉条纹的特点是：

(1)当 d、λ 一定时，具有相同倾角 φ 的所有光线的光程差相同，所以干涉情况也完全相同，对应于同一级次，形成以光轴为圆心的同心圆环。

(2)d、λ 一定时，如果 $\varphi=0$，即在干涉圆环中心处，其光程差 $\delta=2d$，为最大值。根据明纹条件，其 k 为最大，即条纹中心为最高级次。如果 $\varphi\neq0$，φ 角越大，则 $\cos\varphi$ 越小，k 值也越小，即对应的干涉圆环越往外，其级次 k 也越低。这是与牛顿环干涉条纹的不同之处。

(3)k、λ 一定时，如果 d 逐渐减小，则 $\cos\varphi$ 将逐渐增大，即 φ 角逐渐减少。也就是说，同一个 k 级条纹，当 d 减少时，该级圆环半径减小，看到的现象是干涉圆环内缩；反之，如果 d 逐渐增大，看到的现象是干涉圆环外扩。对于中央条纹，当内缩或外扩 N 次，则光程差变化为

$$2\Delta d = N\lambda \tag{4-24}$$

式中，Δd 为 d 的变化量，所以有

$$\lambda = 2\Delta d/N \tag{4-25}$$

(4)设 $\varphi=0$ 时最高级次为 k_0，则

$$k_0 = 2d/\lambda$$

在同时能观察到干涉条纹的视场内，最外层的干涉圆环所对应的相干光的入射角为 φ，则最低的级次为 k'

$$k' = 2d\cos\varphi/\lambda$$

所以在视场内看到的干涉条纹总数为

$$\Delta k = k_0 - k' = 2d(1-\cos\varphi)/\lambda$$

当 d 增加时，由于 φ 一定，所以条纹总数增多，则条纹变密。

(5)当 $d=0$ 时，则 $k=0$，即整个干涉场内无干涉条纹，见到的是一片明暗程度相同的视场。

(6)当 d、λ 一定时，相邻的两级条纹有下列关系：

$$2d\cos\varphi_k = k\lambda$$

$$2d\cos\varphi_{k+1} = (k+1)\lambda$$

设 $\overline{\varphi_k}=(\varphi_{k+1}+\varphi_k)/2$，$\Delta\varphi_k=\varphi_{k+1}-\varphi_k$，且考虑到 φ_{k+1}、φ_k、$\Delta\varphi_k$ 均很小，则可得

$$\Delta\varphi_k = -\frac{\lambda}{2d\,\overline{\varphi_k}}$$

式中，$\Delta\varphi_k$ 称为角距离，表示两相邻圆条纹对应入射光的倾角差，反映圆环条纹之间疏密程度；φ_k 表示 k 级圆环所对应的入射角。上式表明 $\Delta\varphi_k$ 与 $\overline{\varphi_k}$ 成反比关系，即 $\overline{\varphi_k}$ 越大，也就是圆环条纹越往外，则 Δ_k 越小，条纹间角距离就越小，说明条纹越密。

2. 单色面光源等倾定域干涉条纹

调节 M_1、M_2 互相垂直，即 M_1、M_2' 互相平行，如图4-30所示。面光源上有一光点 S_1，发出一束光，光束的入射角为 φ，经 M_1、M_2' 反射后成为互相平行的Ⅰ、Ⅱ两束光，它们的光程差为

$$\delta = AB + BC - AD$$

因为

$$AB = BC = d/\cos\varphi$$

$$AD = AC\sin\varphi = 2d\tan\varphi \cdot \sin\varphi$$

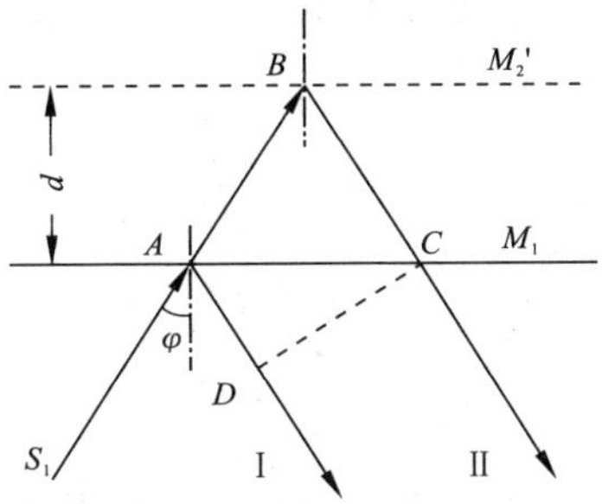

图 4-30　等倾定域干涉光程差计算

所以

$$\delta = 2d/\cos\varphi - 2d\tan\varphi \cdot \sin\varphi$$
$$= 2d(1-\sin^2\varphi)/\cos\varphi = 2d\cos\varphi$$

根据光的干涉明暗条纹的条件有：

明纹满足

$$\delta = 2d\cos\varphi = k\lambda \tag{4-26}$$

暗纹满足

$$\delta = 2d\cos\varphi = (2k+1)\lambda/2 \tag{4-27}$$

式(4-26)和式(4-27)中，$k=0,1,2,3,\cdots$。

若面光源上有另一光点 S_2，以同一入射角 φ 入射，经 M_1 和 M_2' 反射后，同样可以得到与光线Ⅰ、Ⅱ互相平行的反射光。同理，还可以有光点 S_3、S_4、…，只要以同一入射角 φ，经 M_1 和 M_2' 反射后，都相互平行，它们在无穷远处相遇时各

自的I光和II光产生干涉后再强度叠加。如果在空间放置一块透镜，则在透镜焦面上将产生干涉条纹。这些光线的干涉发生在空间某特定区域，所以称定域干涉。同时，各光点对于某一入射角，都为同一级干涉条纹，所以又称等倾定域干涉。

由式(4-26)和式(4-27)，还可以分析面光源等倾定域干涉条纹的特点，它与点光源等倾非定域干涉条纹的特点类似。

3. 单色面光源等厚定域干涉条纹

当 M_1 与 M_2 有一个微小的角度 θ(θ 一般是分或秒的数量级)时，它们之间形成楔形空气隙，如图 4-31 所示。从扩展光源上某点 S 发出的一束光经 M_1、M_2'反射后分成两束光Ⅰ和Ⅱ，它们在镜面附近相交：一种实相交，如图 4-31(a)所示；一种虚相交，如图 4-31(b)所示。相交必产生干涉，把眼睛聚焦在 M_1 镜面附近，即可观察到干涉条纹。由于楔角 θ 很小，因此在入射点 A 的微小区域内，近似看成平行平板，可以证明光线Ⅰ和Ⅱ的光程差为

$$\delta = 2d\cos\varphi$$

式中，d 为楔形板在 A 点处的厚度；φ 为入射角。

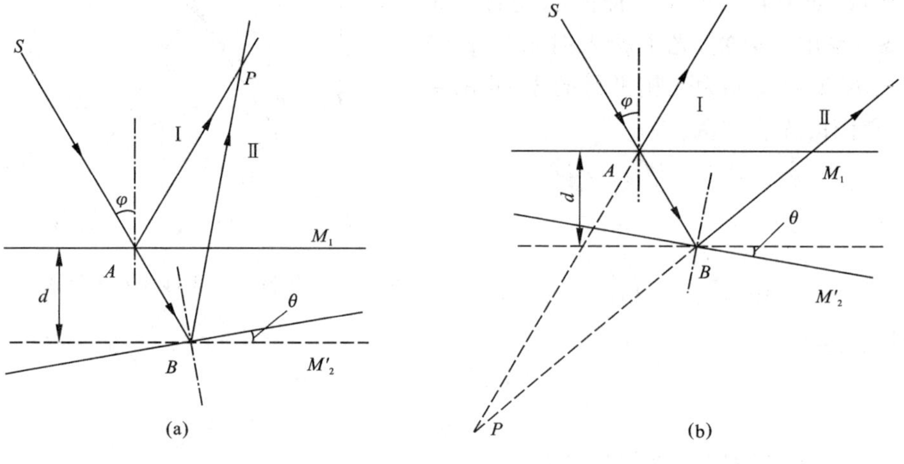

图 4-31　迈克尔逊干涉仪的等厚定域干涉光路

上式又可改写为

$$\delta = 2d[1 - 2\sin^2(\varphi/2)]$$

当 φ 角很小时，可得

$$\delta = 2d(1 - \varphi^2/2) = 2d - d\varphi^2$$

如果 M_1、M_2'相交，在交线处 $d=0$，$\delta=0$，对应的干涉条纹称中央条纹。在中央条纹附近，因为 d 很小，$d\varphi^2$ 项的作用不明显，光程差 $\delta\approx 2d$，即在同一厚度 d 的地方，光程差相等，条纹与 M_1、M_2'的交线平行。离中央条纹较远处由于 φ 较

大，乘积 $d\varphi^2$ 不可忽略，对于同一级条纹，则用增加 $2d$ 来抵消。由 $d\varphi^2$ 的增加所造成的 δ 减小，以保持光程差的不变。所以条纹发生弯曲，弯曲的方向是凸向中央条纹(图 4-32)。

实验仪器

迈克尔逊干涉仪，氦氖激光器，白光光源，扩束镜，毛玻璃，水准仪。

1. 迈克尔逊干涉仪的介绍及使用说明

迈克尔逊干涉仪的主体如图 4-33 所示，其结构如图 4-34 所示。导轨 8 固定在一个稳定的底座上，由 3 个调平螺钉 10 支撑，调平后可以旋紧固定圈 11 以保持底座稳定。丝杆 6 的螺距为 1 mm。仪器中有一对可脱开的涡轮副，当手柄 4 按标记顺时针方向转到“开”时，转动粗动手轮 1，经过一对传动比大约为 2∶1 的齿轮副带动丝杆旋转，与丝杆啮合的螺母 5 通过转挡块及顶块带动动镜 12 在导轨面 8 上滑动实现粗动。移动距离的毫米数可在机体侧面的毫米刻尺 7 上读得。通过读数窗口，在刻度盘 2 读到 0.01 mm。当手柄 4(本实验室的迈克尔逊干涉仪无此手柄)按逆时针方向转到“合”时，转动微动手轮 3，经 1∶100 的涡轮副传动，可实现微动，微动手轮的最小刻度为 0.0001 mm。调整仪器时，丝杆顶力不宜过大(可通过滚花螺丝 9 来调整)，仪器各部活动环节要求传动轻便，弹性元件接触力适宜。为此，使用时活动件须定期加薄油(如钟表油)。当使用完毕，需放置一段时期时，导轨面及丝杆上应上防锈油。由于结构上的原因，微动手轮正反向旋转交换时都有空回量，出厂时允许在 0.03 mm 范围内，这对测试无影响。

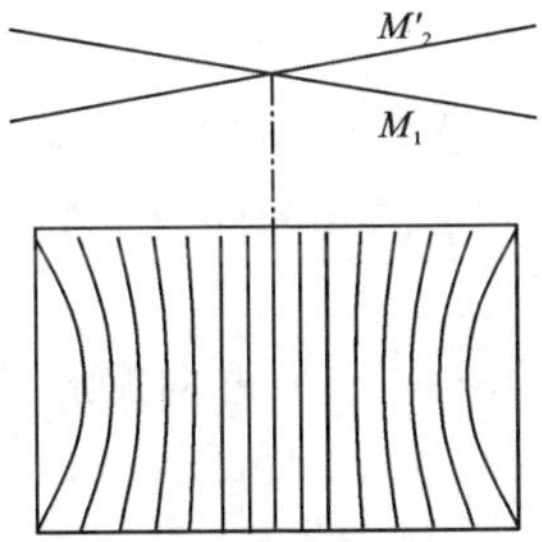

图 4-32　M_1、M_2' 不平行且 $d=0$ 时的等厚干涉条纹

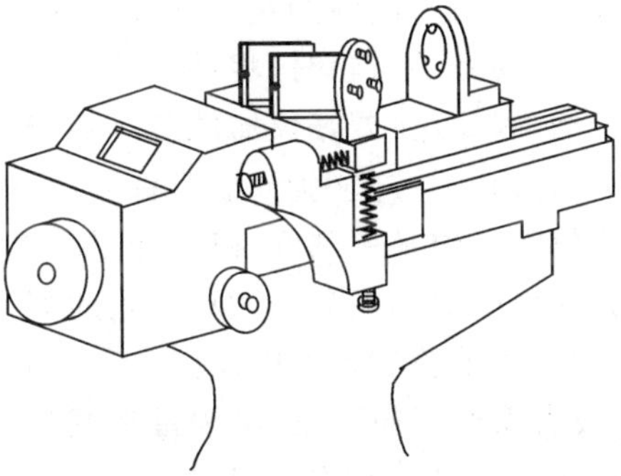

图 4-33　迈克尔逊干涉仪

使用时要注意以下几点：

(1)迈克尔逊干涉仪是十分精密的光学仪器，必须搞清楚仪器的使用方法后才能动手操作。

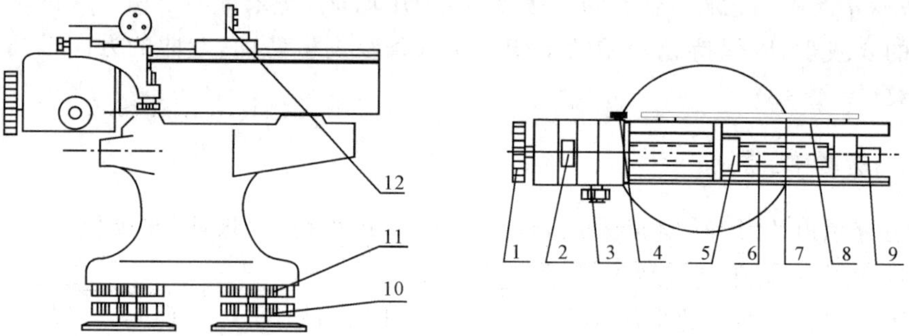

图 4-34　迈克尔逊干涉仪结构示意图

1—粗动平轮；2—刻度盘；3—微动手轮；4—手柄；5—螺母；6—丝杆；
7—毫米刻尺；8—导轨；9—液花螺丝；10—调平螺钉；11—固定圈；12—动镜

(2)分光镜 G_1，补偿板 G_2，反射镜 M_1、M_2 等玻璃零件的光学表面不允许用手摸，不允许哈气，不允许擦拭。只能用吹耳球吹去灰尘。

(3)粗动前须先将手柄 4 转到“开”的位置上，然后才能转动粗动手轮，否则容易损坏涡轮副。

(4)当粗动后需进行微动时，应一面缓缓地转动手柄 4，一面较快地转动微动手轮 3，使蜗杆平稳地与蜗轮啮合。

(另一些型号的迈克尔逊干涉仪没有手柄 4，自然也就无(3)、(4)所说的操作。本实验室所用的仪器就是如此。)

(5)各调整部件用力要适当，不可强旋硬扳。

(6)经过精密调整的仪器部件上的螺丝都涂有红漆，不要擅自转动。

(7)转动微动手轮时，粗动手轮随之移动，但转动粗动手轮时，微动手轮并不随着转动，因此，在调好仪器准备读数前应先调整零点。调整零点的方法是：将微动手轮沿某一方向(例如顺时针方向)旋转至零，然后以同方向转动粗动手轮，对齐读数窗口中某一刻度，以后测量时使用微动手轮仍要向同方向转，这样才能使读数窗口中的刻度盘与微动手轮的刻度轮配合好。

(8)微动手轮有较大的反向空程，测量时应始终向一个方向旋转，如果中途反转，或者需要反向测量，必须重新调整零点。

2. 氦氖激光光源使用注意事项

(1)He-Ne-741 型激光电源空载输出电压为 9 kV，实验操作时切切注意安全，谨防灼伤或因电击受惊打碎激光管。

(2)激光管为冷阴极直流放电管，电极分正负两极。正极为单极钨杆，负极为铝质圆筒用钨杆引出，使用时正负极不能接反，若正负极接反，则正极端将迅速发黑，激光输出显著减少，并严重影响激光管寿命。

(3)激光管使用时必须十分小心，切忌碰撞、敲击和急剧的冷热变化，以防激光管爆裂。

(4)打开激光电源后，旋转电流调节旋钮，点燃激光管，将工作电流调至5 mA(激光管的最佳工作电流)左右，使激光输出最强。如果接通电源后，激光管不亮或闪烁不稳定，可调节旋钮慢慢增大电流便可点燃激光器。

(5)实验过程中不可让激光束直射眼睛，以防烧伤。

(6)实验结束时，关闭电源。

实验步骤

(1)用水平仪并调节迈克尔逊干涉仪的底脚螺丝，使仪器导轨水平(仪器导轨水平已调好，学生不必再动)；转动粗动手轮，即调节 M_1 的位置，使 M_1、M_2 到分光镜 G_1 的距离大致相等；将 M_1、M_2 后的两个螺钉及微调 M_2 水平、垂直的拉簧的调节丝杆调到适中的位置。

(2)调节 He-Ne 激光器，使激光束保持水平并基本垂直于仪器导轨且入射到反射镜 M_1、M_2 的中部。

粗调 He-Ne 激光器，使激光器垂直于仪器导轨，并能使激光入射到反射镜 M_1、M_2 上。开激光器电源，调节电流达到 5 mA(电源上有电流表)左右，使激光器发射激光。调整激光器的高度，左右旋转激光器和调激光器的俯仰，使激光束入射到反射镜 M_1、M_2 的中心，用纸片遮住 M_2，再细调激光器高度左右及俯仰，使从 M_1(M_1 垂直导轨已调好)反射的光回到激光器的输出平面镜上；再遮住 M_1，调 M_2 镜后两个方位螺丝，使从 M_2 反射的光回到激光器的输出平面镜上。

(3)调节 M_2 镜后的两个螺丝，使 M_1 与 M_2 垂直。

让反射镜 M_1、M_2 反射的两组亮点射到观察屏上；细心调节 M_2 镜后两个方位螺丝，使屏上的两组亮点，特别是中间最亮点完全重合；如实在难以重合，可微动 M_1(切不可大动)，使其完全重合。

(4)点光源非定域干涉条纹的观察与测量。

①调出点光源非定域干涉条纹。

在激光器出射激光的输出平面镜前放上扩束镜，使其成为点光源，调扩束镜的高度及位置，使屏上出现激光光斑，此时总会有干涉条纹出现，这时的干涉条纹是圆弧，十分密，且看不到圆心；慢慢移动粗调手轮半圈，且边转边看条纹的变化，如果变坏，便反转，可看到较好的干涉条纹。微调垂直拉簧与水平拉簧的调节螺丝，或调节扩束镜的高低、左右位置，直到把干涉条纹中心调到光斑中央。此时 M_1 与 M_2 严格垂直，即 M_1 与 M_2' 严格平行，屏上就出现非定域干涉条纹了。

②慢慢转动粗调手轮，使 M_1 镜前后移动，观察条纹变化，并思考条纹从中

心“涨出”或“陷入”中心，M_1 与 M_2'间的距离 d 如何变化。

③测量 He-Ne 激光器的激光波长。

当确信旋转微调手轮时屏上干涉条纹在变化，且知道旋转微调手轮时粗调手轮的旋转方向，再依此方向对迈克尔逊干涉仪调零。调零的过程是：按出现干涉条纹变化的旋转方向转动微调手轮，使微调手轮上的刻度线指零；再转动粗调手轮，使读数窗口中的刻度线指向粗调手轮刻度盘的任意整刻度。调零结束后，按调零的方向旋转微调手轮，直到屏上的干涉条纹“陷入”或“涨出”，确定某一个特定的干涉图像为基准时停下，记录此时数据，再按原方向旋转微调手轮数条纹数，每数 100 个条纹变化，记录一次数据，连续 7 次。数据的整数为毫米，毫米以下(小数点后)有 5 位。

旋转微调手轮时，应用左手，不用右手。因为用右手时，右手会碰着迈克尔逊干涉仪的某些部件，使干涉条纹变化，不利于数数。

由于在迈克尔逊干涉仪实验中数条纹时对环境条件要求比较苛刻，外界稍有震动，甚至大声说话，走路脚步稍重，拖动凳子等都会使干涉条纹有巨大的抖动，以至于无法数数。所以，在数条纹时，一定要一环一环地数，并逐步体会每移动一环，微调手轮转过的角度，以形成规律。这样，在有外来干扰无法数数的情况下，可以通过手感完成微调手轮一环的转动后停下，待外来干扰停止后，再继续数环。切不可一次数两个以上的环。

另外，实验室的实验人员的动作一定要轻，说话声音要小。同桌的几个实验人员，要相互照顾，尽量实验进度一致，记录数据时，不要把表格纸放在桌子上记，以最大限度地减少相互间的不利影响。

(5)观察等倾干涉条纹(选做)

①把毛玻璃屏放在透镜 L 的前面，使球面波经过漫反射成为扩展光源，必要时可加两块毛玻璃。用聚焦到无穷远的眼睛直接观察，可以看到圆条纹。进一步调节拉簧螺丝，使眼睛上下左右移动，各圆条纹大小不变，这时看到的就是等倾条纹。

②慢慢转动粗调手轮，使镜 M_1 前后移动，观察条纹的变化规律。

③用一纸板(或可变光阑)遮住毛玻璃，改变扩散光源的大小，观察干涉条纹有何变化。

(6)观察等厚干涉条纹(选做)

在上述观察等倾条纹的基础上，慢慢转动粗调手轮，使干涉条纹逐渐向圆心“缩入”，同时会看到条纹由细变粗，由密变疏，直到整个视场条纹变成等轴双曲线形状，此时 M_1 与 M_2'已十分靠近。再调 M_2 镜的拉簧螺丝，使 M_2'与 M_1 有一个很小的夹角，视场中出现直线形平行干涉条纹。条纹间距与交角成正比，夹角太大，条纹变得很密，甚至观察不到干涉条纹。移动动镜 M_1，观察干涉条纹从弯曲变直再变弯曲。

在调出等厚干涉条纹的基础上，换上白光光源，细心缓慢地旋转微调手轮，在 M_1 与 M_2' 达到"零程"附近时就会出现彩色条纹，再极小心地旋转微调手轮找到中央条纹，它对应于 M_1 与 M_2' 的交线，记录观察到的条纹形状和颜色分布。

在"零程"附近，由于白光的干涉条纹只能看到几条，所以必须耐心细致地调节才能观察到，如果 M_1 镜移动快，就会一晃而过。

注意事项

(1)测量前，仪器必须调零。

(2)数条纹数前必须确认旋转微调手轮时屏上条纹"陷入"或"涨出"。

(3)数条纹时，一定要一环一环地数。

(4)测量过程中不容许微调手轮倒转。

原始数据表格

测 He-Ne 激光波长的实验数据填入表 4-9。

激光管规格______________ mm；

迈克尔逊干涉仪读数分度值______________ mm。

表 4-9　测激光波长实验数据

读数序号	1	2	3	4	5	6	7	8
干涉条纹数	0	100	200	300	400	500	600	700
d_i(mm)								
$\Delta d_i = d_{i+4} - d_i$(mm)					$\overline{\Delta d}=$		$S_{\overline{\Delta d}}$	

数据处理

(1)条纹变化 $\Delta N=400$，动镜移动 Δd 的平均值及不确定度。

由于环境条件的限制，人眼的判断的误差，可能使 ΔN 不准。取 $\Delta(\Delta N)=1.0$；Δd 的不确定度 $\Delta(\Delta d)$ 中，取 $\Delta_{仪}(\Delta d)=5\times10^{-5}$ mm。

表 4-10　Δd 的平均值及不确定度

直接测量量	$\bar{x}$	$S_{\bar{x}}$	t 值（无单位）	$\Delta_A x$	$\Delta_{仪} x$	$\Delta_B x$	Δx
ΔN							
Δd(mm)							

其中

$$\overline{\Delta d} = \frac{1}{n}\sum_{i=1}^{n}(\Delta d_i)$$

$$S_{\overline{\Delta d}} = \sqrt{\sum_{i=1}^{n}[(\Delta d_i) - \overline{\Delta d}]^2/[n(n-1)]}$$

$$\Delta_A(\Delta d) = tS_{\overline{\Delta d}}$$

$$\Delta(\Delta d) = \sqrt{[\Delta_A(\Delta d)]^2 + [\Delta_B(\Delta d)]^2}$$

(2)求 He-Ne 激光波长 λ。

$$\lambda = 2\Delta d/\Delta N$$

(3)求波长 λ 的不确定度 $\Delta\lambda$。

对实验公式 $\lambda=2\Delta d/\Delta N$ 两边取对数,然后微分(微分号 d 用 δ 代替)

$$\ln\lambda = \ln 2 + \ln\Delta d - \ln\Delta N$$

$$\delta\lambda/\lambda = \delta(\Delta d)/\Delta d - \delta(\Delta N)/\Delta N$$

$$E_r = \Delta\lambda/\lambda = \sqrt{[\Delta(\Delta d)/\Delta d]^2 + [\Delta(\Delta N)/\Delta N]^2}$$

$$\Delta\lambda = E_r\lambda$$

(4)写出波长 λ 的表达结果 $\lambda=\bar{\lambda}\pm\Delta\lambda$。

(5)与 λ 的公认值 λ_0($\lambda_0=632.8$ nm)比较,算出测量值与公认值的相对误差 $|\lambda-\lambda_0|/\lambda_0$。

预习思考题

(1)在迈克尔逊干涉仪中是用什么方法获得两束相干光的?

(2)调整仪器使得反射镜 M_1 与 M_2 或使 M_1 与 M_2' 达到什么程度才能获得等倾干涉?在屏上看到条纹呈什么形状时可判定它是等倾条纹?非定域干涉有什么特点?

(3)数数前为什么要调迈克尔逊干涉仪的零点?如何调零点?

(4)什么是空程?测量时如何操作才能避免空程?

(5)当白光干涉条纹出现,且中央条纹调到视场中央时,M_1、M_2' 两镜的距离和位置如何?

实验后思考题

(1)如果考虑分光镜引起的半波损失(实际上分光镜上所镀金属膜,存在半波损失的情况比较复杂),式 4-22 是否仍然成立?

(2)已知扩展光源上不同光点发出的光是非相干光,由此得出等倾条纹似乎是非相干光"干涉"的结果,请解释这一矛盾。

(3)实验中等倾圆条纹与牛顿环条纹有何异同？条纹“陷入”或“涨出”时，与 M_1、M'_2 两镜距离的增减呈什么关系？

4.6 光电效应

光电效应是指在光的作用下，从物体表面释放电子的现象。这种现象是1887年赫兹研究电磁波时发现的。之后，勒纳德等人对光电效应总结出一系列实验规律，1905年爱因斯坦提出“光量子”的假说，对光电效应的规律作出了成功的理论解释。十年后，密立根用实验证实了爱因斯坦的光量子理论，促进了光学和原子物理学的发展。利用光电效应可以制造光电管、光电倍增管等光电转换器件，把光学量转换成电学量来测量。因此，光电效应在自动控制、电视摄像、分光光度计等技术中得到了广泛的应用。

实验目的

(1)观察光电管的光电效应，理解光的量子性；

(2)测定光电管的伏安特性；

(3)验证爱因斯坦方程，测定普朗克常数。

实验原理

观察光电效应的实验示意图如图4-35所示。K为光电管阴极，A为光电管阳极，G为微电流计，V为电压表，R为滑线变阻器。调节R并结合换向开关K_2，可在A、K之间获得从$-E$到$+E$连续变化的电压。当光照射光电管时，阴极释放出的光电子在电场的作用下向阳极迁移，并且在回路中形成光电流。

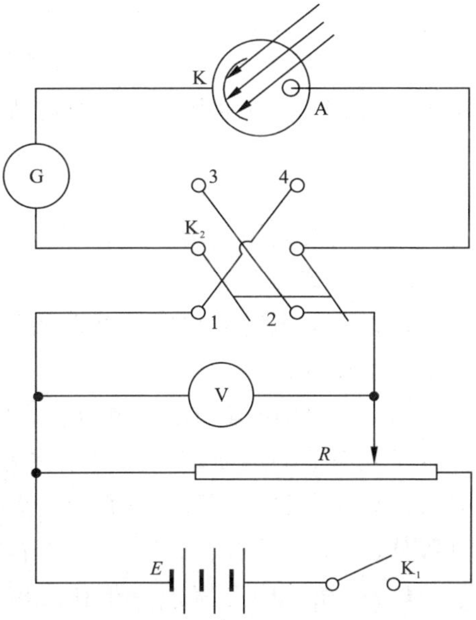

图4-35 光电效应实验示意图

1. 光电效应的实验规律

(1)光强一定时，随着光电管两端电压的增大，光电流趋于一个饱和值 i_S。对于不同的光强，饱和光电流 i_S 与光强 I 成正比。

(2)当给光电管两端加反向电压时，光电流迅速减小，但不会立即降到零，直至反向电压达到U_C时，光电流为零。U_C称为截止电压，这表明此时具有最大动能的光电子也被反向电场所阻挡，所以有

$$\frac{1}{2}mv_{\max}^2 = e\mid U_C \mid \tag{4-28}$$

式中，e为电子电量。实验表明截止电压U_C与入射光强无关，只与入射光的频率有关。

(3)改变入射光频率ν时，截止电压U_C随之改变。U_C与ν呈线性关系，如图4-36所示。实验表明，无论光多么强，只有当入射光的频率ν大于截止频率ν_0时才有光电效应发生。ν_0称为光电效应的红限频率。对于不同金属制成的光电管阴极，ν_0的值也不同，但这些直线的斜率都相同。

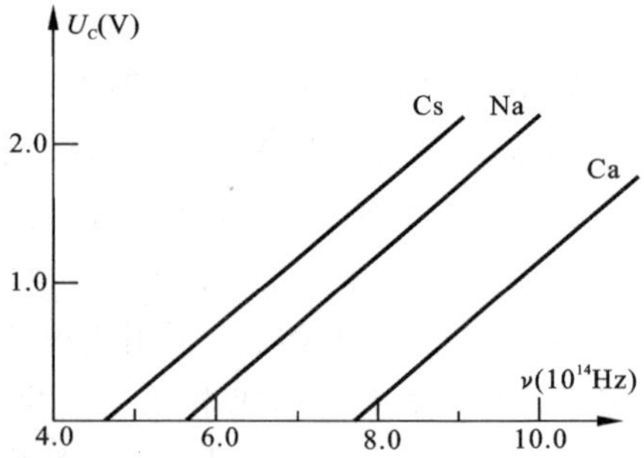

图4-36　$|U_C|$与ν的关系曲线

(4)照射到光阴极上的光无论怎么弱，几乎在开始照射的同时就有光电子产生，延迟时间最多不超过10^{-9} s。

2. 光电效应的爱因斯坦方程

上述光电效应的实验规律是光的波动理论所不能解释的。爱因斯坦的光子假说成功地解释了这些实验规律。他假设光是能量为$h\nu$的光子流(其中h为普朗克常数)，当光照射金属时，金属中的一个电子要么不吸收能量，要么吸收一个光子的全部能量$h\nu$。只有当这一能量大于电子摆脱金属表面的约束所需要的逸出功A时，电子才会以一定的初动能逸出金属表面。依能量守恒，有

$$h\nu = \frac{1}{2}mv_{\max}^2 + A \tag{4-29}$$

这就是著名的爱因斯坦方程。

3. 光电管的伏安特性

理论上光电管的伏安特性曲线如图4-37中曲线Ⅰ所示，但实际情况要复杂得多。主要的影响因素有：

(1)存在暗电流和本底电流。在完全没有光照射的情况下，由于阴极本身的热电子发射等原因所产生的电流称为暗电流。本底电流则是由于外界各种漫射光入射到光电管上所致。这两种电流属于实验中的系统误差。除了对后者尽力克服外，实验时须将它们测出并在作图中消除它们的影响。

(2)存在反向电流。由于在光电管的制造过程中，阳极不可避免地被阴极材料所沾染，而且这种沾染在光电管的使用过程中会日趋严重。在光的照射

下，被阴极材料沾染的阳极也会发射电子，形成阳极电流，即反向电流，它的伏安特性如图 4-37 中的曲线Ⅱ。因此实测曲线应是阳极电流Ⅱ与阴极电流Ⅰ（理论的光电管伏安特性）的叠加，即图 4-37 中的实线。这就给确定截止电压 U_C带来了一定麻烦。若用交点 U_C'来代替 U_C有误差，若用图中反向电流刚开始饱和时的拐弯点 U_C''来代替 U_C也有误差。究竟用哪个来代替 U_C，应根据不同的光电管而定。本实验中由于光电管极间漏电、入射光照到阳极或从阴极反射到阳极之后引起阳极电子发射等原因，产生了反向光电流。由于它们的存在，使正向光电流曲线下移，所以取光电流刚刚开始急剧变化点对应的电压为截止电压。

同一光电管在不同光强 I 的入射光照射下，其伏安特性不同，如图 4-38 所示。所以在做光电管的伏安特性曲线实验时，除了保持入射光的频率不变以外，还要保持入射光强度不变，即发光体到光源的距离，以及发光体的发光强度不变，从而要求使发光体发光的电流电压不变。

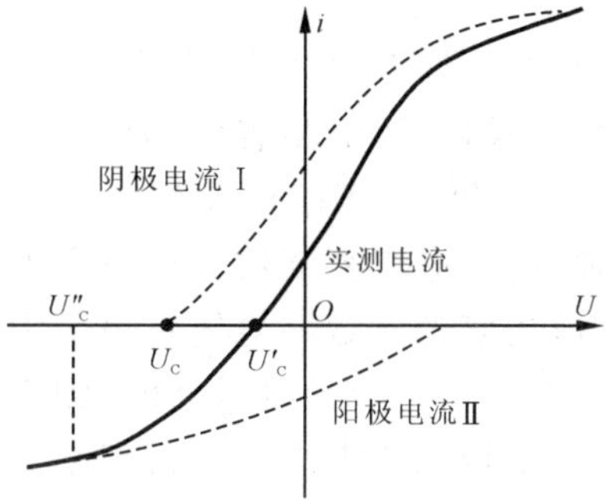

图 4-37　光电管的伏安特性

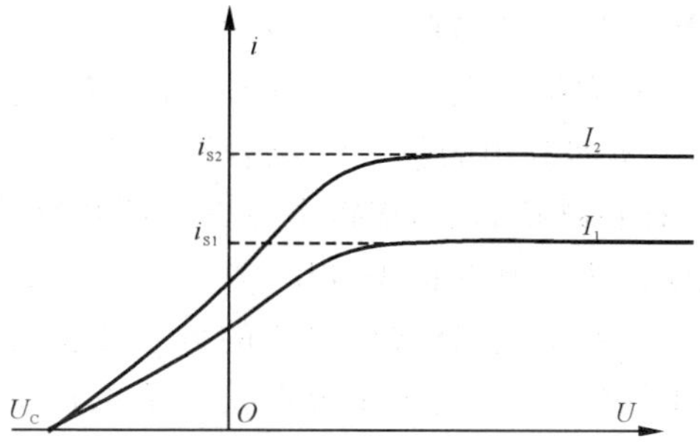

图 4-38　不同光强的伏安特性

4. 光电管的频率特性

根据光电效应的爱因斯坦方程式(4-29)与式(4-28)，可得

$$h\nu = \frac{1}{2}mv_{\max}^2 + A = e\mid U_C \mid + A \tag{4-30}$$

即

$$\mid U_C \mid = (h/e)\nu - A/e = k\nu + b \tag{4-31}$$

式中，$k=h/e$，$b=-A/e$。故截止电压 U_C与入射光的频率成正比。改变入射光的频率，可测得不同的截止电压 U_C，作 U_C-ν 曲线，可得一直线，如图 4-39 所示。由直线的斜率 k 便可求出普朗克常数 $h=ek$。

应该强调指出：由于反向电流等影响因素的存在，使正向光电流曲线下移，光电流的截止电位点也从 a 点下移到了 a'点，如图 4-40 中的实线所示。不过，当反向光电流比正向光电流小得多时，a'点的电位与截止电位 U_C 相当。因此，测出 a'点的电位，便可获得截止电压 U_C。在 i-U 曲线中，a'点就是光电流开始发生显著变化的点，故又称抬头点，抬头点对应的电压俗称抬头电压。为了测准抬头电压，实验中应在 a'点附近多测几组数据。

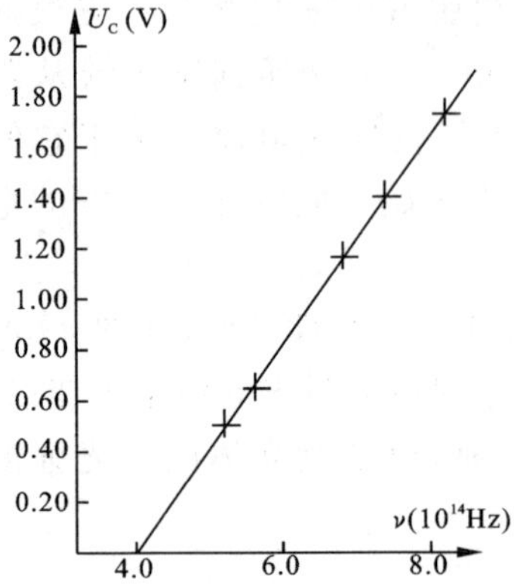

图 4-39　某光电管的 U_C-ν 关系曲线

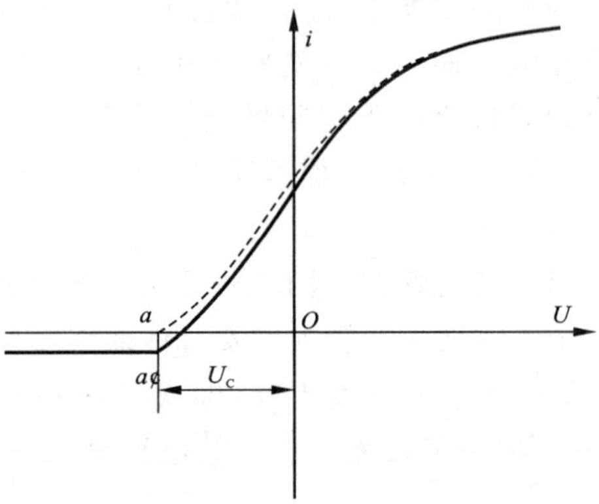

图 4-40　截止电位点与抬头点

测准抬头点是一件十分困难的事，要用到十分精密的电流表(一般达 10^{-12} A)。本实验用的数字电流表精密度只达 10^{-8} A，而且由于暗电流属于噪音范畴，存在跳跃起伏，使得电流介于两数字之间时，数字电流表读数的尾数字来回跳跃。为了测准抬头电压，以 $\times10^{-8}$ A 的数字电流表的读数在电压负值范围内增加一些测量，比方以电流的最小分度值(即 0.1×10^{-8} A)为测量间隔，测出阳极电压，以电流的最小分度值对应的阳极电压的差值 ΔU 来进行分析判断。如果 ΔU 很大，说明电流的负值是暗电流；如果 ΔU 较小(一般 ΔU 小于 0.2～0.3 V)，说明暗电流上已经叠加上了正向电流，这些较小 ΔU 最前面的阳极电压值 U 就可以确定为抬头电压。

5. 光电管的光电特性

在产生光电效应的前提下，入射到光电管上的光子数越多，在光阴极上产生的光电子数就越多，即光电流越大。这说明光电流与入射光强即到达光阴极的光通量成正比。如果光源是点光源，且发光强度不变，入射光到达光阴极的光通量就应与光源到光阴极的距离 r 的平方成反比。由此得出，光电流与发光强度不变的点光源到光电管光阴极距离的平方即 r^2 成反比。

实验仪器

GD-Ⅰ型光电效应实验仪一台(含主机一台，专用光电管一件，滤色片一套，减光片一套，遮光盖一个，高压汞灯光源一套，屏蔽电缆线两根)。

GD-Ⅰ型光电效应实验仪包含光源、专用光电管及暗盒、主机、滤色片，其示意图如图4-41所示。

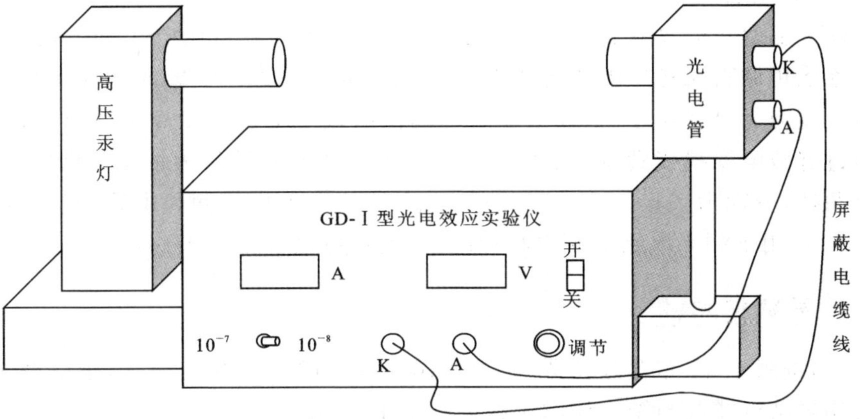

图 4-41　GD-Ⅰ型光电效应实验仪

1. 光电效应专用光电管

光电管实质上是一个真空二极管，管内封装着阴极和阳极，阴极一般用逸出功较小的金属化合物（如氧化铯或锑化铯）制成，使其能在较低频率光的照射下产生光电效应。

2. 光源

GD-Ⅰ型光电效应实验仪的光源是高压汞灯。高压汞灯一般在打开电源15 min后才能稳定发光。它发出的是线状光谱，实验使用的汞灯波长及相对发光强度如表 4-11 所示。

表 4-11　实验用汞灯波长及相对发光强度

波长(nm)	365.0	404.7	435.8	546.1	577.0
相对强度	500	300	500	2000	200

3. 滤色片

GD-Ⅰ型光电效应实验仪配有五种滤色片，分别对应于表 4-11 所列的实验时使用的汞灯波长。滤色片是采用增透膜的原理，经过多层镀膜而制成的。实验中需要使用某种波长时，取出该波长的滤色片盖住光电管的入光孔，则从光源射入光电管的光便是该波长的光。

4. 遮光盖

GD-Ⅰ型光电效应实验仪主机配有一个遮光盖，测光电管的暗电流时要用遮光盖盖住光电管的进光孔。实验完后一般要用遮光盖盖住光电管的进光孔，以免强光照射光电管使光电管老化。

5. GD-Ⅰ型光电效应实验仪主机

GD-Ⅰ型光电效应实验仪主机包含连续可调直流稳压电源和微电流测试仪。连续可调直流稳压电源为光电管提供−5.00～20.00 V 的阳极电压，用屏蔽电缆线与光电管相连，阳极所加电压的值由数字电压表给出。光电管的光电流通过屏蔽电缆线接到微电流测试仪上由数字微电流测试表读出。微电流测试仪有两挡，分别为$\times10^{-7}$ A 与$\times10^{-8}$ A。$\times10^{-7}$ A 用于测光电管的伏安特性，$\times10^{-8}$ A 用于测光电管的频率特性时的抬头电压(截止电压)。

实验步骤

(1)按图 4-41 布置好仪器，将光源出光孔与暗盒入光孔对准，把暗盒上 K、A 端用屏蔽电缆线与微电流测试仪面板上 K、A 端连接。

(2)开高压汞灯，预热 15 min。

(3)从实验室获取测高压汞灯与光电管暗盒中心间的距离。

(4)测光电管的伏安特性。

①将微电流测试仪测量挡拨至$\times10^{-7}$A 的位置。

②用 365 nm 的滤色片盖住光电管暗盒入光孔。

③顺时针旋转“电压调节”旋钮，调节阳极电压从−3 V 升到 19 V。

④观察光电流的变化，每隔 1 V 记一个电流值。当电流开始有大于零的值时细测几个点(从−2～0 V 之间，在电流开始大于零的前后，以电流变化 0.1×10^{-7} A 记录一个电压值再多测几个点)。记下一组 I-V 值。

⑤在高压汞灯的出光孔上盖上 50%的减光片，重复上面③、④的步骤。

(5)测光电管的频率特性。

①将微电流测试仪测量挡拨至$\times10^{-8}$ A 的位置。

②测抬头电压：把滤色片装在暗盒入光孔上，电压由−3 V 慢慢升高到0 V，观察电流的变化，记下电流由-0.4×10^{-8} A 开始变为-0.3×10^{-8} A(读数-0.3×10^{-8} A 刚开始闪烁，表格中的记号为−0.4→−0.3)，由-0.3×10^{-8} A 开始变为-0.2×10^{-8} A(读数-0.2×10^{-8} A 刚开始闪烁，表格中的记号为−0.3→−0.2)，由-0.2×10^{-8} A 开始变为-0.1×10^{-8} A(读数-0.1×10^{-8} A 刚开始闪烁，表格中的记号为−0.2→−0.1)，由-0.1×10^{-8} A 开始变为-0.0×10^{-8} A(读数-0.0×10^{-8} A 刚开始闪烁，表格中的记号为−0.1→−0.0)，由-0.0×10^{-8} A开始变为0.0×10^{-8} A(读数0.0×10^{-8} A 刚开始闪烁，表格中的记号为−0.0→0.0)所对应的电压值。算出相邻两电压值的差值，找出电流开始

急剧变化的起点，定出抬头电压值。

由于各台仪器的光电管不尽相同，暗电流各有差异，使得$\times 10^{-8}$ A 的数字电流表的负电流的起点各不相同。有的仪器的负电流起点可达-0.5×10^{-8} A，有的仪器的负电流起点才-0.1×10^{-8} A，甚至是-0.0×10^{-8} A（为了准确把握电流变化的脉搏，我们把电流从-0.0×10^{-8} A 变化到$+0.0\times 10^{-8}$ A 也作为增加了一个最小分度值的电流），所以原始数据表格中所列各项不一定全部填满，视情况而定。

注意事项

（1）汞灯的预热时间必须长于 20 min，实验中，汞灯如果关闭，必须经过 5 min后才可重新启动。

（2）注意保护滤色片，勿用手触摸其表面防止污染。

（3）每次更换滤色片时，必须遮挡住汞灯光源，避免强光直接照射阴极而缩短光电管寿命。

原始数据表格

1. 测光电管的伏安特性

滤色片波长________ nm，减光片透过率________；

高压汞灯与光电管暗盒中心间的距离________ cm；

微电流测试仪测量挡位置：×______ A，分度值________ A，电压表分度值________ V。

表 4-12　光电管的伏安特性

阴极电压 U(V)					-5	-4	-3	-2								0	1
阴极电流		无 50%减光片															
		有 50%减光片															
2	3	4	5	6	7	8	9	10	11	12	13	14	15	16	17	18	19

2. 测光电管的频率特性

微电流测试仪测量挡位置：×______ A，分度值________ A，电压表分度值________ V。

表 4-13　光电管的频率特性

波长	电流（$\times10^{-8}$A）	$-0.4\to$ -0.3	$-0.3\to$ -0.2	$-0.2\to$ -0.1	$-0.1\to$ -0.0	$-0.0\to$ -0.0	抬头电压
365.0nm	电压 U(V)						
	$U_{i+1}-U_i$(V)						
404.7nm	电压 U(V)						
	$U_{i+1}-U_i$(V)						
435.8nm	电压 U(V)						
	$U_{i+1}-U_i$(V)						
546.1nm	电压 U(V)						
	$U_{i+1}-U_i$(V)						
577.0nm	电压 U(V)						
	$U_{i+1}-U_i$(V)						

数据处理

(1)在坐标纸上作出该光电管对高压汞灯 365 nm 波长光的伏安特性曲线，求出饱和光电流 i_S。

(2)求普朗克常数 h 和光电管阴极材料的逸出功 A。

在表 4-14 中列出该光电管对高压汞灯五条谱线光的频率($\nu=c/\lambda$，光速 $c=2.998\times10^8$ m/s)和截止电压绝对值$|U_C|$。

表 4-14　光电管对应汞灯谱线光的频率和截止电压

高压汞灯谱线波长(nm)	365.0	404.7	435.8	546.1	577.0
对应的频率 ν($\times10^{14}$ Hz)	8.214	7.408	6.879	5.490	5.196
截止电压绝对值$|U_C|$(V)					

(3)利用表 4-14，根据式(4-31)，用最小二乘法求 k 与 b，关系式为

$$k=\frac{\overline{\nu}\ \overline{|U_C|}-\overline{\nu|U_C|}}{\overline{\nu}^2-\overline{\nu^2}}$$

$$b=\overline{|U_C|}-k\overline{\nu}$$

将有关数据填入表 4-15 中。

表 4-15　$\overline{\nu}$、$\overline{\nu^2}$、$\overline{|U_C|}$、$\overline{\nu|U_C|}$

$\overline{\nu}=\sum_{i=1}^{5}\nu_i/5$	$\overline{\nu^2}=\sum_{i=1}^{5}\nu_i^2/5$	$\overline{|U_C|}=\sum_{i=1}^{5}|U_C|_i/5$	$\overline{\nu|U_C|}=\sum_{i=1}^{5}\nu_i|U_C|_i/5$

(4)进而求出普朗克常数 h 和光电管阴极材料的逸出功 A。

$$h = ke$$

$$A = -eb$$

将测出的普朗克常数 h 与公认的普朗克常数 $h_0 = 6.6256 \times 10^{-34}$ J·s 比较,求出相对误差 E_r。

$$E_r = | h - h_0 | / h_0$$

预习思考题

(1)如何理解光的量子性?如何应用爱因斯坦方程解释光电效应的四条实验规律?

(2)测光电管的伏安特性时,变量是什么?不变量是什么?

(3)你对用加反向电压的方法来测量光电子的最大速度(或动能)有何体会?能否用别的办法来测电子最大速度?

(4)从截止电压 U_C 与入射光频率 ν 的关系曲线,你能确定阴极材料的逸出功吗?

(5)测定普朗克常数实验中有哪些误差来源,实验中如何减少误差?你有何建议?

实验后思考题

(1)在光电效应实验中,如何测定光电子的最大动能?如何测定逸出功?

(2)如何用光的量子性来解释饱和光电流?

5 综合性设计性实验

5.1 电表改装

万能电表是在与电有关的实验中和日常生活中使用最多的一种表。为了使我们更好的正确使用万能表，也为了让实验者在做过一定数量的实验之后有一个深入锻炼的机会，我们提供了电表改装这个实验，让实验者通过将一块100 μA的表头改装成能测直流电流，直流电压和电阻的三用表的具体设计，提高自己综合分析及全面考虑问题的能力；同时通过对自己所设计的表的实际焊接与对自己所装电表的校准，加强自己的动手能力。

实验目的

(1)掌握改装电表的原理和校准方法；

(2)初步学会设计简单电路。

(3)测量表头内阻 R_g 及满偏电流 I_g。

(4)设计一个 $R_{中}=10\ \mathrm{k\Omega}$ 的欧姆表，要求 E 在 1.35～1.6 V 范围内使用能调零。

(5)用电阻器校准欧姆表，画校准曲线，并根据校准曲线用组装好的欧姆表测未知电阻。

(6)学会校准电流表和电压表的方法。

实验原理

常见的磁电式电流计主要由放在永久磁场中的由细漆包线绕制的可以转动的线圈、用来产生机械反力矩的游丝、指示用的指针和永久磁铁所组成。当电流通过线圈时，载流线圈在磁场中就产生一磁力矩 $M_{磁}$，使线圈转动，从而带动指针偏转。线圈偏转角度的大小与通过的电流大小成正比，所以可由指针的偏转直接指示出电流值。

电流计允许通过的最大电流称为电流计的量程，用 I_g 表示，电流计的线圈有一定内阻，用 R_g 表示，I_g 与 R_g 是两个表示电流计特性的重要参数。

测量内阻 R_g 常用方法有半电流法和替代法。

半电流法也称中值法，测量原理图见图 5-1。当被测电流计接在电路中时，使电流计满偏，再用十进位电阻箱与电流计并联作为分流电阻，改变电阻值即改变分流程度，当电流计指针指示到中间值，且标准表读数（总电流强度）仍保持不变，可通过调电源电压和 R_W 来实现，显然这时分流电阻值就等于电流计的内阻。

替代法测量原理图见图 5-2。当被测电流计接在电路中时，用十进位电阻箱替代它，且改变电阻值，当电路中的电压不变时，且电路中的电流（标准表读数）亦保持不变，则电阻箱的电阻值即为被测电流计内阻。

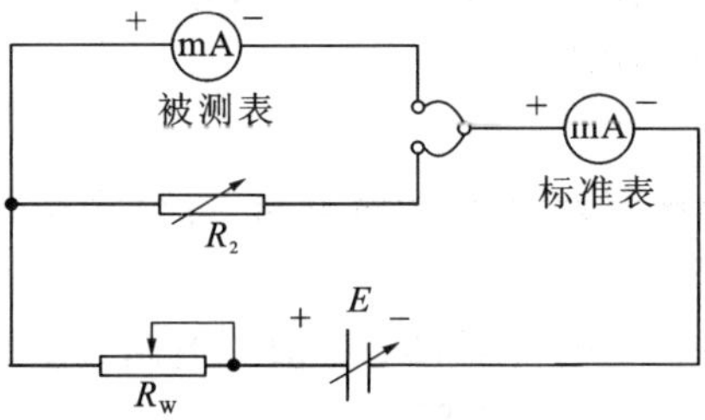

图 5-1　中值法测量原理图

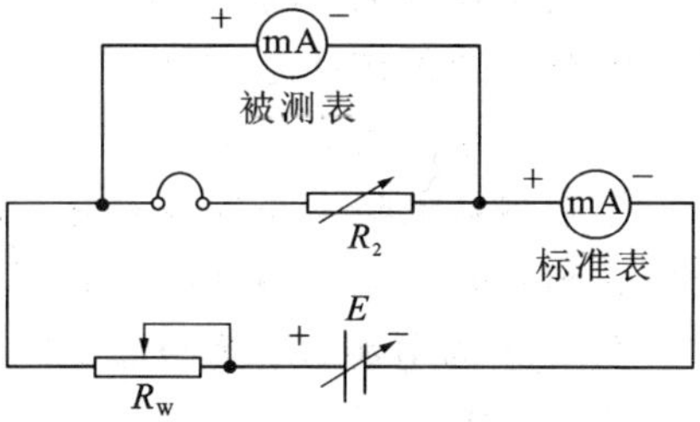

图 5-2　替代法测量原理图

替代法是一种运用很广的测量方法，具有较高的测量准确度。

1. 改装为大量程电流表

根据电阻并联规律可知，如果在表头两端并联上一个阻值适当的电阻 R_2，如图 5-3 所示，可使表头不能承受的那部分电流从 R_2 上分流通过。这种由表头和并联电阻 R_2 组成的整体（图中虚线框住的部分）就是改装后的电流表。如需将量程扩大 n 倍，则不难得出

$$R_2 = R_g/(n-1) \tag{5-1}$$

图 5-3 为扩流后的电流表原理图。用电流表测量电流时，电流表应串联在被测电路中，所以要求电流表应有较小的内阻。另外，在表头上并联阻值不同的分流电阻，便可制成多量程的电流表。

2. 改装为电压表

一般表头能承受的电压很小，不能用来测量较大的电压。为了测量较大的电压，可以给表头串联一个阻值适当的电阻 R_M，如图 4 所示，使表头上不能承受的那部分电压降落在电阻 R_M 上。这种由表头和串联电阻 R_M 组成的整体就是电压表，串联的电阻 R_M 叫做扩程电阻。选取不同大小的 R_M，就可以得到不同量程的电压表。由图 5-4 可求得扩程电阻值为：

$$R_M = \frac{U}{I_g} - R_g \tag{5-2}$$

实际的扩展量程后的电压表原理见图 5-4。

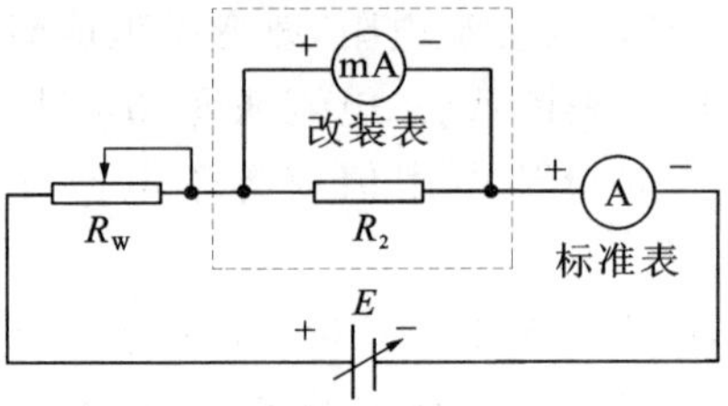

图 5-3　改装电流表原理图

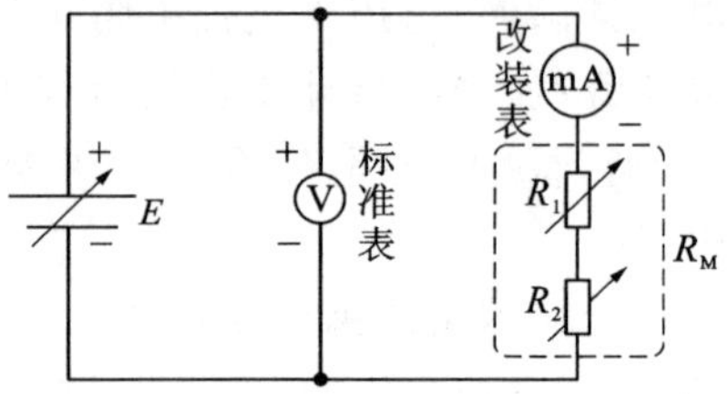

图 5-4　改装电压表原理图

用电压表测电压时，电压表总是并联在被测电路上，为了不因并联电压表而改变电路中的工作状态，要求电压表应有较高的内阻。

3. 改装毫安表为欧姆表

用来测量电阻大小的电表称为欧姆表。根据调零方式的不同，可分为串联分压式和并联分流式两种。其原理电路如图 5-5 所示。

图中 E 为电源，R_3 为限流电阻，R_W 为调“零”电位器，R_x 为被测电阻，R_g 为等效表头内阻。图 5-5(b)中，R_G 与 R_W 一起组成分流电阻。

欧姆表使用前先要调“零”点，即 a、b 两点短路，(相当于 $R_x=0$)，调节 R_W 的阻值，使表头指针正好偏转到满偏。可见，欧姆表的零点是在表头标度尺的满刻度(即量限)处，与电流表和电压表的零点正好相反。

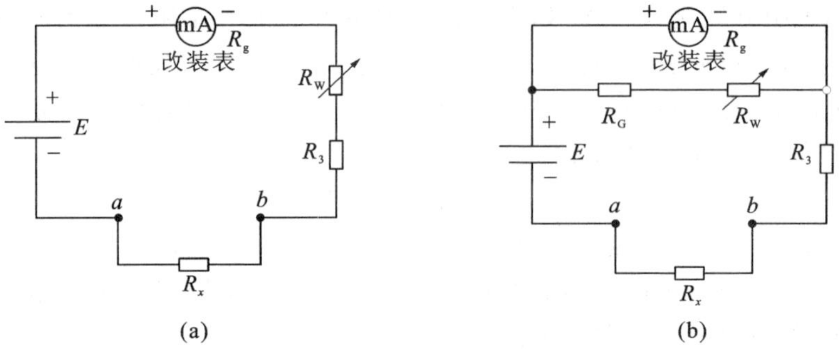

图 5-5　欧姆表原理图

(a)串联分压式；(b)并联分流式

在图 5-5(a)中，当 a、b 端接入被测电阻 R_x 后，电路中的电流为

$$I=\frac{E}{R_g+R_W+R_3+R_x} \tag{5-3}$$

对于给定的表头和线路来说，R_g、R_W、R_3 都是常量。由此可见，当电源端电压 E 保持不变时，被测电阻和电流值有一一对应的关系。即接入不同的电阻，表头就会有不同的偏转读数，Rx 越大，电流 I 越小。短路 a、b 两端，即 $R_x=0$ 时

$$I=\frac{E}{R_g+R_W+R_3}=I_g \tag{5-4}$$

这时指针满偏。

当 $R_x=R_g+R_W+R_3$ 时

$$I=\frac{E}{R_g+R_W+R_3+R_x}=\frac{1}{2}I_g \tag{5-5}$$

这时指针在表头的中间位置，对应的阻值为中值电阻，显然 $R_{中}=R_g+R_W+R_3$。

当 $R_x=\infty$（相当于 a、b 开路）时，$I=0$，即指针在表头的机械零位。

所以欧姆表的标度尺为反向刻度，且刻度是不均匀的，电阻 R 越大，刻度间隔越密。如果表头的标度尺预先按已知电阻值刻度，就可以用电流表来直接测量电阻了。

并联分流式欧姆表利用对表头分流来进行调零的，具体参数可自行设计。

欧姆表在使用过程中电池的端电压会有所改变，而表头的内阻 R_g 及限流电阻 R_3 为常量，故要求 R_W 要跟着 E 的变化而改变，以满足调"零"的要求，设计时用可调电源模拟电池电压的变化，范围取 1.3～1.6 V 即可。

实验仪器

DH4508B 型电表改装与校准实验仪 1 台 ，专用连接线若干。

实验步骤

1. 用中值法或替代法测出表头的内阻

中值法测量可参考图 5-6 接线。先将 E 调至 0 V，接通 E、R_W，先不接入电阻箱 R（断开虚线），调节 E 和 R_W 使改装表头满偏，记住标准表的读数 I，此电流即为改装表头的满偏电流；再接入电阻箱 R（连接虚线）。改变 R 数值，使被测表头指针从满偏 100 μA 降低到 50 μA 处。注意调节 E 或 R_W，使标准电流表的读数 I 保持不变。

替代法测量可参考图 5-7 接线（图中将 L7-1 连接，将 L7-2 断开）。先将 E 调至 0 V，接通 E、R_W，调节 E 和 R_W 使改装表头满偏，记录标准表的读数，此值即为被改装表头的满偏电流；再断开接到改装表头的接线，转接到电阻箱 R（图中将 L7-1 断开，将 L7-2 连接起来），调节 R 使标准电流表的电流保持刚才记录的数值。这时电阻箱 R 的数值即为被测表头内阻。

2. 将一个量程为 100 μA 的表头改装成 1 mA 量程的电流表

(1)根据电路参数，估计 E 值大小，并根据公式(5-1)计算出分流电阻值。

(2)参考图 5-8 接线，先将 E 调至 0 V，检查接线正确后，调节 E 和滑动变阻

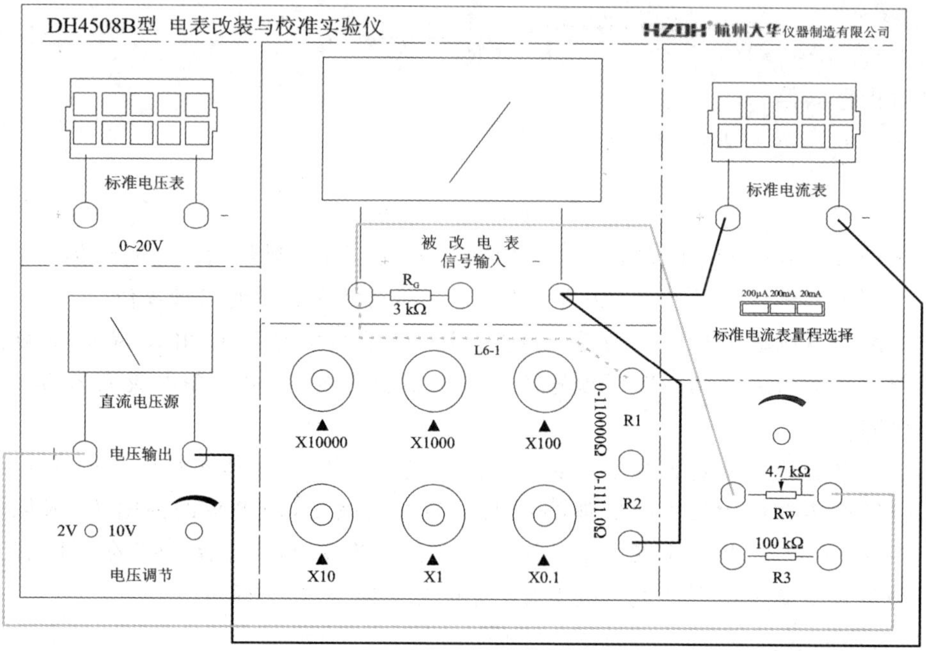

图 5-6 中值法测量表头内阻

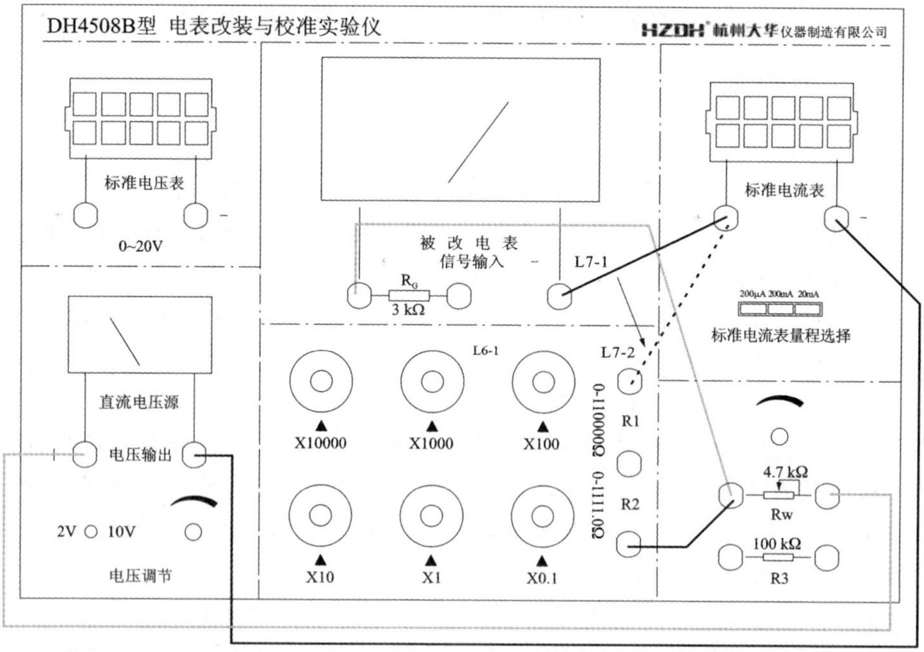

图 5-7 替代法测量表头内阻

器 R_W，使改装表指到满量程，这时记录标准表读数。注意：R_W 作为限流电阻，阻值不要调至最小值。然后每隔 0.2 mA 逐步减小读数直至零点，再按原间隔逐步增大到满量程，每次记下标准表相应的读数于表中。

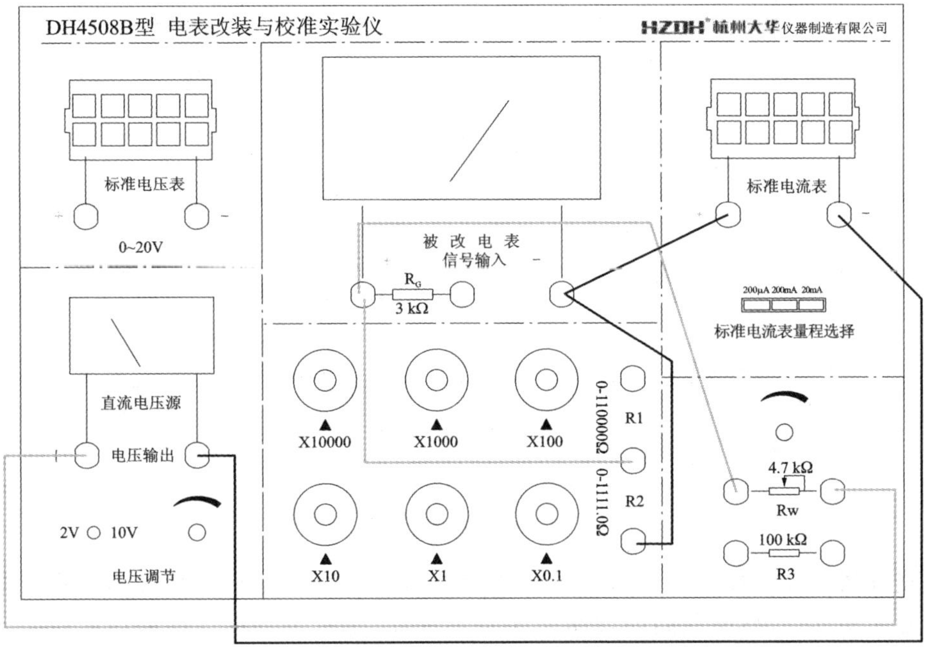

图 5-8　改装电流表

(3)以改装表读数为横坐标，标准表由大到小及由小到大调节时两次读数的平均值为纵坐标，在坐标纸上作出电流表的校正曲线，并根据两表最大误差的数值定出改装表的准确度等级。

(4)重复以上步骤，将 100 μA 表头改成 10 mA 表头，可按每隔 2 mA 测量一次(可选做)。

(5)将 R_G 和表头串联，作为一个新的表头，重新测量一组数据，并比较扩流电阻有何异同(可选做)。

3. 将一个量程为 100 μA 的表头改装成 1.0 V 量程的电压表

(1)根据电路参数估计 E 的大小，根据公式(5-2)计算扩程电阻 R_M 的阻值，可用电阻箱 R 进行实验。按图 5-9 进行连线，先调节 R 值至最大值，再调节 E；用标准电压表监测到 1.0 V 时，再调节 R 值，使改装表指示为满偏。于是 1.0 V 电压表就改装好了。

(2)用数显电压表作为标准表来校准改装的电压表。调节电源电压，使改装

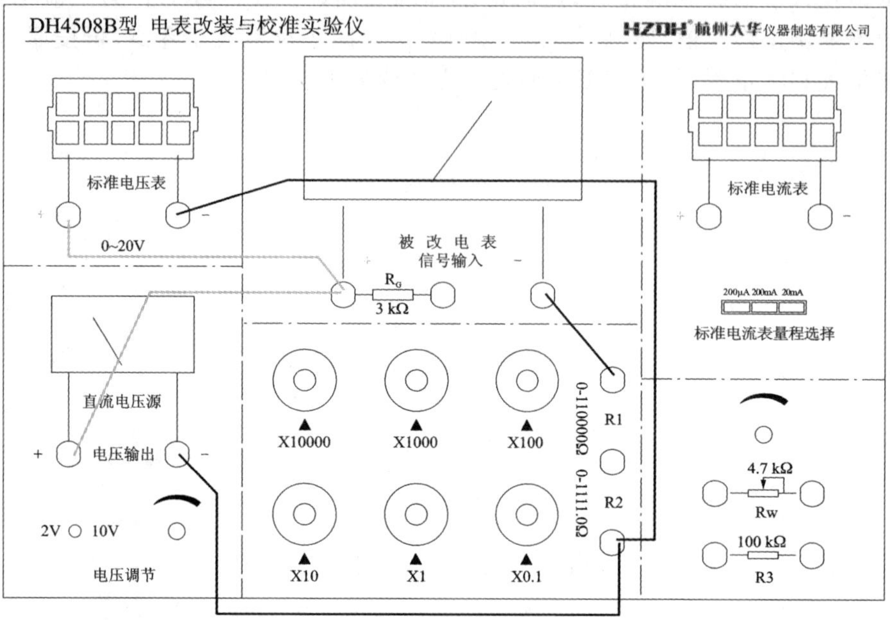

图 5-9　改装电压表

表指针指到满量程(1.0 V),记下标准表读数。然后每隔 0.2 V 逐步减小改装读数直至零点,再按原间隔逐步增大到满量程,每次记下标准表相应的读数于表中:

(3)以改装表读数为横坐标,标准表由大到小及由小到大调节时两次读数的平均值为纵坐标,在坐标纸上作出电压表的校正曲线,并根据两表最大误差的数值定出改装表的准确度等级 。

(4)重复以上步骤,将 100 μA 表头改成 10 V 表头,可按每隔 2 V 测量一次(可选做)。

(5)将 R_G 和表头串联,作为一个新的表头,重新测量一组数据,并比较扩程电阻有何异同(可选做)。

4. 改装欧姆表及标定表面刻度

(1)根据表头参数 I_g 和 R_g 以及电源电压 E,选择 R_W 为 4.7 kΩ,R_3 为 10 kΩ。

(2)按图 10 进行连线。调节电源 $E=1.5$ V,调节电阻箱阻值为零(即使 $R_X=0$),调 R_W 使表头指针正好偏转到满偏。如此,欧姆表的调零工作即告完成。

(3)测量改装成的欧姆表的中值电阻。如图 5-10 所示,调节电阻箱 R(即 R_x),使表头指示到正中,这时电阻箱 R 的数值即为中值电阻。

(4)取电阻箱的电阻为一组特定的数值 R_{xi}，读出相应的偏转格数。利用所得读数 R_{xi}、d_{iv} 绘制出改装欧姆表的标度盘。

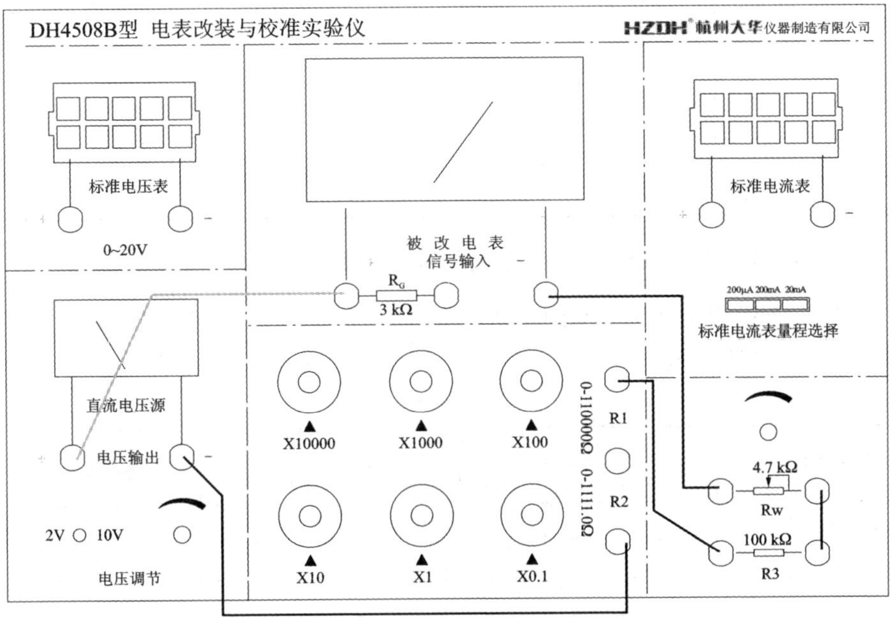

图 5-10 改装欧姆表(串联分压式)

(5)确定改装欧姆表的电源使用范围。短接 a、b 两测量端，将工作电源放在 0～2 V 一挡，调节 E=1 V 左右，先将 R_W 逆时针调到低，调节 E 直至表头满偏，记录 E_1 值；接着将 R_W 顺时针调到低，再调节 E 直至表头满偏，记录 E_2 值，E_1～E_2 值就是欧姆表的电源使用范围。

(6)按图 5-5(b)进行连线，设计一个并联分流式欧姆表并进行连线、测量。试与串联分压式欧姆表比较，有何异同(可选做)。

数据表格

1. 用中值法或替代法测出表头的内阻

表 5-1

表头满偏读数/ μA	表头电阻/Ω

2. 将一个量程为 100 μA 的表头改装成______mA 量程的电流表，并联电阻 R=____（计算值）

表 5-2

改装表读数(μA)	标准表读数(mA)			误差 ΔI(mA)
	减小时	增大时	平均值	
20				
40				
60				
80				
100				

以 I 为横轴，ΔI 为纵轴，作电流表的校准曲线，并计算相对误差：$E_I=\frac{|I_{max}|}{量程}$

3. 将一个量程为 100 μA 的表头改装成________V 量程的电压表，串联电阻 $R=$______(计算值)

表 5-3

改装表读数(V)	标准表读数(V)			示值误差 ΔU(V)
	减小时	增大时	平均值	
0.2				
0.4				
0.6				
1.0				

以 U 为横轴，ΔU 为纵轴，作电压表的校准曲线，并计算相对误差：$E_I=\frac{|I_{max}|}{量程}$

4. 改装欧姆表及标定表面刻度 $E=$______ V，$R_中=$______ Ω

表 5-4

Rx_I(Ω)	$\frac{1}{5}R_中$	$\frac{1}{4}R_中$	$\frac{1}{3}R_中$	$\frac{1}{2}R_中$	$R_中$	$2R_中$	$3R_中$	$4R_中$	$5R_中$
偏转格数(div)									

5. 绘制出改装欧姆表的标度盘

思考题

(1)测量电流计内阻应注意什么？是否还有别的办法来测定电流计内阻？能否用欧姆定律来进行测定？能否用电桥来进行测定？

(2)设计 $R_中=10$ kΩ 的欧姆表，现有两块量程 100 μA 的电流表，其内阻分别为 2500 Ω 和 1000 Ω，你认为选哪块较好？

(3)若要求制作一个线性量程的欧姆表，有什么方法可以实现？

5.2 伏安特性的研究

5.2.1 线性电阻器伏安特性测量及测试电路设计

实验目的

按被测电阻大小、电压表和电流表内阻大小，掌握线性电阻元件伏安特性测量的基本方法。

实验原理

1.伏安特性

在电阻器两端施加一直流电压，在电阻器内就有电流通过。根据欧姆定律，电阻器电阻值为：

$$R=\frac{U}{I} \tag{5-6}$$

式中，R 为电阻器在两端电压为 U，通过的电流为 I 时的电阻值(Ω)；U 为电阻器两端电压(V)；I 为电阻器内通过的电流(A)。

欧姆定律公式(5-10)还可表述成：

$$I=\frac{U}{R}$$

以 U 为自变量，I 为函数，作出电压电流关系曲线，称为该元件的伏安特性曲线，如图 5-11 所示。

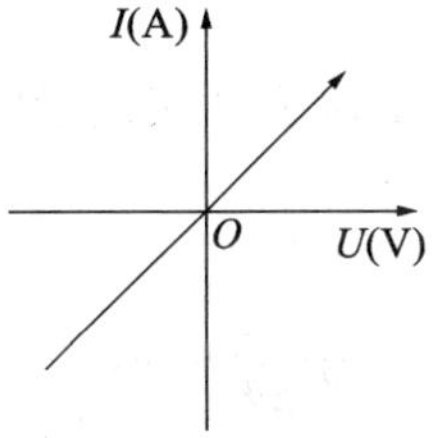

图 5-11 线性元件伏安特性

对于线绕电阻、金属膜电阻等电阻器，其电阻值比较稳定，其伏安特性曲线是一条通过原点的直线，即电阻器内通过的电流与两端施加的电压成正比，这种电阻器也称为线性电阻器。

2.线性电阻的伏安特性测量电路的设计

当电流表内阻为 0，电压表内阻无穷大时，图 5-12、图 5-13 两种测试电路都不会带来附加测量误差。

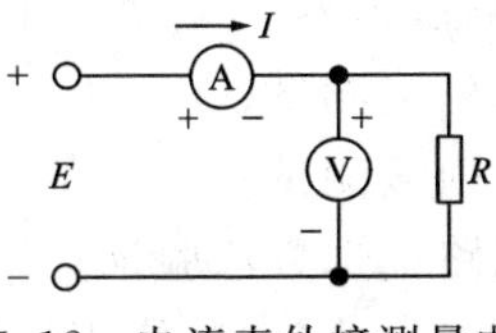

图 5-12 电流表外接测量电路

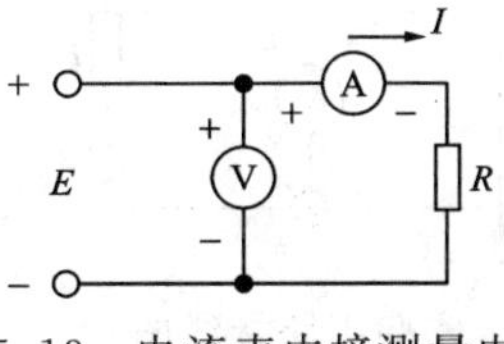

图 5-13 电流表内接测量电路

实际的电流表具有一定的内阻,记为 R_I;电压表也具有一定的内阻,记为 R_U。因为 R_I 和 R_U 的存在,如果简单地用 $R=\dfrac{U}{I}$ 公式计算电阻器电阻值,必然带来附加测量误差。为了减少这种附加误差,测量电路可以粗略地按下述办法选择:

①当 $R_U \gg R$,R_I 和 R 相差不大时,宜选用电流表外接电路,此时 R 为估计值;

②当 $R \gg R_I$,R_U 和 R 相差不大时,宜选用电流表内接电路;

③当 $R \gg R_I$,$R_U \gg R$ 时,必须先用电流表内接和外接电路作测试而定。

测试方法如下:先按电流表外接电路接好测试电路,调节直流稳压电源电压,使两表显示靠近量程值,保持电源电压不变,记下两表值为 U_1,I_1;将电路改成电流表内接式测量电路,记下两表值为 U_2,I_2。

将 U_1,U_2 和 I_1,I_2 比较,如果电压值变化不大,而 I_2 较 I_1 有显著的减少,说明 R 是高值电阻。此时选择电流表内接式测试电路为好;反之电流值变化不大,而 U_2 较 U_1 有显著的减少,说明 R 为低值电阻,此时选择电流表外接测试电路为好。

当电压值和电流值均变化不大,此时两种测试电路均可选择(思考:什么情况下会出现如此情况?)

如果要得到测量准确值,就必须按式(5-7)和式(5-8)予以修正,即:

电流表内接测量时

$$R = \frac{U}{I} - RI \tag{5-7}$$

电流表外接测量时

$$\frac{1}{R} = \frac{I}{U} - \frac{1}{R_U} \tag{5-8}$$

实验仪器

DHEI-1 型电学综合实验仪 1 台 ,专用连接线若干。

实验步骤

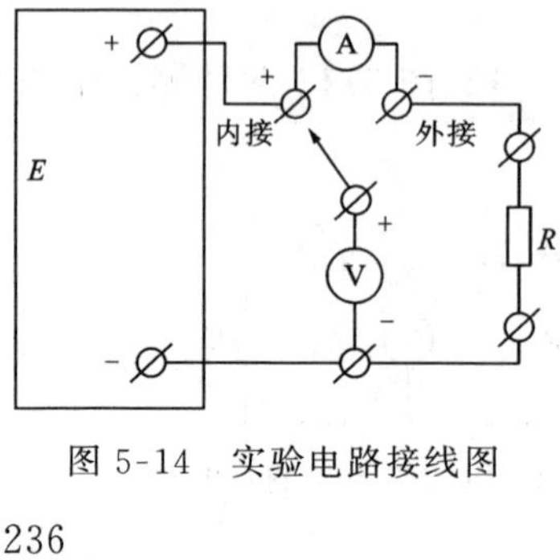

图 5-14 实验电路接线图

(1)被测电阻器:选择 1 kΩ 电阻器,误差 ≤±0.5%。

(2)线路设计:按图 5-14 接线。

(3)实验测试内容。

①电流表外接测试;

②电流表内接测试;

③测试电路优选方法验证;

④按式(5-7)、式(5-8)修正计算结果。

原始数据表格

实验记录见表 5-5。

表 5-5 1kΩ 电阻器伏安曲线测试数据表

电流表内接测试				电流表外接测试			
U(V)	I(A)	R 直算值(Ω)	R 修正值(Ω)	U(V)	I(A)	R 直算值(Ω)	R 修正值(Ω)

思考题

(1)什么是电阻器伏安特性?

(2)根据 $R=1\ \text{k}\Omega$,$R_U=1\ \text{M}\Omega$,$R_I=10\ \Omega$(20 mA 档)和测试误差,讨论两种测试方式优劣。

5.2.2 二极管伏安特性曲线测试

实验目的

通过对二极管伏安特性的测试,掌握锗二极管和硅二极管的非线性特点,从而为以后正确设计使用这些器件打下技术基础。

实验原理

对二极管施加正向偏置电压时,二极管中就有正向电流通过(多数载流子导电),随着正向偏置电压的增加,开始时,电流随电压变化很缓慢,而当正向偏置电压增至接近二极管导通电压时(锗管为 0.2 V 左右,硅管为 0.7 V 左右),电流急剧增加,二极管导通后,电压变化少许,电流的变化都很大。

对上述两种器件施加反向偏置电压时,二极管处于截止状态,其反向电压增加至该二极管的击穿电压时，电流猛增，二极管被击穿，在二极管使用中应竭力避免出现击穿，这很容易造成二极管的永久性损坏。因此，在研究二极管反向特性时，应串入限流电阻，以防因反向电流过大而损坏二极管。

二极管伏安特性示意如图 5-15、图 5-16 所示。

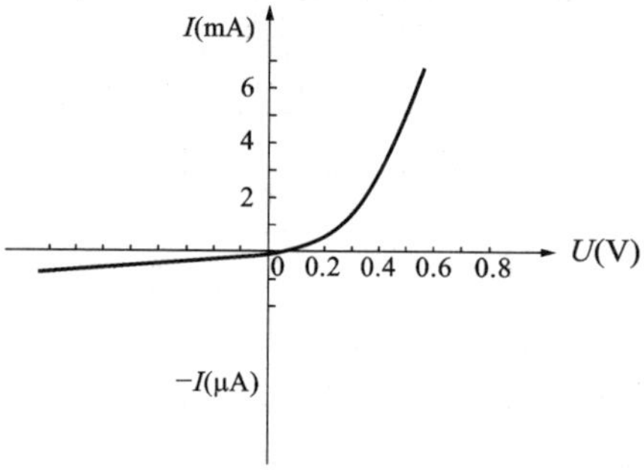

图 5-15　锗二极管伏安特性示意图

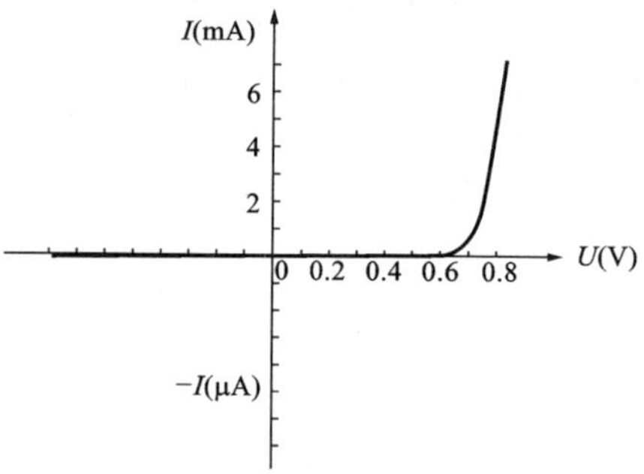

图 5-16　硅二极管伏安特性示意图

实验仪器

DHEI-1 型电学综合实验仪 1 台，专用连接线若干，二极管若干。

实验步骤

1. 反向特性测试电路

二极管的反向电阻值很大，采用电流表内接测试电路可以减少测量误差。测试电路如图 5-17 所示，滑线变阻器调节到最大为 2 kΩ(顺时针到底)。

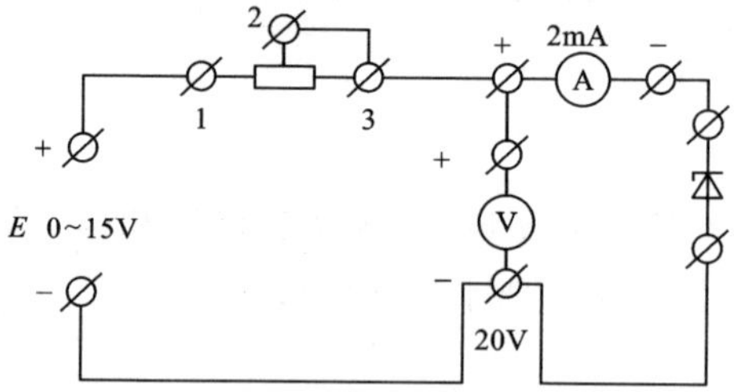

图 5-17　二极管反向特性测试电路

2. 正向特性测试电路

二极管在正向导通时，呈现的电阻值较小，拟采用电流表外接测试电路(图 5-18)。电源电压在 0～10 V 内调节，滑线变阻器大致调到中间位置，调节电源电压，以得到所需电流值。

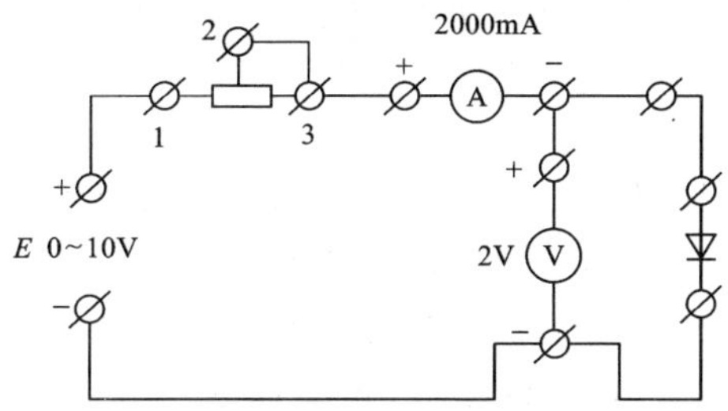

图 5-18　二极管正向特性测试电路

原始数据表格

表 5-6　反向伏安曲线测试数据表

U(V)								
I(μA)								
电阻计算值(kΩ)								

表 5-7　正向伏安曲线测试数据表

正向伏安曲线测试数据 I(mA)								
U(V)								
电阻直算值(kΩ)								
电阻修正值(Ω)								

注:(1)电阻修正值按电流表外接修正公式(5-12)计算所得。

(2)实验时二极管正向电流不得超过 20 mA。

思考题

(1)二极管反向电阻和正向电阻差异如此大,其物理原理是什么?

(2)在制定表 5-7 时,考虑到二极管正向特性严重非线性,电阻值变化范围很大,在表 5-7 中加一项“电阻修正值”栏,与电阻直算值比较,讨论其误差产生过程。

5.2.3　稳压二极管反向伏安特性实验

实验目的

通过稳压二极管反向伏安特性非线性的强烈反差,进一步熟悉掌握电子元件伏安特性的测试技巧;通过本实验,掌握二端式稳压二极管的使用方法。

实验原理

2EZ7.5D5 属硅半导体稳压二极管,其正向伏安特性类似于 1N4007 型二极管,其反向伏安特性变化甚大。当 2EZ7.5D5 两端电压反向偏置时,其电阻值很大,反向电流极小,一般小于等于 0.5 μA。随着反向偏置电压的进一步增加,在 7～8.8 V 时,出现了反向击穿现象,产生雪崩效应,其电流迅速增加,电压稍许变化,将引起电流巨大变化。只要在线路中,对"雪崩"产生的电流进行有效的限流措施,其电流虽然有一些变化,二极管二端电压仍然是稳定的(变化很小)。这就是稳压二极管的使用基础,其应用电路见图 5-19。图中,E 为供电电源,如果二极管稳压值为 7～8.8 V,则要求 E 为 10 V左右;R 为限流电阻,2EZ7.5D5,工作电流选择 8 mA,考虑负载电流2 mA,通过 R 的电流为 10 mA,计算 R 值:

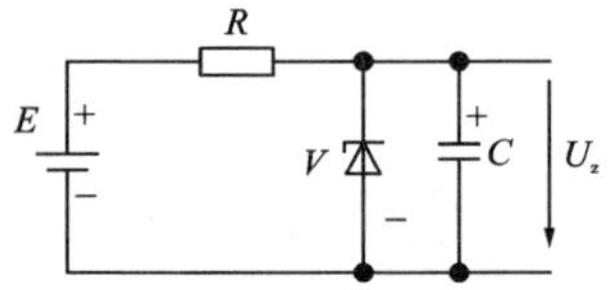

图 5-19　稳压二极管应用电路

$$R=\frac{E-U_z}{I}=\frac{10-8}{0.01}=200\ \Omega$$

式中,U_z 为稳压输出电压。

实验仪器

DHEI-1 型电学综合实验仪 1 台 ,专用连接线若干,二极管若干。

实验步骤

(1)2EZ7.5D5 反向偏置 0～7 V 左右时阻抗很大,拟采用电流表内接测试电路为宜;反向偏置电压进入击穿段,稳压二极管内阻较小(估计为 $R=\frac{8}{0.008}=1\ \text{k}\Omega$),这时拟采用电流表外接测试电路。测试电路图见图 5-20。

(2)实验过程:

按图 5-20 所示连接电路,电源电压调节至20 V,旋转滑线变阻器,使标准电压表输出在10 V左右。此步骤是为了限制实验过程中流过稳压二极管的电流,防止电流过大而烧毁稳压二极管。

然后电源电压调至零,按图 5-21 接线,并保持滑线变阻器不动,开始按电流表内接法,将电压表"+"端接于电流表"+"端,慢慢增加电源电压,记下电压表对应数据。

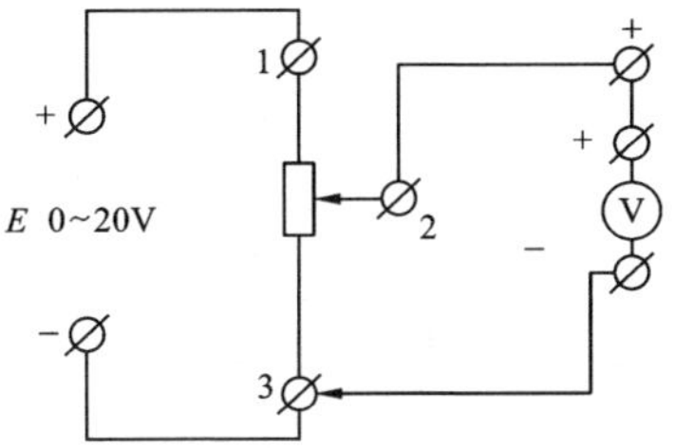

图 5-20　滑线变阻器调节电路

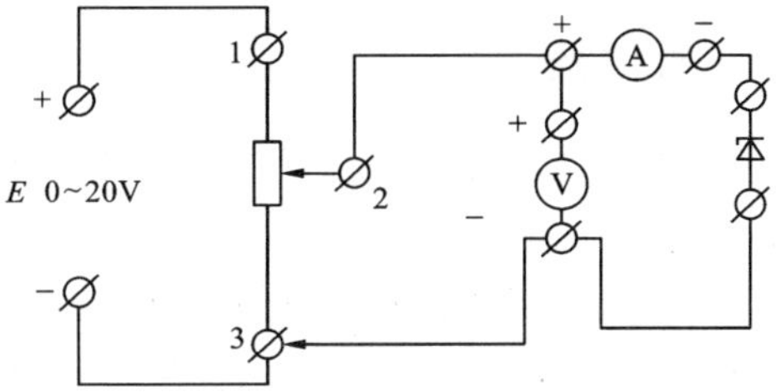

图 5-21　稳压二极管反向伏安特性测试电路

当观察到电流开始增加，并有迅速加快表现时，说明 2EZ7.5D5 已开始进入反向击穿过程，这时将电流表改为外接式，继续慢慢将电源电压增加至 20 V。为了继续增加 2EZ7.5D5 工作电流，可适当调节变阻器，为了得到整数电流值，可以辅助微调电源电压。

原始数据表格

表 5-8　2EZ7.5D5 硅稳压二极管反向伏安特性测试数据表

电流表接法	反向伏安特性数据								
内接式	U(V)								
	I(mA)								
外接式	U(V)								
	I(mA)								

数据处理

根据上述数据在坐标纸上画出 2EZ7.5D5 伏安曲线，参考图见图 5-22。有条件时，在老师指导下，利用计算机作图。

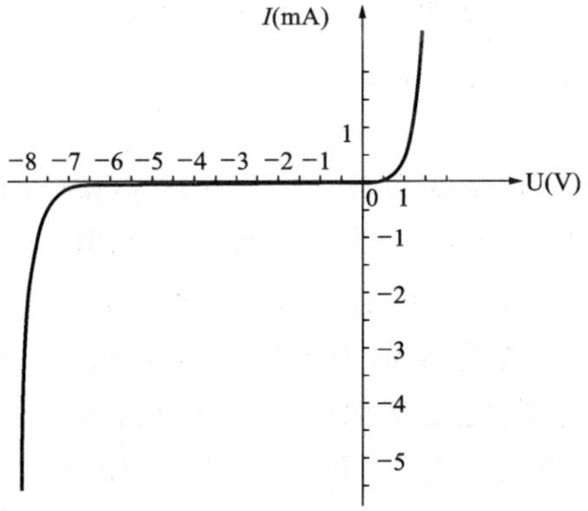

图 5-22　2EZ7.5D5 伏安曲线参考图

思考题

(1)在测试稳压二极管反向伏安特性时,为什么会分别采用电流表内接电路和外接电路?

(2)稳压二极管的限流电阻值如何确定?(提示:根据要求的稳压二极管动态内阻确定工作电流,由工作电流再计算限流电阻大小)

(3)选择工作电流为 8 mA,供电电压 10 V 时,限流电阻大小是多少?供电电压为 12 V 时,限流电阻是多少?

5.3 电阻热特性实验

实验目的

(1)研究 Pt100 铂电阻、Cu50 铜电阻和热敏电阻(NTC 和 PTC)的温度特性及其测温原理。

(2)研究比较不同温度传感器的温度特性及其测温原理。

(3)掌握单臂电桥及非平衡电桥的原理及其应用。

(4)学习运用不同的温度传感器设计测温电路。

实验原理

1. Pt100 铂电阻的测温原理

金属铂(Pt)的电阻值随温度变化而变化,并且具有很好的重现性和稳定性,利用铂的此种物理特性制成的传感器称为铂电阻温度传感器,通常使用的铂电阻温度传感器零度阻值为 100 Ω,电阻变化率为 0.3851 Ω/℃。铂电阻温度传感器精度高,稳定性好,应用温度范围广,是中低温区(−200~650 ℃)最常用的一种温度检测器,不仅广泛应用于工业测温,而且被制成各种标准温度计供计量和校准使用。

按 IEC751 国际标准,温度系数 TCR=0.003851,Pt100(即 0 ℃时电阻为 $R_0=100\ \Omega$)、Pt1000($R_0=1000\ \Omega$)为统一设计型铂电阻。

$$\mathrm{TCR}=(R_{100}-R_0)/(\mathrm{R}_0\times 100) \tag{5-9}$$

对 Pt100,100 ℃时标准电阻值为 138.51 Ω,Pt1000 为 1385.1 Ω。

Pt100 铂电阻的阻值随温度变化而变化计算公式:

$$-200<t<0\ ℃\quad R_t=R_0[1+At+Bt^2+C(t-100)t^3] \tag{5-10}$$

$$0<t<850\ ℃\quad R_t=R_0(1+At+Bt^2) \tag{5-11}$$

R_t 为在 t ℃时的电阻值；R_0 为在 0 ℃时的电阻值。式中 A、B、C 的系数各为：$A=3.90802\times10^{-3}C^{-1}$；$B=-5.802\times10^{-7}C^{-2}$；$C=-4.27350\times10^{-12}C^{-4}$。

三线制接法要求引出的三根导线截面积和长度均相同，测量铂电阻的电路一般是不平衡电桥，铂电阻作为电桥的一个桥臂电阻，将导线中的一根接到电桥的电源端，其余两根分别接到铂电阻所在的桥臂及与其相邻的桥臂上，当桥路平衡时，通过计算可知：

$$R_t=\frac{R_1R_3}{R_2}+\frac{rR_1}{R_2}-r \tag{5-12}$$

当 $R_1=R_2$ 时，导线电阻的变化对测量结果没有任何影响，这样就消除了导线线路电阻带来的测量误差，但是必须为全等臂电桥，否则不可能完全消除导线电阻的影响，但分析可见，采用三线制会大大减小导线电阻带来的附加误差，工业上一般都采用三线制接法。

2. 热敏电阻温度特性原理(NTC，PTC 型)

热敏电阻是阻值对温度变化非常敏感的一种半导体电阻，它有负温度系数和正温度系数两种。负温度系数的热敏电阻(NTC)的电阻率随着温度的升高而下降(一般是按指数规律，如果标称为 NTC10K，即 25℃的时候电阻为 10 kΩ，以 25 ℃为基准)；而正温度系数热敏电阻(PTC)的电阻率随着温度的升高而升高；金属的电阻率则是随温度的升高而缓慢地上升。热敏电阻对于温度的反应要比金属电阻灵敏得多，热敏电阻的体积也可以做得很小，用它来制成的半导体温度计，已广泛地使用在自动控制和科学仪器中，并在物理、化学和生物学研究等方面得到了广泛的应用。

在一定的温度范围内，NTC 的电阻率 ρ 和温度 T 之间有如下关系：

$$\rho=\rho_0\mathrm{e}^{B/(T-T_0)} \tag{5-13}$$

式中 B 是与材料物理性质有关的常数；ρ_0 是其在 T_0 时的电阻率，T 为绝对温度。对于截面均匀的热敏电阻，其阻值 R_T 可用下式表示：

$$R_T=\rho\frac{l}{s} \tag{5-14}$$

式中 R_T 的单位为 Ω；ρ 的单位为 Ω · cm；l 为两电极间的距离，单位为 cm；S 为电阻的横截面积，单位为 cm^2。将式(5-13)代入式(5-14)，于是可得：

$$R_T=R_0\mathrm{e}^{B/(T-T_0)} \tag{5-15}$$

对一定的电阻而言，B 为常数，R_0 是其在 T_0 时的电阻。对式(5-15)两边取对数，则有

$$\ln R_T=B\left(\frac{1}{T}-\frac{1}{T_0}\right)+\ln R_0 \tag{5-16}$$

$\ln R_T$ 与 $\frac{1}{T}$ 呈线性关系，在实验中测得各个温度 T 的 R_T 值后，即可通过作图求出 B 值，代入式(5-15)，即可得到 R_T 的表达式。R_T 与半导体材料的成分和制造方法有关。

图 5-23 表示了热敏电阻(NTC)与普通电阻的不同温度特性。

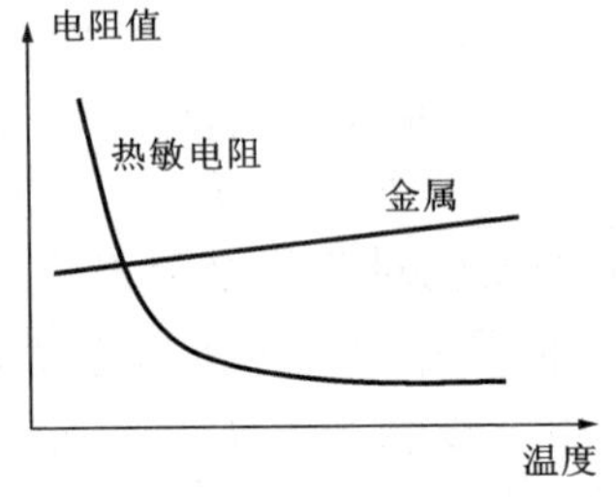

图 5-13　不同电阻的温度特性

3. Cu50 铜电阻温度特性原理

铜电阻是利用物质在温度变化时本身电阻也随着发生变化的特性来测量温度的。铜电阻的受热部分(感温元件)是用细金属丝均匀地绕在绝缘材料制成的骨架上，当被测介质中有温度梯度存在时，所测得的温度是感温元件所在范围内介质层中的平均温度。

实验仪器

DH6105C 自组电桥实验仪，导线若干，PTC、PT100、NTC、Cu50 温度传感器

实验内容

1. 用万用表直接测量法

(1)将温度传感器直接插在温度传感器实验装置的恒温炉中。在传感器的输出端用数字万用表直接测量其电阻值。

(2)在不同的温度下，观察 Pt100 铂电阻、热敏电阻(NTC 和 PTC)和 Cu50 铜电阻的阻值的变化，从室温到 120 ℃(PTC 温度实验从室温到 100 ℃)，每隔 5 ℃(或自定度数)测一个数据，将测量数据逐一记录在表格内。

(3)以温标为横轴，以阻值为纵轴，按等精度作图的方法，用所测的各对应数据作出 R_T-t 曲线。

(4)分析比较它们的温度特性。

2. 单臂电桥法

(1)根据单臂电桥原理,连接好单臂电桥。将 R_0 用电阻箱代替。

(2)将温度传感器作为其中的一个臂。直接插在温度传感器实验装置的恒温炉中。通过温控仪加热,在不同的温度下,观察 Pt100 铂电阻、热敏电阻(NTC 和 PTC)和 Cu50 铜电阻的阻值的变化,从室温到 120 ℃(PTC 温度实验从室温到 100 ℃。),每隔 5 ℃(或自定度数)测一个数据,将测量数据逐一记录在表格内。

(3)以温标为横轴,以电压为纵轴,按等精度作图的方法,用所测的各对应数据作出 *R*-*T* 曲线。

(4)推导测量原理计算公式。

(5)分析比较它们的温度特性。

注意事项:正温度系数热敏电阻(PTC)随温度的变化成指数函数变化,在 80 ℃以下阻值变化比较平滑,而在 80 ℃以上变化非常快。整体呈指数上升曲线。

原始数据记录表格

表 9　Pt100 铂电阻数据记录　　室温______℃

序号	1	2	3	4	5	6	7	8	9	10
温度(℃)										
R/Ω										
序号	11	12	13	14	15	16	17	18	19	20
温度(℃)										
R/Ω										

表 5-10　NTC 负温度系数热敏电阻数据记录　　室温______℃

序号	1	2	3	4	5	6	7	8	9	10
温度(℃)										
R/Ω										
序号	11	12	13	14	15	16	17	18	19	20
温度(℃)										
R/Ω										

表 5-11　PTC 正温度系数热敏电阻数据记录　　室温______℃

序号	1	2	3	4	5	6	7	8	9	10
温度(℃)										
R/Ω										
序号	11	12	13	14	15	16	17	18	19	20
温度(℃)										
R/Ω										

表 5-12　Cu50 铜电阻数据记录　　室温______℃

序号	1	2	3	4	5	6	7	8	9	10
温度(℃)										
R/Ω										
序号	11	12	13	14	15	16	17	18	19	20
温度(℃)										
R/Ω										

数据处理

1. 在同一个图中分别作出 PTC、NTC、PT100 和 Cu50 电阻与温度(℃)的关系。

2. 求 NTC 的 B 值

(1)分别计算 $\ln(R_T)$ 和 $1/T$

表 5-13

序号	1	2	3	4	5	6	7	8	9	10
T/K										
$1/T/(10^{-3}\mathrm{K})$										
R_T/Ω										
$\ln(R_T)$										
序号	11	12	13	14	15	16	17	18	19	20
T/K										
$1/T/(10^{-3}\mathrm{K})$										
R_T/Ω										
ln(℃)										

(2)作出某温度 T_0 下的 $\ln R_T = B(\frac{1}{T} - \frac{1}{T_0}) + \ln R_0$ 图像，根据图像求 B。

3. 根据 $TCR=(R_{100}-R_0)/(R_0 \times 100)$ 求 Pt100 的温度系数，并根据实验结果求室温。

5.4 利用压力传感器测物体质量

压力传感器是把一种非电量（力）转换成电信号的传感器。弹性体在压力（重量）作用下产生形变（应变），导致（按电桥方式连接）粘贴于弹性体中的应变片产生电阻变化的过程。

压力传感器的主要指标是它的最大载重（压力量程）、灵敏度、输出输入电阻值、工作电压（或激励电压 E）、输出电压（U_O）范围。

压力传感器是由特殊工艺材料制成的弹性体、电阻应变片、温度补偿电路组成；并采用非平衡电桥方式连接，最后密封在弹性体中。

(1)弹性体

弹性体一般由合金材料冶炼制成，加工成 S 型、长条形、圆柱形等。为了产生一定弹性，挖空或部分挖空其内部。

(2)电阻应变片

金属导体的电阻 R 与其电阻率 ρ、长度 L、截面 A 的大小有关，即

$$R = \rho \frac{L}{A}$$

导体在承受机械形变过程中，电阻率、长度、截面都要发生变化，从而导致其电阻变化。

$$\frac{\Delta R}{R} = \frac{\Delta\rho}{\rho} + \frac{\Delta L}{L} - \frac{\Delta A}{A}$$

这样就把所承受的应力转变成应变，进而转换成电阻的变化。因此，电阻应变片能将弹性体上应力的变化转换为电阻的变化。

(3)电阻应变片的结构

电阻应变片一般由基底片、敏感栅、引线及覆盖片用黏合剂黏合而成，结构如图 5-24 所示。

敏感栅：敏感栅是感应弹性应变的敏感部分。敏感栅由直径约 0.01～0.05 mm 高电阻系数的细丝弯曲成栅状，它实际上是一个电阻元件，是电阻应变片感受弹性体应变的敏感部分。敏感栅用黏合剂固定在基底片上。$b \times l$ 称为应变片的使用面积（应变片工作宽度为 b，应变片标距为 l），应变片的规格一般用使用面积和电阻值来表示，如 $3\times10\ mm^2$，350 Ω。

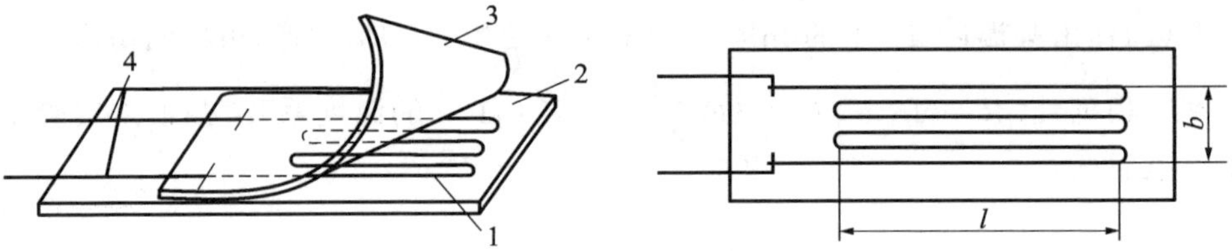

图 5-24　电阻丝应变片结构示意图

1—敏感栅(金属电阻丝);2—基底片;3—覆盖层;4—引出线

基底片:基底将弹性体上的应变准确地传递到敏感栅上去,因此基底必须做得很薄,一般为 0.03～0.06 mm,使它能与弹性体及敏感栅牢固地黏结在一起。另外,它还具有良好的绝缘性、抗潮性和耐热性。基底材料有纸、胶膜和玻璃纤维布等。

引出线的作用是将敏感栅电阻元件与测量电路相连接,一般由 0.1～0.2 mm 低阻镀锡钢丝制成。覆盖层起保护作用。

黏合剂:将应变片用黏合剂牢固地黏贴在被测试件的表面上,随着试件受力形变,应变片的敏感栅也获得同样的形变,从而使其电阻随之发生改变,通过测量电阻值的变化可反映出外力作用的大小。

压力传感器是将四片电阻片分别粘贴在弹性平行梁 A 的上下两表面适当的位置,如图 5-25 所示。R_1、R_2、R_3、R_4 是四片电阻片,梁的一端固定,另一端自由用于加载荷(如外力 F)。

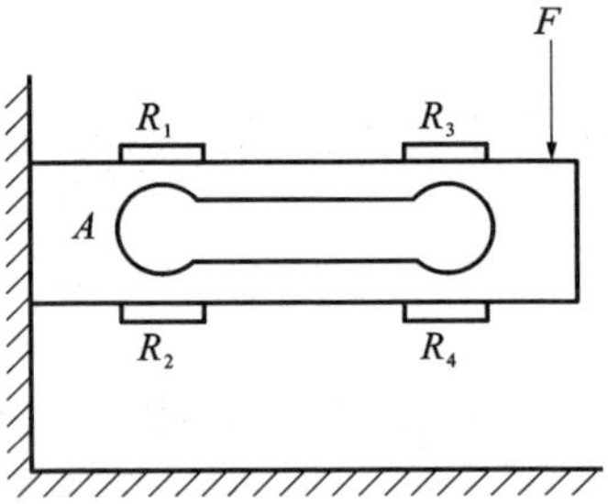

图 5-25　压力传感器

弹性梁受载荷作用而弯曲,梁的上表面受拉,电阻片 R_1、R_3 亦受拉伸作用电阻增大,梁的下表面受压,R_2、R_4 电阻减小。外力的作用通过梁的形变而使四个电阻值发生变化。

应变片可以把应变的变化转换为电阻的变化,为了显示和记录应变的大小,还需把电阻的变化再转换为电压或电流的变化。最常用的测量电路为电桥电路。

实验目的

(1)了解非平衡电桥的实验原理;

(2)学习压力传感器的原理及应用

(3)学会用全桥差动电路测物体质量的方法;

实验原理

1. 单臂输入时电桥的电压输出特性

图 5-26 是惠斯通电桥的基本电路。当电桥平衡时，$R_1:R_2=R_4:R_3$，电路中 A、B 两点间的输出电位差 $U_O=0$，若此时使一个桥臂的电阻(如 R_1)增加很小的电阻 ΔR，即 $R_1=R_0+\Delta R$，则电桥失去平衡，电路中 A、B 两点间存在一定的电势差 U_O，该电势差即为电桥不平衡时的输出电压。

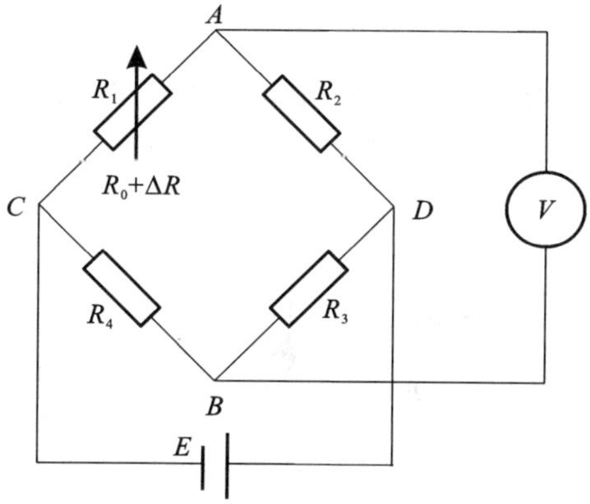

图 5-26　单臂原理

若电桥供电电源的电压为 E，根据串联电阻分压原理，图 5-26 中的电路若以 C 点为零电势参考点，则电桥的输出电压为

$$U_O=V_A-V_B=\left(\frac{R_0+\Delta R}{R_0+\Delta R+R_2}-\frac{R_4}{R_3+R_4}\right)E$$

$$=\frac{\Delta R R_3}{(R_0+\Delta R+R_2)(R_3+R_4)}E=\frac{\Delta R}{R_0(1+\frac{\Delta R}{R_0}+\frac{R_2}{R_0})(1+\frac{R_4}{R_3})}E$$

令电桥比率 $K=\frac{R_4}{R_3}$，根据电桥平衡条件 $\frac{R_0}{R_2}=\frac{R_4}{R_3}$，且当 $\Delta R \ll R_0$ 时，略去分母中的微小项 $\frac{\Delta R}{R_0}$，有

$$U_O \approx \frac{K\Delta RE}{(1+K)^2R_0} \tag{5-17}$$

定义 $S=U_0\Delta R$ 为电桥的输出电压灵敏度，则有

$$S=\frac{KE}{(1+K)^2R_0} \tag{5-18}$$

由式(5-17)可知，当 $\frac{\Delta R}{R_0}\ll 1$ 时，非平衡电桥输出电压与 $\triangle R$ 呈线性关系。

由式(5-18)可知,电桥的输出电压灵敏度由选择的电桥比率 K 及供电电源电压决定。电桥供电电压一定,当 $K=1$ 时,电桥输出电压灵敏度最大,且为

$$S_{\max} = \frac{E}{4R_0} \tag{5-19}$$

若$\frac{\Delta R}{R_0}$不能略去,则式(5-17)应为

$$U_O = \frac{\Delta R/R_0}{(1+K)+(\Delta R/R_0)K} \cdot \frac{K}{1+K} \cdot E \tag{5-20}$$

2. 双臂输入时电桥的电压输出特性

在惠斯通电桥电路中,若在相邻臂内接入两个变化量的大小相等、符号相反的可变电阻,这种电桥电路称为半桥差动电路,如图 5-27 所示。

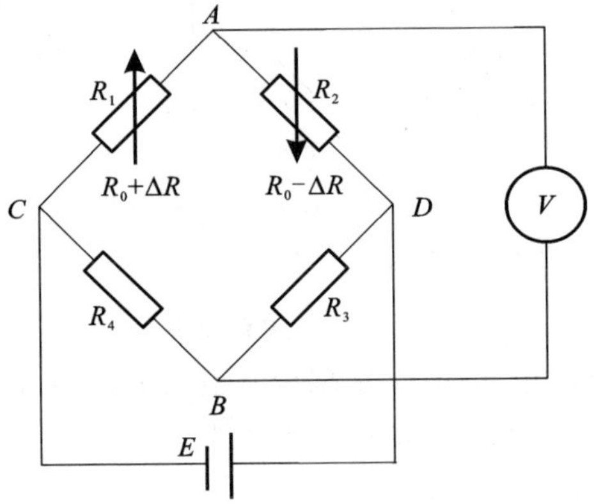

图 5-27 半桥差动电路

对于半桥差动电路,若电桥开始时是平衡的,则 $R_1 : R_2 = R_4 : R_3$。在对称情况下,$R_1=R_2=R_3=R_4$,$\Delta R_1=\Delta R_2=\Delta R$,则半桥差动电路的输出电压为

$$U_O = \frac{\Delta R}{2R_0}E \tag{5-21}$$

电桥的输出电压灵敏度为

$$S = \frac{E}{2R_0} \tag{5-22}$$

可见,半桥差动电路的输出电压灵敏度比单臂输入时的最大电桥电压灵敏度提高了一倍。

3. 四臂输入时电桥的电压输出特性

在惠斯通电桥电路中,若电桥的四个臂均采用可变电阻,即将两个变化量符号相反的可变电阻接入相邻桥臂内,而将两个变化量符号相同的可变电阻接入相对桥臂内,这样构成的电桥电路称为全桥差动电路。

为了消除电桥电路的非线性误差，通常采用非平衡电桥进行测量。传感器上的电阻 R_1、R_2、R_3、R_4 接成如图 5-28 所示的直流桥路，CD 两端接稳压电源 E，AB 两端为电桥电压输出端 U_O，可得

$$U_O = E\left(\frac{R_1}{R_1 + R_2} - \frac{R_4}{R_3 + R_4}\right) \tag{5-23}$$

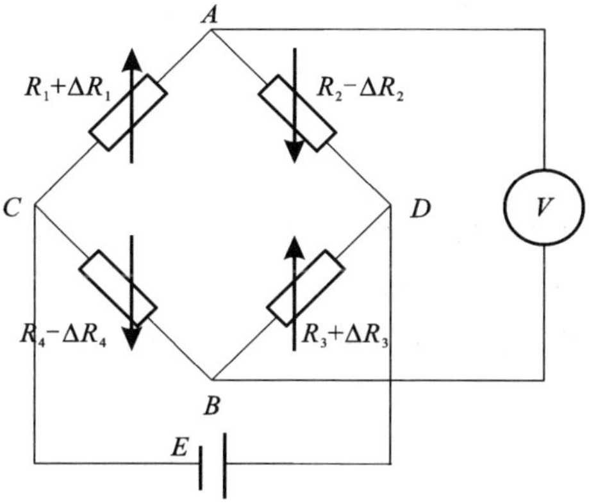

图 5-28　全桥差动电路

当电桥平衡时，$U_O=0$，于是可得：

$$R_1R_3 = R_2R_4 \tag{5-24}$$

式(5-24)就是我们熟悉的电桥平衡条件。若在传感器上贴的电阻片是四片相同的电阻片，其电阻值相同，即有

$$R_1 = R_2 = R_3 = R_4 = R \tag{5-25}$$

所以当传感器不受外力作用时，电桥满足平衡条件，AB 两端输出的电压 $U_O=0$。

当梁受到载荷 F 的作用时，R_1 和 R_3 增大，R_2 和 R_4 减小，这时电桥不平衡，并有

$$U_O = E\left(\frac{R_1 + \Delta R_1}{R_1 + \Delta R_1 + R_2 - \Delta R_2} - \frac{R_4 - \Delta R_4}{R_3 + \Delta R_3 + R_4 - \Delta R_4}\right) \tag{5-26}$$

假设

$$\Delta R_1 = \Delta R_2 = \Delta R_3 = \Delta R_4 = \Delta R \tag{5-27}$$

将式(5-25)、式(5-27)代入式(5-26)得全桥差动电路的输出电压为

$$U_O = E \cdot \frac{\Delta R}{R} \tag{5-28}$$

输出电压灵敏度为

$$S = \frac{U_O}{\Delta R} = \frac{E}{R} \tag{5-29}$$

由式(5-28)可知，电桥输出的不平衡电压U_O与电阻的变化ΔR成正比，如测出U_O的大小即可反映外力F的大小。由式(5-28)还可说明电源电压E不稳定将给测量结果带来误差，因此电源电压一定要稳定。另外，若要获得较大的输出电压U_O，可以采用较高的电源电压，但电源电压的提高受两方面的限制，一是应变片的允许温度，一是应变电桥电阻的温度误差。

由式(5-29)可知，全桥差动电路在半桥差动电路的基础上输出电压的灵敏度提升了一倍。

实验仪器

DH6105C自组电桥实验仪一台(其中"应变测力传感器"在面板的左下角，四个应变片分别贴在梁的上、下两表面上，每个应变片的直流电阻为1000 Ω左右，应变片端点引线直接接到控制面板上的"应变片"一栏)，秤砣6*250 g、导线若干。

实验步骤

1. 压力传感器输出特性

(1)单臂输入时电桥的电压输出特性

将"应变片"模块中的R_1接入"非平衡电桥"，非平衡电桥剩下的三个臂接"应变片等值电阻"中的对应电阻，将电桥中b、e点接入运算放大器10倍放大(运算放大器使用前需将输入端b-e短接，调节"调零"电位器，使输出电压为零)，然后输出接电压表。打开电源开关，预热五分钟以上，调节电源电压E=10.00 V。旋转电桥调零旋钮，使电压表显示为0.0000 V。按顺序增加秤砣(每次1个，共6次)，记录每次加载时的输出电压值U_{O1}。再按相反次序将秤砣逐一取下，记录输出电压值U'_{O1}。将数据填入表5-14。

(2)双臂输入时电桥的电压输出特性

将"应变片"模块中的R_1和R_2接入"非平衡电桥"，非平衡电桥剩下的两个臂接"应变片等值电阻"中对应的电阻，将其他线路接好。重复(1)中的步骤，记录输出电压值U_{O2}和U'_{O2}。将数据填入表5-15。

(3)测定全桥差动电路的电压输出特性和压力传感器灵敏度

将"应变片"模块中的R_1、R_2、R_3、R_4全部接入"非平衡电桥"，将其他线路接好。重复(1)中的步骤，记录输出电压值U_{O3}和U'_{O3}。将数据填入表5-16。

(4)测量传感器电桥输出电压U_O与电源电压E的关系

保持加载砝码的质量不变，改变压力传感特性测试仪的电源电压，使其由4.00 V变至10.00 V，每隔1.00 V记录一个输出电压值U_O。将数据填入表5-17。

(5)用压力传感器测量物体的重量

利用全桥差电路，设置电源电压为 10.00 V，将一个未知重量的物体放置于托盘上，测出电压 U_1，同一物体测量三次求出平均值 U。将数据填入表 5-18。

原始数据表格

1. 单臂输入时电桥的电压输出特性

表 5-14　单臂输入时电桥的电压输出特性

秤砣(个)	1	2	3	4	5	6
U_{O1}(V)						
U'_{O1}(V)						
S_1(mV/kg)						

2. 双臂输入时电桥的电压输出特性

表 5-15　双臂输入时电桥的电压输出特性

秤砣(个)	1	2	3	4	5	6
U_{O2}(V)						
U'_{O2}(V)						
S_2(mV/kg)						

3. 全桥差动电路的电压输出特性

表 5-16　全桥差动电路的电压输出特性

秤砣(个)	1	2	3	4	5	6
U_{O3}(V)						
U'_{O3}(V)						
S_3(mV/kg)						

4. 测量传感器电桥输出电压 U_O 与电源电压 E 的关系

表 5-17　U_O 与电源电压 E 的关系

电压 E(V)	4	5	6	7	8	9	10
U_O(V)							

5. 用压力传感器测量物体的重量

表 5-18　测量未知重量物体输出电压

次数	1	2	3
U_1(V)			
U(V)平均值			

数据处理

(1)用逐差法求出分别求出单臂、双臂和全桥差电路传感器的灵敏度 S_1、S_2、S_3。$S=\frac{\Delta U_O}{\Delta F}$(mV/Kg),并比较 S_1、S_2 和 S_3 之间的关系。

(2)根据表 5-17,在坐标纸上作 U_O-E 关系曲线,计算其 r 值分析是否为线性关系。

(3)根据灵敏度求物体的质量。物体的质量 $m=U/S_3$。

附录

如何写实验报告

实验报告是实验工作的全面总结，而关于实验报告写作的规范性训练也是培养学生科技写作能力的重要途径。一份好的实验报告就相当于一篇精练的科技论文，所以，我们应高度重视，尽量写好每份实验报告。实验报告的要求是内容可靠，文字简练，用字确切，字迹端正，图表规范。实验报告要用规定的实验报告纸书写，在粗黑横线上认真填写好班级、姓名、名单序号及实验日期。写实验报告应做到四懂：即自己懂——自己看得懂；别人懂——别人看得懂；现在懂——现在自己和别人都看得懂；将来懂——将来自己和别人也看得懂。

实验报告的内容一般包括：(1)实验名称；(2)实验目的；(3)实验原理；(4)实验仪器；(5)实验步骤；(6)注意事项；(7)原始数据表格；(8)数据处理；(9)问题分析与讨论。其格式和具体内容是：

(1)实验名称

即实验题目，要写全称且居中书写。

(2)实验目的

不仅仅只写实验任务，还要写通过实验所应学得的知识。每条都要逐条重新起头书写。

(3)实验原理

要条理清楚，层次分明，篇幅不应过大。应分段起头书写，不能一股脑儿地往后书写，甚至公式写在行尾还截断。公式要居中，特别是数据处理中所需的实验公式要突出，其推导应力求简单，不要照抄书本。必要的原理图、电路图、光路图、实验装置简图等应在原理部分画出。作图要力求工整规范，要借助绘图工具作图，不应使图歪歪斜斜，更不能徒手乱画。

(4)实验仪器

填写实验时真实使用的仪器和器材，不要照抄书中所列的仪器。

(5)实验步骤

①写出你自己实验时的真实实验步骤，不要照抄书中所列出的实验步骤(书中写出的实验步骤是为方便学生实验而列出的，一般比较详细)。

②写出的实验步骤应尽可能简练，但也要保证把关键的东西写出，以满足“四懂”的要求。

③实验步骤要逐条起头书写，以保证条理清楚，层次分明。

(6)注意事项

可以作为实验步骤的一部分，也可以单独列出。应逐条重新起头书写。

(7)原始数据表格

在实验中应清晰地整理好所测得的全部数据，填写在表格内，并注明单位，请教师审查，然后工整地填写在教师发给的原始数据表格中，再请教师签字。写实验报告时，在相应位置处贴上你实验时亲手测出并经教师审核且有教师签名的原始数据表格，不必再列表格。

(8)数据处理

这是写实验报告的核心，要做到以下几点：

①直接测量量的平均值 $\overline{x}$、平均值的标准差 $S_{\overline{x}}$，不必逐条将实验数据代入计算式，应直接用计算器的统计功能得出；直接测量量的平均值 $\overline{x}$、标准差 $S_{\overline{x}}$、t 分布的 t 值、不确定度 A 分量 $\Delta_{A}x$、仪器误差限值 $\Delta_{仪}x$、不确定度 B 分量 $\Delta_{B}x$、合成不确定度 Δx 应以表格的形式列出，并将相应的计算公式列于其后，以显得简洁明了。其格式如附表 A 所示。

附表 A

直接测量量	$\overline{x}$	$S_{\overline{x}}$	t 值 (无单位)	$\Delta_{A}x$	$\Delta_{仪}x$	$\Delta_{B}x$	Δx

其中

$$\overline{x} = \frac{1}{n}\sum_{1}^{n} x_i$$

$$S_{\overline{x}} = \sqrt{\sum_{i=1}^{n}(x_i - \overline{x})^2/[n(n-1)]}$$

$$\Delta_{A}x = tS_{\overline{x}}$$

$$\Delta x = \sqrt{(\Delta_{A}x)^2 + (\Delta_{B}x)^2}$$

②将所测数据逐个带入实验公式(这里不必将实验公式再推导一遍，推导实验公式是实验原理的事情)和所测数据不确定度传递公式(没有要求计算不确定度的实验除外)。以证明数据关系清楚，计算真实可靠，也便于教师审查。没有将所测数据逐个带入实验公式和不确定度传递公式者，数据处理为不合格。

③不确定度的有效位数取 1～2 位(不确定度首数大于 $\sqrt{10}$时不确定度有效

位数取一位，不确定度首数小于 $\sqrt{10}$ 时不确定度有效位数取两位)。

④不要将所列算式写到所应占据的范围之外，特别不要伸展到下一页，要用规范的计算式的截断格式书写。两等号之间的算式一般不要分成两行，迫不得已要分成两行时应注意书写格式。

⑤实验结果的表达要注意间接测量量的平均值与不确定度必须对齐的原则，即间接测量量的平均值与不确定度的最后一位是同一数量级。

(9)问题分析与讨论

实验后问题的分析与讨论是锻炼和发挥学生才能的重要机会，要努力去做，但注意不要空发议论，应力争准确地分析问题。

这里我们给出了 1 个实验报告的例子，以便学生对如何记录实验数据、整理实验结果、写好实验报告有一个大致了解。这里必须说明的是，实验报告中所使用的实验仪器，实验所应完成的任务，实验所测数据和我们实验室的实验仪器，实验任务，实验数据仅仅只是对应，但绝对不相同，目的是使初学实验者在模仿中学习，又不给抄袭者创造条件。还应说明的是，不是所有的实验报告都非这样写不可，但作为入门，参考一下还是有必要的。

实验报告范例 1

用拉伸法测金属丝的杨氏模量

一、实验目的

(1)用拉伸法测量钢丝的杨氏模量；

(2)掌握测微小长度的一种方法——光杠杆法；

(3)学习用逐差法处理实验数据。

二、实验原理

在弹性限度内，依胡克定律，应力($\sigma=F/A$)与应变($\varepsilon=\delta L/L$)成正比，即

$$E = \text{应力} / \text{应变} = \sigma/\varepsilon = \frac{F/A}{\delta L/L} = \frac{mg/[\pi(d/2)^2]}{\delta L/L} = \frac{4mgL}{\pi d^2 \delta L}$$

用光杠杆将 δL 放大，结合附图 A(同图 2-18，应在实验报告中画出)，有

$$\theta \approx \tan\theta = \delta L/b$$

$$2\theta \approx \tan(2\theta) = \Delta n/R$$

$$\delta L = b\theta = b\Delta n/(2R) = \Delta n/(2R/b)$$

$$E = \frac{8mgLR}{\pi d^2 b\Delta n}$$

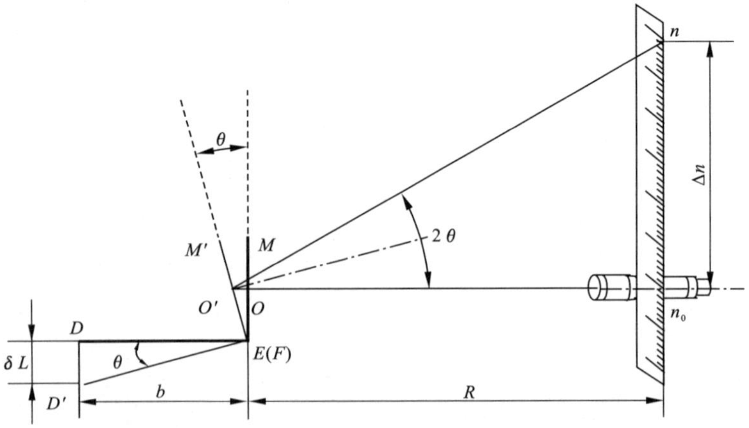

附图 A　光杠杆工作原理图

本实验采用 4 个砝码逐差，即 $m=4m_0$，有

$$E=\frac{32m_0gLR}{\pi d^2b\Delta n}$$

三、实验仪器

杨氏模量测定仪一套（包括拉伸仪、光杆杠、镜尺组），1 m 钢直尺一根，千分尺一把，300 mm 钢直尺一根，水准仪一个，量程 2 m 钢卷尺一个。

四、实验步骤

(1)调节拉伸仪和光杠杆达到备用状态（调水平、垂直、等高）。

调节底脚螺钉，观察框架，让框架四周不与别的物品相碰，框架处于自然下垂；调光杠杆使前后足尖成等腰三角形；前足尖放平台沟中，后足尖自然落入框架内坑中；调工作台高低，使光杠杆水平；将光杠杆平面镜调铅直；调望远镜、标尺高度，使望远镜中心线、标尺零刻度线与平面镜中心线在同一高度。

(2)调整望远镜。

调目镜，使人眼看清十字叉丝；移动镜尺组底座，使人眼、准心凹槽、准心小尖与反射镜中的标尺像在一直线上，再在望远镜内找标尺像；调物镜使人眼看清标尺像，微动镜尺组底座，使标尺像在视场中部；调望远镜俯仰，使标尺像在全视场内清晰；再仔细调物镜，标尺像与叉丝无视差；微微改变平面镜俯仰，使望远镜中“十”字叉丝在标尺 0 附近，调的结果为 $n_0=-0.04$ cm。

(3)测像移。

记下叉丝对准的标尺刻度 n_0，并逐次加砝码 m_0，记录每次相应读数 n_i，待 7 个砝码加完后再逐次取下，记录相应读数 n_i'，取两者平均值。

(4)用钢卷尺测镜尺间的距离 R、金属丝原长 L 各一次。用螺旋测微计在金属丝的三个不同部位两个垂直的方向测直径 d。

(5)将光杠杆放平坦的纸上，轻压三个足尖印痕，用直尺测后足尖到两前足尖连线 EF 的垂直距离，做一次。

五、注意事项

(1)光杠杆、望远镜和标尺调好后，实验过程中不得再动。

(2)加砝码时要谨慎，避免金属丝摆动使光杠杆移动。

六、原始数据表格

1. 测像移 $\Delta n=n_{i+4}-n_i$

标尺分度值<u>0.1</u> cm，重力加速度<u>9.781</u> m/s²，单个砝码质量<u>0.320</u> kg。

附表 B

测量次数	1	2	3	4	5	6	7	8
钩码上砝码个数	0	1	2	3	4	5	6	7
增砝码读数 n_i'(cm)	−0.04	0.89	1.79	2.69	3.60	4.48	5.44	6.37
减砝码读数 n_i''(cm)	0.01	0.95	2.86	2.76	3.63	4.52	5.40	6.37
$n_i=(n_i'+n_i'')/2$(cm)	−0.02	0.92	1.82	2.72	3.62	4.50	5.42	6.37
$\Delta n_i=n_{i+4}-n_i$(cm)	3.64	3.58	3.60	3.65	$\overline{\Delta n}=3.618$，$S_{\overline{\Delta n}}=0.0165$			

2. 测 R、L、b

钢卷尺(测 R)量程<u>2.0000</u> m，分度值<u>0.10</u> cm；钢直尺量程<u>300</u> mm，分度值<u>1.0</u> mm。

附表 C

项　目	镜尺间距 R(cm)	金属丝长度 L(cm)	光杠杆常数 b(cm)
测量值	129.8	45.5	8.03

3. 测金属丝直径 d(mm)

千分尺量程<u>25</u> mm，分度值<u>0.01</u> mm，零点读数<u>0.003</u> mm。

附表 D

测量次数	1	2	3	4	5	6	平均值	$S_{\bar{d}}$
d(mm)	0.199	0.198	0.197	0.199	0.198	0.199	0.198	3.33×10^{-4}

七、数据处理

1. 各直接测量量的平均值及不确定度

附表 E

直接测量量	$\bar{x}$	$S_{\bar{x}}$	t 值(无单位)	$\Delta_A x$	$\Delta_{仪}\ x$	$\Delta_B x$	Δx
L(cm)	45.5						0.2
R(cm)	129.8						0.5
b(cm)	8.03						0.10
d(mm)	0.195	3.33×10^{-4}	2.57	8.57×10^{-4}	0.005	0.005	0.0051
Δn(cm)	3.618	0.0165	3.18	0.0525	0.05	0.05	0.072

其中

$$\bar{x}=\frac{1}{n}\sum_{i=1}^{n}x_i$$

$$S_{\bar{x}} = \sqrt{\sum_{i=1}^{n}(x_i - \bar{x})^2/[n(n-1)]}$$

$$\Delta_A x = tS_{\bar{x}}$$

$$\Delta x = \sqrt{(\Delta_A x)^2 + (\Delta_B x)^2}$$

2. 钢丝的杨氏模量

$$E = \frac{32m_0 gLR}{\pi d^2 b\Delta n} = \frac{32 \times 0.320 \times 9.781 \times 0.455 \times 1.298}{\pi \times (0.195 \times 10^{-3})^2 \times 8.03 \times 10^{-2} \times 3.62 \times 10^{-2}}$$

$$= 1.7034 \times 10^{11}(\mathrm{N/m^2})$$

3. 不确定度计算

对式 $E=32m_0 gLR/(\pi d^2 b\Delta n)$两边取对数，有

$$\ln E = \ln(32m_0 g/\pi) + \ln L + \ln R - 2\ln d - \ln b - \ln(\Delta n)$$

两边微分(微分号用 δ 代替)

$$\frac{\delta E}{E} = \frac{\delta L}{L} + \frac{\delta R}{R} - \frac{2\delta d}{d} - \frac{\delta b}{b} - \frac{\delta(\Delta n)}{\Delta n}$$

$$\frac{\Delta E}{E} = \sqrt{\left(\frac{\Delta L}{L}\right)^2 + \left(\frac{\Delta R}{R}\right)^2 + \left(\frac{2\Delta d}{d}\right)^2 + \left(\frac{\Delta b}{b}\right)^2 + \left[\frac{\Delta(\Delta n)}{\Delta n}\right]^2}$$

$$= \sqrt{\left(\frac{0.2}{45.5}\right)^2 + \left(\frac{0.5}{129.8}\right)^2 + \left(\frac{2 \times 0.0051}{0.195}\right)^2 + \left(\frac{0.10}{8.03}\right)^2 + \left(\frac{0.072}{3.618}\right)^2}$$

$$= 0.0576 \approx 5.8\%$$

$$\Delta E = (5.8\%)E = 0.0576 \times 1.7034 \times 10^{11} = 9.81 \times 10^9 \approx 0.10 \times 10^{11}(\mathrm{N/m^2})$$

4. 所测杨氏模量的结果表达式

$$E = (1.70 \pm 0.10) \times 10^{11}(\mathrm{N/m^2})$$

附表

1. 中华人民共和国法定计量单位

附表 1　国际单位制(SI)的基本单位

量的名称	单位名称	单位符号
长度	米	m
质量	千克(公斤)	kg
时间	秒	s
电流	安[培]	A
热力学温度	开[尔文]	K
物质的量	摩[尔]	mol
发光强度	坎[德拉]	cd

注:1. 圆括号中的名称,是它前面的名称的同义词,下同。

2. 无方括号的量的名称与单位名称均为全称。方括号中的字,在不致引起混淆、误解的情况下,可以省略。去掉方括号中的字即为其名称的简称,下同。

附表 2　包括 SI 辅助单位在内的具有专门名称的 SI 导出单位

量的名称	SI 导出单位		
	名称	符号	用 SI 基本单位和 SI 导出单位表示
平面角	弧度	rad	1 rad=1 m/m=1
立体角	球面度	sr	1 sr =1 m^2/m^2=1
频率	赫[兹]	Hz	1 Hz=1 s^{-1}
力	牛[顿]	N	1 N=1 kg·m/s^2
压力,压强,应力	帕[斯卡]	Pa	1 Pa=1 N/m^2
能[量],功,热量	焦[耳]	J	1J=1 N·m
功率,辐[射能]通量	瓦[特]	W	1 W=1 J/s
电荷[量]	库[仑]	C	1 C=1 A·s
电压,电动势,电位,(电势)	伏[特]	V	1 V=1 W/A
电容	法[拉]	F	1 F=1 C/V

续附表 3

量的名称	SI 导出单位		
	名称	符号	用 SI 基本单位和 SI 导出单位表示
电阻	欧[姆]	Ω	1 Ω=1 V/A
电导	西[门子]	S	$1\ S=1\ \Omega^{-1}$
磁通[量]	韦[伯]	Wb	1 Wb =1 V·s
磁通[量]密度,磁感应强度	特[斯拉]	T	$1\ T=1\ Wb/m^2$
电感	亨[利]	H	1 H=1 Wb/A
摄氏温度	摄氏度	℃	1 ℃=1 K
光通量	流[明]	lm	1 lm =1 cd·sr
[光]照度	勒[克斯]	lx	$1\ lx = 1\ lm/m^2$

附表 3 SI 词头

因数	词头名称		符号	因数	词头名称		符号
	英 文	中 文			英 文	中 文	
10^{24}	yotta	尧[它]	Y	10^{-1}	deci	分	d
10^{21}	zetta	泽[它]	Z	10^{-2}	centi	厘	c
10^{18}	exa	艾[可萨]	E	10^{-3}	milli	毫	m
10^{15}	peta	拍[它]	P	10^{-6}	micro	微	μ
10^{12}	tera	太[拉]	T	10^{-9}	nano	纳[诺]	N
10^{9}	giga	吉[咖]	G	10^{-12}	pico	皮[可]	P
10^{6}	mega	兆	M	10^{-15}	femto	飞[母托]	F
10^{3}	kilo	千	K	10^{-18}	atto	阿[托]	A
10^{2}	hecto	百	h	10^{-21}	zepto	仄[普托]	Z
10^{1}	deca	十	da	10^{-24}	yocto	幺[科托]	Y

附表 4 可与国际单位制单位并用的我国法定计量单位

量的名称	单位名称	单位符号	与 SI 单位的关系
时间	分	min	1 min=60 s
	[小]时	h	1 h=60 min=3600 s
	日、天	d	1 d=24 h=86400 s
[平面]角	度	°	$1°=(\pi/180)rad$
	[角]分	′	$1'=(1/60)°=(\pi/10800)rad$
	[角]秒	″	$1''=(1/60)'=(\pi/648000)rad$

续附表 4

量的名称	单位名称	单位符号	与 SI 单位的关系
体积	升	L(l)	$1\ L=1\ dm^3=10^{-3}m^3$
质量	吨 原子质量单位	t u	$1\ t=10^3\ kg$ $1\ u\approx 1.660540\times 10^{-27}\ kg$
旋转速度	转每分	r/min	$1\ r/\ min=(1/60)s^{-1}$
长度	海里	n mile	1 n mile=1852 m (只用于航行)
速度	节	kn	1 kn=1 n mile/h=(1852/3600)m/s (只用于航行)
能	电子伏特	eV	$1\ eV\approx 1.602177\times 10^{-19}\ J$
级差	分贝	dB	
线密度	特[克斯]	tex	$1\ tex=10^{-6}\ kg/m$
面积	公顷	hm^2	$1\ hm^2=10^4/m^2$

注:1. 平面角单位度、分、秒的符号,在组合单位中应采用(°)、(′)、(″)的形式。例如,不用°/s ,而用(°)/s。

2. 升的符号中,小写字母 l 为备用符号。

3. 公顷的国际通用符号为 ha。

2. 常用物理数据

附表 5　基本物理常量(1986 年国际推荐值)

物　理　量	符号	数　值	单　位	不确定度(ppm)
真空中光速	c	299792458	ms^{-1}	(精确)
真空磁导率	μ_0	12.566370614…	$\times 10^{-7} NA^{-2}$	(精确)
真空电容率,$1/\mu_0 c^2$	ε_0	8.854187817…	$\times 10^{-12} Fm^{-1}$	(精确)
牛顿引力常数	G	6.67259(85)	$\times 10^{-11} m^3 kg^{-1} s^{-2}$	128
普朗克常数	h	6.6260755(40)	$\times 10^{-34} Js$	0.60
基本电荷	e	1.60217733(49)	$\times 10^{-19} C$	0.30
波尔磁子,$eh/(2m_e)$	μ_B	9.2740154(31)	$\times 10^{-24} JT^{-1}$	0.34
里德伯常数	R_∞	10973731.534(13)	m^{-1}	0.0012
波尔半径,$\alpha/4\pi R_\infty$	a_0	5.29177249(24)	$\times 10^{-11} m$	0.045
电子[静]质量	m_e	9.1093897(54)	$\times 10^{-31} kg$	0.59
电子荷质比	$-e/m_e$	−1.75881962(53)	$\times 10^{11} C/kg$	0.30
[经典]电子半径	r_e	2.81794092(38)	$\times 10^{-15} m$	0.13
质子[静]质量	m_p	1.6726231(10)	$\times 10^{-27} kg$	0.59
中子[静]质量	m_n	1.6749286(10)	$\times 10^{-27} kg$	0.59
阿伏加德罗常数	N_A,L	6.0221367(36)	$\times 10^{23} mol^{-1}$	0.59
原子(统一)质量单位,原子质量常数 $1u = m_u = m/12\ (^{12}C)$	m_u	1.6605402(10)	$\times 10^{-27} kg$	0.59
气体常数	R	8.314510(70)	$Jmol^{-1}K^{-1}$	8.4
玻耳兹曼常数,R/N_A	k	1.380658(12)	$\times 10^{-23} JK^{-1}$	8.4
摩尔体积(理想气体)$T=273.15$ K $P_n=101325$ Pa	V_m	22.41410(19)	L/mol	8.4

注:摘自《物理》,1987,NO. 1,P. 7-12。

附表 6　20°时物质的密度

物质	密度 ρ(kg/m^3)	物质	密 度 ρ(kg/m^3)
铝	2698.9	冰 0 ℃	917
锌	7140	汽车用汽油	710～720
铬	7140	乙醚	714
锡(白)	7298	无水乙醇	789.3
铁	7874	丙酮	790.5
镍	8850	甲醇	791.3
铜	8960	煤油	800
银	10492	变压器油	840～890
铅	11342	松节油	855～870
钨	19300	苯	879.0
金	19320	蓖麻油 15 ℃	969
铂	21450	蓖麻油 20 ℃	957
硬铝	2790	钟表油	981
钢	7600～7900	纯水 0 ℃	999.84
不锈钢	7910	纯水 3.98 ℃	1000.00
黄铜 Cu70Zn30	8500～8700	纯水 4 ℃	999.97
青铜 Cu90Sn10	8780	海水	1010～1050
康铜 Cu60Ni40	8880	牛乳	1030～1040
软木	220～260	无水甘油	1261.3
纸	700～1000	弗利昂－12(氟氯烷－12)	1329
石蜡	870～940	蜂蜜	1435
橡胶	910～960	硫酸	1840
硬橡胶	1100～1400	水银 0 ℃	13595.5
有机玻璃	1200～1500	水银 20 ℃	13546.2
煤	1200～1700	干燥空气 0 ℃(标准状态)	1.2928
食盐	2140	干燥空气 20 ℃	1.205
冕牌玻璃	2200～2600	氢	0.0899
普通玻璃	2400～2700	氦	0.1785
石英	2500～2800	氮	1.2505
火石玻璃	2800～4500	氧	1.4290
石英玻璃	2900～3000	氩	1.7837

附表 7 标准大气压下不同温度时纯水的密度

温度 t(℃)	密度 ρ($kg \cdot m^{-3}$)	温度 t(℃)	密度 ρ($kg \cdot m^{-3}$)	温度 t(℃)	密 ρ($kg \cdot m^{-3}$)
0	999.841	16	998.943	33	994.702
1	999.900	17	998.774	34	994.371
2	999.941	18	998.595	35	994.031
3	999.965	19	998.405	36	993.68
4	999.973	20	998.203	37	993.33
5	999.965	21	997.992	38	992.96
6	999.941	22	997.770	39	992.59
7	999.902	23	997.538	40	992.21
8	999.849	24	997.296	41	991.83
9	999.781	25	997.044	42	991.44
10	999.700	26	996.783	50	988.04
11	999.605	27	996.512	60	983.21
12	999.498	28	996.232	70	977.78
13	999.377	29	995.944	80	971.80
14	999.244	30	995.646	90	965.31
15	999.099	31	995.340	100	958.35
		32	995.025		

附表 8　水不同压强下的沸点

P(hPa)	t(℃)	P(hPa)	t(℃)	P(hPa)	t(℃)	P(hPa)	t(℃)
950	98.205	980	99.069	1010	99.910	1040	100.731
951	34	981	97	1011	37	1041	58
952	63	982	99.125	1012	65	1042	85
953	93	983	53	1013	93	1043	100.812
954	98.322	984	82	1014	100.020	1044	39
955	51	985	99.210	1015	48	1045	66
956	80	986	38	1016	76	1046	93
957	98.409	987	67	1017	100.103	1047	100.919
958	38	988	95	1018	31	1048	46
959	67	989	99.323	1019	58	1049	73
960	95	990	51	1020	86	1050	101.000
961	98.524	991	79	1021	100.213	1051	26
962	53	992	99.408	1022	41	1052	53
963	82	993	36	1023	68	1053	80
964	98.611	994	64	1024	96	1054	101.107
965	40	995	92	1025	100.323	1055	33
966	68	996	99.520	1026	51	1056	60
967	97	997	48	1027	78	1057	87
968	98.726	998	76	1028	100.405	1058	101.214
969	55	999	99.604	1029	32	1059	40
970	83	1000	32	1030	60	1060	67
971	98.812	1001	59	1031	87		
972	40	1002	88	1032	100.514		
973	69	1003	99.715	1033	41		
974	98	1004	43	1034	68		
975	98.926	1005	71	1035	95		
976	55	1006	99	1036	100.623		
977	83	1007	99.827	1037	50		
978	99.012	1008	54	1038	77		
979	40	1009	82	1039	100.704		

附表 9　流体的动力黏度

流体	温度(℃)	η(μPa·s)	流体	温度(℃)	η(μPa·s)
乙醚	0	296	葵花子油	20	5.00×10^4
	20	243	蓖麻油	0	530×10^4
甲醇	0	817		10	241.8×10^4
	20	584		15	151.4×10^4
水银	−20	1855		20	95.0×10^4
	0	1685		25	62.1×10^4
	20	1554		30	45.1×10^4
	100	1240		35	31.2×10^4
水	0	1787.8		40	23.1×10^4
	20	1004.2		100	16.9×10^4
	100	282.5	甘油	−20	134×10^6
汽油	0	1788		0	121×10^5
	18	530		20	149.9×10^4
乙醇	−20	2780		100	129.45×10^2
	0	1843	蜂蜜	20	650×10^4
	20	1200		80	100×10^3
变压器油	20	1.98×10^4	空气	25	18.192
鱼肝油	20	4.56×10^4			
	80	0.46×10^4			

附表 10　20 ℃时常用金属的杨氏模量

金属	Y ($\times10^4$ N/mm^2)	金属	Y ($\times10^4$ N/mm^2)
银	6.9～8.2	灰铸铁	6～17
铝	7.0～7.1	硬铝合金	7.1
金	7.7～8.1	可锻铸铁	15～18
锌	7.8～8.0	球墨铸铁	15～18
铜	10.3～12.7	康铜	16.0～16.6
铁	18.6～20.6	铸钢	17.2
镍	20.3～21.4	锻钢	19.6～20.6
铬	23.5～24.5	合金钢	20.6～22.0
钨	40.7～41.5		

注:Y 的值与材料的结构、化学成分及加工制造方法有关,因此,在某些情况下,Y 的值可能与表中所列的平均值不同。

附表 11　海平面上不同纬度处的重力加速度

纬度 φ(度)	$g(m/s^2)$	纬度 φ(°)	$g(m/s^2)$
0	9.78049	60	9.81924
5	9.78088	65	9.82294
10	9.78204	70	9.82614
15	9.78394	75	9.82873
20	9.78652	80	9.83065
25	9.78969	85	9.83182
30	9.79338	90	9.83221
35	9.79746	西安 34°16′	计算值 9.79684,测量值 9.7965
40	9.80180	北京 39°56′	9.80122
45	9.80629	上海 31°12′	9.79436
50	9.81079	杭州 30°16′	9.79357
55	9.81515		

注:地球任意地方重力加速度计算公式为:$g=9.78049\times(1+0.005288\sin^2\varphi-0.000006\sin^2 2\varphi)$,式中 φ 为纬度。

附表 12　物质中的声速

物质	声速(m/s)	物质	声速(m/s)
氧气 0 ℃(标准状态)	317.2	NaCl 4.8%水溶液 20 ℃	1542
氩气 0 ℃	319	甘油 20 ℃	1923
干燥空气 0 ℃	331.45	铅*	1210
干燥空气 10 ℃	337.46	金	2030
干燥空气 20 ℃	343.37	银	2680
干燥空气 30 ℃	349.18	锡	2730
干燥空气 40 ℃	354.89	铂	2800
氮气 0 ℃	337	铜	3750
氢气 0 ℃	1269.5	锌	3850
二氧化碳 0 ℃	258.0	钨	4320
一氧化碳 0 ℃	337.1	镍	4900
四氧化碳 20 ℃	935	铝	5000
乙醚 20 ℃	1006	不锈钢	5000
乙醇 20 ℃	1168	重硅钾铅玻璃	3720
丙酮 20 ℃	1190	轻氯铜银铅冕玻璃	4540
汞 20 ℃	1451.0	硼硅酸玻璃	5170
水 20 ℃	1482.9	熔融石英	5760

*:固体中的声速为沿棒传播的纵波速度。

附表 13　物质的比热容

物质	温度(℃)	比热容[J/(kg·K)]	物质	温度(℃)	比热容[J/(kg·K)]
金	25	128	水银	0	139.5
铅	20	128		20	139.0
铂	20	134	弗利昂－12	20	0.84×10^3
银	20	234	汽油	10	1.42×10^3
铜	20	385		50	2.09×10^3
锌	20	389	变压器油	0～100	1.88×10^3
镍	20	481	蓖麻油	20	2.00×10^3
铁	20	481	煤油	20	2.18×10^3
铝	20	896	乙醚	20	2.34×10^3
黄铜	0	370	甘油	18	2.43×10^3
	20	384	乙醇	0	2.30×10^3
康铜	18	420		20	2.47×10^3
钢	20	447	甲醇	0	2.43×10^3
生铁	0～100	0.54×10^3		20	2.47×10^3
云母	20	0.42×10^3	冰	0	2090
玻璃	20	585～920	纯水	0	4219
石墨	25	707		20	4182
石英玻璃	20～100	787		100	4204
石棉	0～100	795	空气(定压)	20	1008
橡胶	15～100	$(1.13\sim2.00)\times10^3$	氢(定压)	20	14.25×10^3
石蜡	0～20	2.91×10^3			

附表 14　常用热电偶的温差电动势

铂铑(87%铂,13%铑)-铂

温度(℃)	0	10	20	30	40	50	60	70	80	90	100
	温差电动势(mV)										
0	0.000	0.054	0.111	0.170	0.231	0.295	0.361	0.429	0.499	0.571	0.645
100	0.645	0.720	0.797	0.875	0.956	1.037	1.120	1.204	1.290	1.376	1.464
200	1.464	1.553	1.643	1.734	1.825	1.918	2.012	2.106	2.202	2.298	2.395
300	2.395	2.492	2.591	2.690	2.789	2.890	2.990	3.092	3.194	3.296	3.400
400	3.400	3.503	3.608	3.712	3.817	3.923	4.029	4.136	4.243	4.351	4.450

续附表 14

镍铬-康铜

工作端温度(℃)	0	1	2	3	4	5	6	7	8	9
	温差电动势(mV)　自由端温度 0 ℃									
−50	−3.11									
−40	−2.50	−2.56	−2.62	−2.68	−2.74	−2.81	−2.87	−2.93	−2.99	−3.05
−30	−1.89	−1.95	−2.01	−2.07	−2.13	−2.20	−2.26	−2.32	−2.38	−2.44
−20	−1.27	−1.33	−1.39	−1.46	−1.52	−1.58	−1.64	−1.70	−1.77	−1.83
−10	−0.64	−0.70	−0.77	−0.83	−0.89	−0.96	−1.02	−1.08	−1.14	−1.21
−0	−0.00	−0.06	−0.13	−0.19	−0.26	−0.32	−0.38	−0.45	−0.51	−0.58
+0	0.00	0.07	0.13	0.20	0.26	0.33	0.39	0.46	0.52	0.59
10	0.65	0.72	0.78	0.85	0.91	0.98	1.05	1.11	1.18	1.24
20	1.31	1.38	1.44	1.51	1.57	1.64	1.70	1.77	1.84	1.91
30	1.98	2.05	2.12	2.18	2.25	2.32	2.38	2.45	2.52	2.59
40	2.66	2.73	2.80	2.87	2.94	3.00	3.07	3.14	3.21	3.28
50	3.35	3.42	3.49	3.56	3.63	3.70	3.77	3.84	3.91	3.98
60	4.05	4.12	4.19	4.26	4.33	4.41	4.48	4.55	4.62	4.69
70	4.76	4.83	4.90	4.98	5.05	5.12	5.20	5.27	5.34	5.41
80	5.48	5.56	5.63	5.70	5.78	5.85	5.92	5.99	6.07	6.14
90	6.21	6.29	6.36	6.43	6.51	6.58	6.65	6.73	6.80	6.87
100	6.95	7.03	7.10	7.17	7.25	7.32	7.40	7.47	7.54	7.62
110	7.69	7.77	7.84	7.91	7.99	8.06	8.13	8.21	8.28	8.35
120	8.43	8.50	8.58	8.65	8.73	8.80	8.88	8.95	9.03	9.10
130	9.18	9.25	9.33	9.40	9.48	9.55	9.63	9.70	9.78	9.85
140	9.93	10.00	10.08	10.16	10.23	10.31	10.38	10.46	10.54	10.61
150	10.69	10.77	10.85	10.92	11.00	11.08	11.15	11.23	11.31	11.38
160	11.46	11.54	11.62	11.69	11.77	11.85	11.93	12.00	12.08	12.16
170	12.24	12.32	12.40	12.48	12.55	12.63	12.71	12.79	12.87	12.95
180	13.03	13.11	13.19	13.27	13.36	13.44	13.52	13.60	13.68	13.76
190	13.84	13.92	14.00	14.08	14.16	14.25	14.34	14.42	14.50	14.58
200	14.66	14.74	14.82	14.90	14.98	15.06	15.14	15.22	15.30	15.38
210	15.47	15.56	15.64	15.72	15.80	15.89	15.97	16.05	16.13	16.21
220	16.30	16.38	16.46	16.54	16.62	16.71	16.79	16.87	16.95	17.03
230	17.12	17.20	17.28	17.37	17.45	17.53	17.62	17.70	17.78	17.87
240	17.95	18.03	18.11	18.19	18.28	18.36	18.44	18.52	18.60	18.68
250	18.76	18.84	18.92	19.01	19.09	19.17	19.26	19.34	19.42	19.51
260	19.59	19.67	19.75	19.84	19.92	20.00	20.09	20.17	20.25	20.34
270	20.42	20.50	20.58	20.66	20.74	20.83	20.91	20.99	21.07	21.15
280	21.24	21.32	21.40	21.49	21.57	21.65	21.73	21.82	21.90	21.98
290	22.07	22.15	22.23	22.32	22.40	22.48	22.57	22.65	22.73	22.81

续附表 14

铜-康铜

工作端温度(℃)	0	1	2	3	4	5	6	7	8	9	10
	温差电动势(mV)　参考端温度 0 ℃										
−40	−1.475	−1.510	−1.544	−1.579	−1.614	−1.648	−1.682	−1.717	−1.751	−1.785	−1.819
−30	−1.121	−1.157	−1.192	−1.228	−1.263	−1.299	−1.334	−1.370	−1.405	−1.440	−1.475
−20	−0.757	−0.794	−0.830	−0.866	−0.903	−0.940	−0.976	−1.013	−1.049	−1.085	−1.121
−10	−0.383	−0.421	−0.458	−0.496	−0.534	−0.571	−0.608	−0.646	−0.683	−0.720	−0.757
−0	0.000	−0.039	−0.077	−0.116	−0.154	−0.193	−0.231	−0.269	−0.307	−0.345	−0.383
0	0.000	0.039	0.078	0.117	0.156	0.195	0.234	0.273	0.312	0.351	0.391
10	0.391	0.430	0.470	0.510	0.549	0.589	0.629	0.669	0.709	0.749	0.789
20	0.789	0.830	0.870	0.911	0.951	0.992	1.032	1.073	1.114	1.155	1.196
30	1.196	1.237	1.279	1.320	1.361	1.403	1.444	1.486	1.528	1.569	1.611
40	1.611	1.653	1.695	1.738	1.780	1.822	1.865	1.907	1.950	1.992	2.035
50	2.035	2.078	2.121	2.164	2.207	2.250	2.294	2.337	2.380	1.424	2.467
60	2.467	2.511	2.555	2.599	2.643	2.687	2.731	2.775	2.819	2.864	2.908
70	2.908	2.953	2.997	3.042	3.087	3.131	3.176	3.221	3.266	3.312	3.357
80	3.357	3.402	3.447	3.493	3.538	3.584	3.630	3.676	3.721	3.767	3.813
90	3.813	3.859	3.906	3.952	3.998	4.044	4.091	4.137	4.184	4.231	4.277
100	4.277	4.324	4.371	4.418	4.465	4.512	4.559	4.607	4.654	4.701	4.749
110	4.749	4.796	4.844	4.891	4.939	4.987	5.035	5.083	5.131	5.179	5.227
120	5.227	5.275	5.324	5.372	5.420	5.469	5.517	5.566	5.615	5.663	5.712
130	5.712	5.761	5.810	5.859	5.908	5.957	6.007	6.056	6.105	5.155	6.204
140	6.204	6.254	6.303	6.353	6.403	6.452	6.502	6.552	6.602	6.652	6.702
150	6.702	6.753	6.803	6.853	6.903	6.954	7.004	7.055	7.106	7.156	7.207
160	7.207	7.258	7.309	7.360	7.411	7.462	7.513	7.564	7.615	7.666	7.718
170	7.718	7.769	7.821	7.872	7.924	7.975	8.027	8.079	8.131	8.183	8.235
180	8.235	8.287	8.339	8.391	8.443	8.495	8.548	8.600	8.652	8.705	8.757
190	8.757	8.810	8.863	8.915	8.968	9.021	9.074	9.127	9.180	9.233	9.286

镍铬-镍铝

工作端温度(℃)	0	10	20	30	40	50	60	70	80	90	100
	温差电动势(mV)　参考端温度 0 ℃										
0	0.00	0.40	0.80	1.20	1.61	2.02	2.43	2.84	3.26	3.68	4.10
100	4.10	4.51	4.92	5.33	5.73	6.13	6.53	6.93	7.33	7.73	8.13
200	8.13	8.53	8.93	9.33	9.74	10.15	10.56	10.97	11.38	11.80	12.21
300	12.21	12.62	13.04	13.45	13.87	14.29	14.71	15.13	15.56	15.98	16.40
400	16.40	16.83	17.25	17.67	18.09	18.51	18.94	19.37	19.79	20.22	20.65

附表 15　金属和合金的电阻率及其温度系数

金属或合金	电阻率(10^{-6} Ω·cm)	温度系数 α(10^{-5}℃)
银	1.47 (0 ℃)　1.16 (20 ℃)	430
铜	1.55 (0 ℃)　1.70 (20 ℃)	433
金	2.01 (0 ℃)　2.20 (20 ℃)	402
铝	2.44 (0 ℃)　2.74 (20 ℃)	460
钨	4.89 (0 ℃)　5.44 (20 ℃)	510
锌	5.65 (0 ℃)　6.17 (20 ℃)	417
铁	8.70 (0 ℃)　9.80 (20 ℃)	651
铂	9.59(0 ℃)　10.42(20 ℃)	390
锡	12.0 (20 ℃)	440
铅	19.2 (0 ℃)　21.0 (20 ℃)	428
水银	94.1 (0 ℃)　95.9 (20 ℃)	100
黄铜	8.00 (18～20 ℃)	100
钢(0.10%～0.15%碳)	10～14 (20 ℃)	600
康铜	47～51 (18～20 ℃)	−4.0～1.0
武德合金	52 (20 ℃)	370
铜锰镍合金	34～100 (20 ℃)	−3.0～2.0
镍铬合金	98～110 (20 ℃)	3～40

注:金属电阻率与温度的关系 $\rho_{t2}=\rho_{t1}[1+\alpha(t_2-t_1)]$。

电阻率与金属合金中的杂质有关,表中列出的是单值金属的电阻率和合金电阻率的平均值。

附表 16　物质的相对电容率

物质	t(℃)	ε_r	物质	t(℃)	ε_r
石蜡	20	2.0～2.5	丙酮	20	21.5
木材	18	2.2～3.7	乙醇	14.7	26.8
硬橡胶	18	2.5～2.8	甲醇	13.4	35.4
电木	18	3～5	甘油	18	39.1
石英玻璃	18	3.5～4.1	水	18	80.4
瓷	18	5.0～6.5	氦	0	1.000064
普通玻璃	18	5～7	氢	0	1.0002723
云母	18	5.7～7.0	氧	0	1.0005320
花岗岩	18	7～9	氩	0	1.0005557
光学玻璃	18	7～10	氮	0	1.0005870
大理石	18	8.3	空气	0	1.000590
金刚石	18	16.5	一氧化碳	0	1.000690
煤油	21	2.1	甲烷	0	1.000953
松节油	20	2.2	二氧化碳	0	1.0009880
变压器油	18	2.2～2.5	硫化氢	0	1.004
苯	18	2.3	氯化氢	0	1.0046
柏油	18	2.7	氨	0	1.00837
乙醚	20	4.34	溴	180	1.0128
蓖麻油	10.9	4.6			

注:气体电容率是在标准大气压下测得的。

附表 17　某些气体的折射率(相对空气)

气体	分子式	折射率 n	气体	分子式	折射率 n
氦	He	1.000035	一氧化碳	CO	1.000335
氖	Ne	1.000069	氨	NH_3	1.000379
氢	H_2	1.000140	甲烷	CH_4	1.000444
水蒸气	H_2O	1.000254	二氧化碳	CO_2	1.000450
氧	O_2	1.000272	硫化氢	H_2S	1.000623
氩	Ar	1.0002837	二氧化硫	SO_2	1.000686
空气	—	1.0002926	乙烯	C_2H_4	1.000719
氮	N_2	1.000297	氯	Cl_2	1.000773

注:表中给出的数据是在标准状态下,气体对波长约等于 0.5893 μm 的 D 线(钠黄光)的折射率。

附表 18　某些液体的折射率(相对空气)

液体	t(℃)	折射率 n	液体	t(℃)	折射率 n
二氧化碳	15	1.195	硫酸(+2%H_2O)	23	1.429
盐酸	10.5	1.254	三氯甲烷	20	1.4467
氨水	16.5	1.325	四氯化碳	20	1.4607
甲醇	20	1.3290	甘油	20	1.4730
水	20	1.3330	甲苯	20	1.4955
乙醚	20	1.3510	苯	20	1.5012
丙酮	20	1.3593	加拿大树胶	20	1.530
乙醇	20	1.3614	二硫化碳	18	1.6255
硝酸(99.94%)	16.4	1.397	溴	20	1.654

注:表中给出的数据为液体对波长约等于 0.5893 μm 的 D 线(钠黄光)的折射率。

附表 19　某些固体的折射率(相对空气)

固体	折射率 n	固体	折射率 n
氯化钾	1.49044	重冕玻璃 ZK_3	1.5891
冕玻璃 K_6	1.5111	ZK_6	1.6126
K_8	1.5159	ZK_8	1.6140
K_9	1.5163	钡火石玻璃 BaF_8	1.6259
钡冕玻璃 BaK_2	1.5399	重火石玻璃 ZF_1	1.6475
氯化钠	1.54427	ZF_5	1.7398
火石玻璃 F_1	1.6031	ZF_6	1.7550

注:表中数据为固体对 λ_D=0.5893 μm 的折射率。

附表 20 某些晶体的折射率(相对空气)

波长 λ (nm)	萤石	石英玻璃	钾盐	岩盐	石英		方解石	
					n_o	n_e	n_o	n_e
656.3 (H,红)	1.4325	1.4564	1.4872	1.5407	1.55736	1.56671	1.6544	1.4846
643.8 (Cd,红)	1.4327	1.4567	1.4877	1.5412	1.55012	1.55943	1.6550	1.4847
589.3 (Na,黄)	1.4339	1.4585	1.4904	1.5443	1.54968	1.55898	1.6584	1.4864
546.1 (Hg,绿)	1.4350	1.4601	1.4931	1.5475	1.54823	1.55748	1.6616	1.4879
508.6 (Cd,绿)	1.4362	1.4619	1.4961	1.5509	1.54617	1.55535	1.6653	1.4895
486.1 (H,蓝绿)	1.4371	1.4632	1.4983	1.5534	1.54425	1.55336	1.6678	1.4907
480.0(Cd,蓝绿)	1.4379	1.4636	1.4990	1.5541	1.54229	1.55133	1.6686	1.4911
404.7 (Hg,紫)	1.4415	1.4694	1.5097	1.5665	1.54190	1.55093	1.6813	1.4969

注:表中数据是在 18 ℃之下测得的。

附表 21 常用光源的谱线波长(nm)

H(氢)	402.62 紫	Hg(汞)
656.28 红	388.87 紫	623.44 橙
486.13 蓝绿	Ne(氖)	579.07 黄$_2$
434.05 紫	650.65 红	576.96 黄$_1$
410.17 紫	640.23 橙	546.07 绿
397.01 紫	638.30 橙	491.60 蓝绿
He(氦)	626.65 橙	435.83 蓝
706.52 红	621.73 橙	404.66 紫
667.82 红	614.31 橙	He-Ne 激光
587.56(D_3)黄	588.19 黄	632.8 橙
501.57 绿	585.25 黄	Cd(镉)
492.19 蓝绿	Na(钠)	643.847 红
471.31 蓝	589.592(D_1)黄	508.582 绿
447.15 紫	588.995(D_2)黄	

附表 22 几种纯金属的“红限”波长及逸出功

金属	λ_0(nm)	W(eV)	金属	λ_0(nm)	W(eV)
钾(K)	550.0	2.24	汞(Hg)	273.5	4.53
钠(Na)	540.0	2.28	金(Au)	265.0	4.82
锂(Li)	500.0	2.28	铁(Fe)	262.0	4.60
铯(Cs)	460.0	1.8	银(Ag)	261.0	4.73

参 考 文 献

[1] 高守双.大学物理实验.武汉:武汉工业大学出版社,1990.

[2] 李天应.物理实验.武汉:华中理工大学出版社,1992.

[3] 丁慎训,张孔时.物理实验教程.北京:清华大学出版社,1992.

[4] 王红理,黄丽清.大学物理实验.西安:陕西科学技术出版社,2003.